高等职业教育规划教材

机械加工基础

刘小兰　陈淑英　周彦云　主编

呼吉亚　赵　玮　副主编

王瑞清　主审

化学工业出版社

·北京·

本书将学习的知识点同本专业的培养目标和学生的就业岗位相联系，选取典型的构件作为教学载体，按照情境任务编写，内容包括杆件的静力学分析、杆件承载能力的校核与计算、机械零件的材料分析、平面机构的认识、CA6140A 型车床传动系统的分析。

本书可作为高职高专院校机电类专业的教材，并可作为培训用书，还可供相关技术人员参考。

图书在版编目（CIP）数据

机械加工基础/刘小兰，陈淑英，周彦云主编. —北京：化学工业出版社，2015.3
高等职业教育规划教材
ISBN 978-7-122-23080-5

Ⅰ.①机…　Ⅱ.①刘…②陈…③周…　Ⅲ.①机械加工-高等职业教育-教材　Ⅳ.①TG506

中国版本图书馆 CIP 数据核字（2015）第 035503 号

责任编辑：韩庆利　　　　　　　　　　　　　　装帧设计：刘丽华
责任校对：吴　静

出版发行：化学工业出版社（北京市东城区青年湖南街 13 号　邮政编码 100011）
印　　装：大厂聚鑫印刷有限责任公司
787mm×1092mm　1/16　印张 13¼　字数 346 千字　2015 年 5 月北京第 1 版第 1 次印刷

购书咨询：010-64518888（传真：010-64519686）　售后服务：010-64518899
网　　址：http://www.cip.com.cn
凡购买本书，如有缺损质量问题，本社销售中心负责调换。

定　　价：29.00 元

为了满足现代高等职业教育新形势下对技术技能型人才的培养要求，我们从机械制造类专业的实践应用出发，在近几年基于情境化教学实践经验的基础上，总结了专业教师的实际经验，并结合学生的学习情况特点，将"工程力学"、"机械设计基础"及"机械制造基础"几门课程的内容进行了适当调整并整合，编写了《机械加工基础》这本书。

全书内容设置了五大教学情境：学习情境一，杆件的静力学分析；学习情境二，杆件承载能力的校核与计算；学习情境三，机械零件的材料分析；学习情境四，平面机构的认识；学习情境五，CA6140A 型车床传动系统的分析。

各教学情境又设置了若干的学习任务，将学习的知识点同本专业的培养目标和学生的就业岗位相联系，选取典型的构件作为教学载体，以实际的工作过程为导向，结合学生的认知规律展开教学。

担任本书主编的是包头轻工职业技术学院的刘小兰、陈淑英、周彦云，呼吉亚、赵玮任副主编，参与本书编写的还有王婕、胡月霞、贾大伟、郭浩。本书由包头轻工职业技术学院王瑞清教授担任主审，同时在编写过程中提出了许多宝贵意见并给予了编写组大力支持。

由于编者水平有限，书中难免存在不足之处，欢迎读者指正并提出宝贵意见。

编者

CONTENTS 目 录

学习情境四　平面机构的认识　　118

学习情境五　CA6140A 型车床传动系统的分析　　149

学习情境一

杆件的静力学分析

在工程实际中（图 1-1），物体在力系的作用下，如何解决物体在平衡条件下求解未知力？

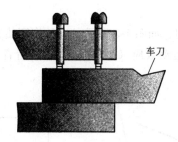

图 1-1　车刀受力图

（1）对物体进行受力分析。

（2）对力系进行等效替换和简化。

（3）运用力系的平衡条件来进行计算。

解决步骤：受力分析、画受力图、等效替换、建立平衡方程式、求解未知力。

任务一　屋架的受力分析

情境导入

屋架如图 1-2 所示。A 处为固定铰链支座，B 处为活动支座。屋架自重 P，均匀分布的风力垂直作用在 AC 边上，载荷强度为 q_0。屋架的受力情况如何？

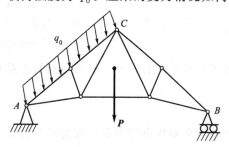

图 1-2　屋架受力图

学习目标	学习内容
1. 会应用静力学的基本公理来分析物体受力情况 2. 会应用常见约束反力的特点绘制物体的受力图	1. 力学基本概念及公理 2. 常见约束类型及约束反力 3. 物体的受力分析及受力图的绘制

 知识链接

一、静力学基本概念

静力学是研究物体在力系作用下的平衡规律的科学，它是工程力学的一个重要组成部分，重点解决刚体在平衡条件下如何求解未知力的问题。

1. 力的概念

力是物体间相互的机械作用。如图 1-3 所示，这种作用使物体的机械运动状态发生变化或形状发生改变。前者称为力的运动效应（又称外效应），后者称为形变效应（又称内效应）。

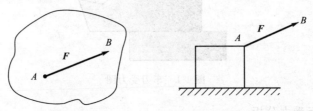

图 1-3　力的概念

力是物体相互间的机械作用，若将两物体间相互作用力之一称为作用力，另一个则称为反作用力，且作用力与反作用力等值、反向、共线，分别作用于两个相互作用的物体上。

力学上习惯于将作用力与反作用力用同一字母表示，在反作用力上加"′"以示区别。如图 1-4 所示，若绳对重物的拉力 F_1 为作用力，则绳所受的力 F_1' 为反作用力。

2. 力系的概念

一些力作用于同一事物，这些力就称为一个力系了，当然一个力也可以称为力系，所有的力位于同一平面叫平面力系，作用于不同平面叫空间力系。广义的力系还包括弯矩在内，力系中所有力的合力

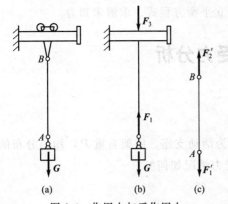

图 1-4　作用力与反作用力

为零，叫做平衡力系，否则就是不平衡的力系。通常遇到的力系有共点力系、平行力系、力偶等。

3. 平衡的概念

作用于刚体并使它保持力学平衡状态的力系，称为平衡力系。一个力系为平衡力系的必要且充分条件：其一是力系中各力的矢量和为零，即该力系的主矢为零；其二是力系中各力

对任一点力矩的矢量和为零，即该力系对任一点的主矩为零。

二、静力学基本公理

公理是人类在长期的实践中所积累的经验，经过抽象、归纳出来的客观规律。静力学公理是关于力的基本性质的概括和总结，是静力学以及整个力学的理论基础。

公理一 二力平衡公理

作用于同一刚体上的二力使刚体平衡的必要与充分条件是：此二力大小相等、方向相反且作用于同一直线上。

该公理是关于平衡的最简单、最基本的性质，是各种力系平衡的理论依据。

凡是只在两个点受力，且不计自重的平衡物体称为二力构件或二力杆。由二力平衡公理可知，无论二力杆是直的还是弯的，其所受的二力必沿两受力点的连线且等值反向。如图1-5（a）中的 BC 杆就是二力杆，其受力如图1-5（b）所示。

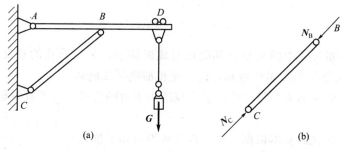

图 1-5 二力构件

公理二 加减平衡力系公理

在作用于刚体上的已知力系中，加上或减去任意一个平衡力系，并不改变原力系对刚体的作用效应。

如图1-6所示，力 F 作用于 A 点，若在其作用线上的任意一点 B 处加上一等值、反向的平衡力系 F' 和 F''，且 $F'=F''=F$，根据加减平衡力系公理，此时力系对刚体的作用效应不变。由于 F'' 与 F 也构成平衡力系，同理去掉 F'' 与 F 也不改变力系对刚体的作用效应，于是刚体就只受余下的 F' 的作用，且与 F 等效。由此可得到如下推论：

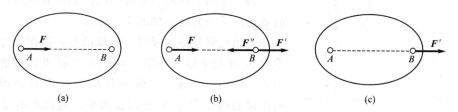

图 1-6 加减平衡力系公理

推论 力的可传性原理

作用于刚体上的力，可沿其作用线移至刚体上的任一点，而不改变它对刚体的作用效应。

公理二及其推论是力系等效变换的依据。由力的可传性原理可知，对于刚体而言，力的三要素为：力的大小、方向、作用线。

需要说明的是，公理一、二及其推论仅适用于刚体。

公理三　力的平行四边形法则

作用于物体上的同一点的两个力的合力仍作用于该点，其大小和方向由以此二力为邻边所构成的平行四边形的对角线来表示。

在图 1-7 中，分力 P_1、P_2 以矢量 AB、AC 表示，平行四边形 $ABCD$ 的对角线 AD 就表示合力 R，这个公理表明矢量加法法则，可用矢量等式表示为：

$$R = P_1 + P_2$$

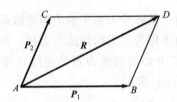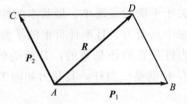

图 1-7　力的合成法则

应该注意：矢量等式中的矢量，都应该写成黑体字，矢量等式的意义不同于数量等式 $R = P_1 + P_2$，因为数量相加是代数和，而矢量相加则是几何和。

平行四边形法则又称为矢量加法，它不仅适用于力的合成，对所有矢量（如速度等）的合成均适用。

该公理是力系简化的基本依据。由公理三可得出如下推论：

推论　三力平衡汇交定理

刚体受三个共面但不平行的力作用而处于平衡时，此三个力的作用线必然汇交于一点。

公理四　作用与反作用公理

两物体间的相互作用力总是大小相等、方向相反、沿同一直线，且分别作用在这两个物体上。

该公理说明，力总是成对出现的，有作用力就必有反作用力，二者同时存在同时消失。作用力和反作用力分别作用在两个物体上，与二力平衡有本质的区别。

为了说明公理四与公理一的区别，分析放在地面上的重物的受力情况，如图 1-8 所示。

重物受到地球的吸引，地球给重物以作用力 G（即重力），重物必以反作用力 G'（也就是重物对地球的吸引力）作用于地球。这两个力 G 和 G' 符合公理四。重物压地面的作用力 N 作用在地面，地面必有反作用力 N' 支承重物，这两个力 N 和 N' 也符合公理四。重物是受力 G 和 N' 作用而平衡，这是符合公理一。地球受力 N 和 G' 作用而平衡，这也是符合公理一的。

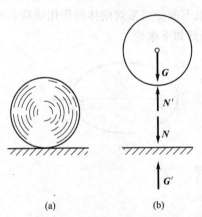

图 1-8　地面上重物的受力情况

还应注意：作用力和反作用力的关系，只存在于相互作用的两个物体之间，而与第三者无关。因此，分析物体受力时，应判明作用力和反作用力是发生在哪两个物体之间。

三、约束类型与约束反力的特点

在工程实际中，每个构件都以一定的形式与周围物体相连接，因而其运动受到一定的限制。凡是对非自由体的运动起限制作用的其他物体，称为该非自由体的约束。例如，放在地面上的物体，其向下的运动受到地面的限制，地面就是物体的约束。

1. 柔性约束

由柔软的绳索、胶带、链条等所形成的约束，称为柔性约束。柔性约束的约束力只能是拉力，方向沿着柔性体的中心线且背离被约束物体，作用点在接触点处。例如用钢丝绳吊起一减速器箱盖，如图 1-9(a) 所示，钢丝绳对减速器箱盖的约束力 F_B、F_C 分别作用于 B、C 两点，沿着钢丝绳中心线而背离减速器箱盖。链条或皮带也只能承受拉力，当它们绕过轮子时，如图 1-9(b) 所示，约束力沿轮缘的切线方向。

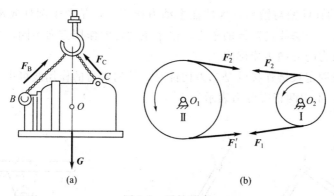

图 1-9　柔性约束

2. 光滑面约束

当两个物体的接触面视为理想光滑时，不论支承面的形状如何，只能限制物体沿着接触面的公法线而指向支承面的运动。所以光滑面约束的约束力作用在接触处，方向沿着接触面在接触处的公法线并指向被约束的物体，即物体受压力。如图 1-10(a) 表示圆球受光滑面约束，约束力沿接触处的公法线指向球心；图 1-10(b) 表示齿轮啮合时一个轮齿受到约束；图 1-10(c) 表示物体受光滑地面约束；图 1-10(d) 表示直杆 A、B、C 三处受到的约束。这类约束力又称为法向反力。

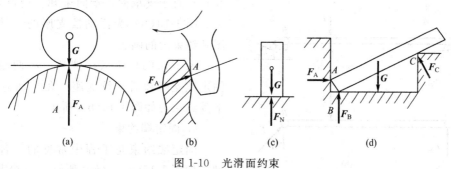

图 1-10　光滑面约束

3. 铰链约束

（1）固定铰支座　将圆柱销钉连接的两构件中的一个固定起来，称为固定铰支座，如图

1-11 所示。起重机与机架的连接、钢桥架同固定支承面的连接就应用了这种支座。这种约束限制了构件的移动，不限制构件绕圆柱销的转动。

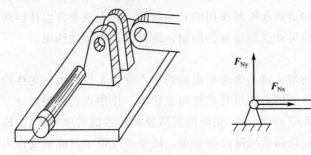

图 1-11　铰链约束

图 1-11 所示的圆柱销与销孔，构件在主动力作用下，是两个圆柱光滑面的点接触，其约束力必沿接触点的公法线过铰链的中心。由于主动力的作用方向不同，构件销钉的接触点就不同，所以约束力的方向不能确定。

当中间铰链或固定铰链连接的是二力构件时，其约束力的作用线可由二力平衡条件确定（如图 1-12 所示），不用两正交分力表示。

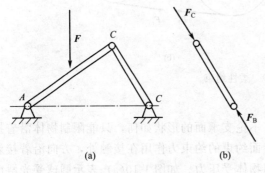

图 1-12　二力构件铰链约束

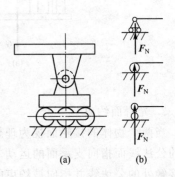

图 1-13　活动铰支座

（2）活动铰支座　如图 1-13（a）所示，在铰支座的下边安装上辊轴称为活动铰支座。活动铰支座只限制构件沿支承面法线方向的移动，所以活动铰支座约束力的作用线过铰链中心，垂直于支承面，指向未知。用符号 F_N 表示。图 1-13（b）为活动铰支座的几种力学简图及约束力的画法。

图 1-14（a）所示杆件 A、B 两端分别为固定铰支座和活动铰支座，在主动力 F 作用下其约束力如图 1-14（b）所示。

4. 固定端约束

固定端约束是工程中常见的一种约束类型。如图 1-15（a）、（b）所示，一端牢固地嵌入墙内的物体 AB 和夹紧在刀架上的车刀等。

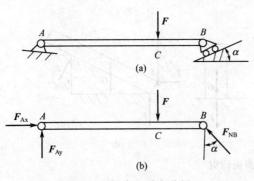

图 1-14　铰支座受力分析

这种约束能限制物体在平面内任意方向的移动和转动。

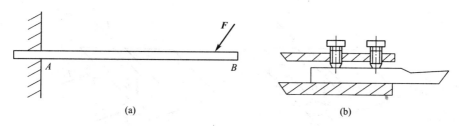

图 1-15 固定端约束

图 1-16(a) 是固定端约束的计算简图。A 端约束既能限制杆 AB 的移动，也能限制其转动，所以固定端 A 点的约束力有一个 F_A 和一个反力偶 M_A，F_A 的方向一般不能预先确定，可分解为 F_{Ax}、F_{Ay} 两正交分力，M_A 的转向事先无法确定，可先假设。

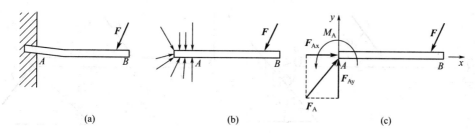

图 1-16 固定端约束计算简图

四、受力图的绘制

1. 物体的受力分析

在对物体进行力学分析过程中，首先要明确研究对象，然后分析研究对象受到哪些力的作用及各力作用线的位置，这一过程称为物体的受力分析。

进行受力分析时，必须先解除研究对象的全部约束（即从与它相联系的周围物体中分离出来），并单独画出其轮廓图，这一步骤称为取分离体（隔离体）。然后将研究对象受到的全部主动力和约束力画在分离体图上，得到表示物体受力情况的简明图形，称为研究对象的受力图。

画受力图的步骤如下：

(1) 明确研究对象，画出分离体。

(2) 在分离体上画出全部主动力。

(3) 在分离体上画出全部约束力。

恰当地选取研究对象，正确分析其受力并画出受力图，是解决力学问题首要的关键步骤，必须认真对待，反复练习，熟练掌握。

2. 单个物体的受力图

例 1-1 一运货小车由钢绳牵引沿轨道匀速提升。小车和货物共重为 G，重心在 C 点，如图 1-17(a) 所示。略去摩擦及钢绳重量，试画出运货小车的受力图。

解： 取小车为研究对象，解除约束。小车和货物的重力 G 作用在重心处，方向铅垂向下。约束力有钢绳的拉力 F，方向沿钢绳中心线背离小车；轨道的法向反力 F_A、F_B，沿接触处的公法线，指向小车。小车的受力图如图 1-17(b) 所示。

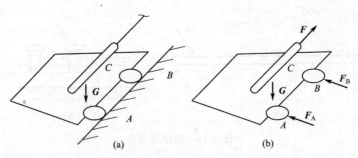

图 1-17　小车受力图

例 1-2　物体 AB 的 A 端为固定铰支座，B 端为活动铰支座，中点 C 受力 F 作用，如图 1-18(a) 所示。不计物重，试画出 AB 的受力图。

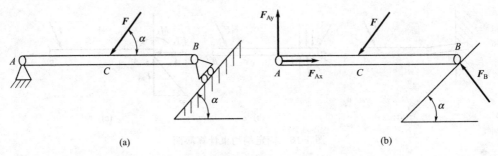

图 1-18　支座受力分析

解：取物体 AB 为研究对象，解除约束，将 AB 单独画出。C 点作用有主动力 F；B 端为活动铰支座，其约束力作用线必垂直于支承面，其指向可假设；A 端为固定铰支座，其约束力用两个互相垂直的分力 F_{Ax}、F_{Ay} 表示，其指向可假设，如图 1-18(b) 所示。

例 1-3　重量为 G 的球，用绳挂在光滑的铅直墙上 [图 1-19(a)]。画出球的受力图。

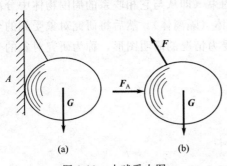

图 1-19　小球受力图

解：以球为研究对象并画出分离体，先画出主动力 G，再画出全部约束力：绳的约束力 F 和光滑面约束力 F_A。如图 1-19(b) 所示。

3. 物体系统的受力图

所谓物体系统，就是由几个物体以适当的约束互相联系所组成的系统，简称为物系。图 1-20 (a) 所示的三铰拱即是有左半拱 AC 和右半拱 CB 通过铰链 C 连接，并在 A、B 处作用固定铰支座支承而组成的物系。

在研究物系的受力时，把物系以外的物体作用于物系的力称为物系的外力，图 1-20(b) 中的主动力 F_1、F_2 以及约束力 F_{Ax}、F_{Ay}、F_{Bx}、F_{By} 都是外力；把物系内各物体间相互作用的力，称为物系的内力。对物系而言，内力总是成对出现的，无需画出。如图 1-20(b) 所示，取物系 ABC 整体为研究对象时，铰链 C 处左右两半拱间相互的作用力与反作用力是物系的内力，并在 C 点形成一对平衡力，根据加减平衡力系公理，该对约束力不必画出。但需指出，内力和外力是相对的。当取物系中某一物体为研究对象时，物系中其他物体对该物体的作用力就转化为外力。如取左半拱 AC 为研究对象时，铰链 C 处的内力就转化为外

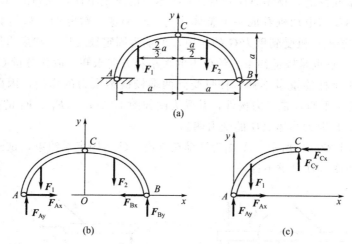

图 1-20　三铰拱桥受力图

力 $\boldsymbol{F}_{Cx}$、$\boldsymbol{F}_{Cy}$［图 1-20(c)］。

　　例 1-4　如图 1-21(a) 所示的三铰拱桥，由左、右两半拱铰接而成，设各半拱自重不计，在半拱 AC 上作用有载荷 $\boldsymbol{F}$。试分别画出半拱 AC 和 CB 的受力图。

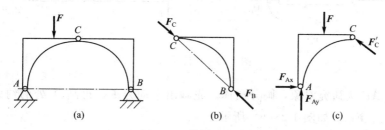

图 1-21　拱桥受力分析

　　解：① 画半拱 CB 的受力图［图 1-21(b)］。以半拱 CB 为研究对象并画出分离体，半拱 CB 上没有主动力，只在 B、C 处受到铰链的约束力 $\boldsymbol{F}_B$ 和 $\boldsymbol{F}_C$ 的作用。如果进一步考虑到半拱 CB 只在 $\boldsymbol{F}_B$ 和 $\boldsymbol{F}_C$ 两个力作用下处于平衡，则根据二力平衡条件，这两个力必定沿同一直线，且等值、反向。由此可确定 $\boldsymbol{F}_B$ 和 $\boldsymbol{F}_C$ 的作用线应沿 B 与 C 的连线，指向可假定。

　　② 画半拱 AC 的受力图［图 1-21(c)］。以半拱 AC 为研究对象，取出分离体，先画出主动力 $\boldsymbol{F}$，再画出约束力：铰链 A 处的反力 $\boldsymbol{F}_{Ax}$、$\boldsymbol{F}_{Ay}$；铰链 C 处可根据作用力与反作用力的关系画出 $\boldsymbol{F}_C' = -\boldsymbol{F}_C$。

　　例 1-5　如图 1-22(a) 所示，物体 AB 的 B 端安装着重为 $\boldsymbol{G}$ 的电动机，A、D 端为固定

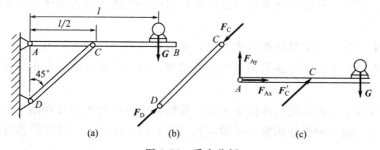

图 1-22　受力分析

铰支座，C 处为中间铰链。物体 AB 和直杆 CD 本身的重量不计，试画出 AB 的受力图。

解： 把物体 AB 与电动机看成一个整体作为研究对象。解除约束后将其图形单独画出 [图 1-22(c)]。B 端电动机受到重力 G 的作用，A 端为固定铰支座，约束力用两个正交分力 F_{Ax}、F_{Ay} 表示。C 点也是铰链约束，约束力的大小和方向未知。故先分析 CD，已知杆 CD 处于平衡状态，由于杆的重量不计，杆只受到两端铰链约束力的作用，因而杆 CD 在两力 F_C 和 F_D 作用下处于平衡，是二力构件，其受力图如图 1-22(b)（F_C、F_D 的指向是假设的）。由此作出图 1-22(c) 即为物体 AB 的受力图。

例 1-6 如图 1-23(a) 所示，A 端为活动铰支座，C 为固定端约束，试画出杆 AB、BC 及物系 AC 的受力图（杆自重不计）。

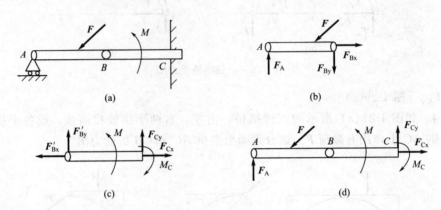

图 1-23　杆件受力图

解： ① 取 AB 为研究对象，画分离体。先画出主动力 F，再画 A 处的约束力 F_A 及 B 处的约束力 F_{Bx}、F_{By}。如图 1-23(b) 所示。

② 取 BC 为研究对象，先画出主动力偶 M，再画 B 处、C 处的约束力。如图 1-23(c) 所示。

③ 取物系 AC 为研究对象，画出其受力图如图 1-23(d) 所示。

通过上面的实例分析，将物体的受力分析及画受力图的一般方法、步骤和应注意的问题归纳如下：

(1) 首先必须根据所研究的问题，恰当确定研究对象。研究对象可以是单个物体，也可以是几个物体的组合。然后把研究对象所受的约束解除，从而将研究对象分离出来（即取分离体），单独画出其轮廓简图（即分离体图）。

(2) 正确分析、确定研究对象所受的力。对每一个力都应明确它是哪一个施力物体施加于研究对象的；同时，凡是研究对象（受力体）与周围物体（施力物体）的接触处，一般情况下必定存在着约束力。

(3) 画约束力时，一定要根据约束类型，正确地画出相应的约束力。

(4) 若取出由几个物体组成的物系为研究对象，则该物系中的内力不要画出，只需要画出物系的外力。

(5) 分别画两个互相作用物体的受力时，要特别注意作用力与反作用力的关系，当其中一个力（作用力）的方向已经确定（或假定），则另一个力（反作用力）必与其反向，不能再假定。

计划决策

表 1-1 屋架的受力分析计划决策表

情 境	学习情境一 构件的静力学分析				
学习任务	任务一 屋架的受力分析			完成时间	
任务完成人	学习小组		组长		成员	
学习的知识和技能					
小组任务分配（以四人为一小组单位）	小组任务	任务准备	管理学习	管理出勤、纪律	监督检查
	个人职责	制定小组学习计划,确定学习目标	组织小组成员进行分析讨论,进行计划决策	记录考勤并管理小组成员纪律	检查并督促小组成员按时完成学习任务
	小组成员				
完成工作任务所需的知识点					
完成工作任务的计划					
完成工作任务的初步方案					

任务实施

表 1-2 屋架的受力分析任务实施表

情 境	学习情境一 构件的静力学分析		
学习任务	任务一 屋架的受力分析		完成时间	
任务完成人	学习小组		组长		成员	
解决思路			
解决方法与步骤			

分析评价

表 1-3　屋架的受力分析学习评价表

情　境	学习情境一　构件的静力学分析			
学习任务	任务一　屋架的受力分析		完成时间	
任务完成人	学习小组	组长	成员	
评价项目	评价内容	评价标准		得分
专业能力 (55%)	知识的理解和 掌握能力	对知识的理解、掌握及接受新知识的能力 □优(12)□良(9)□中(6)□差(4)		
	知识的综合应 用能力	根据工作任务,应用相关知识进行分析解决问题 □优(13)□良(10)□中(7)□差(5)		
	方案制定与实 施能力	在教师的指导下,能够制定工作方案并能够进行优化实施,完成计划 决策表、实施表、检查表的填写 □优(15)□良(12)□中(9)□差(7)		
	实践动手操作 能力	根据任务要求完成任务载体 □优(15)□良(12)□中(9)□差(7)		
方法能力 (25%)	独立学习能力	在教师的指导下,借助学习资料,能够独立学习新知识和新技能,完成 工作任务 □优(8)□良(7)□中(5)□差(3)		
	分析解决问题 的能力	在教师的指导下,独立解决工作中出现的各种问题,顺利完成工作 任务 □优(7)□良(5)□中(3)□差(2)		
	获取信息能力	通过教材、网络、期刊、专业书籍、技术手册等获取信息,整理资料,获 取所需知识 □优(5)□良(3)□中(2)□差(1)		
	整体工作能力	根据工作任务,制定、实施工作计划 □优(5)□良(3)□中(2)□差(1)		
社会能力 (20%)	团队协作和 沟通能力	工作过程中,团队成员之间相互沟通、交流、协作、互帮互学,具备良好 的群体意识 □优(5)□良(3)□中(2)□差(1)		
	工作任务的 组织管理能力	具有批评、自我管理和工作任务的组织管理能力 □优(5)□良(3)□中(2)□差(1)		
	工作责任心与 职业道德	具有良好的工作责任心、社会责任心、团队责任心(学习、纪律、出勤、 卫生)、职业道德和吃苦能力 □优(10)□良(8)□中(6)□差(4)		
总　分				

任务二　塔式起重机的平衡

情境导入

塔式起重机如图 1-24 所示。A 处为固定铰链支座,B 处为活动支座。塔架自重 P_1,作用线通过塔架的中心。最大起重量 P_2，最大悬臂长 12m，轨道 AB 的间距为 4m。平衡重 P_3 到机身中心线距离为 6m。（1）保证起重机在满载和空载时都不致翻倒，如何确定平衡重 P_3？（2）当已知平衡重 P_3 时，如何确定满载时轨道 A、B 的约束反力？

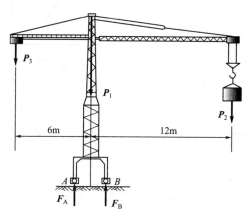

图 1-24 塔式起重机

学习目标	学习内容
1. 会计算力矩和力偶	1. 学习平面力系的分类
2. 会用解析法计算平面汇交力系的合力	2. 掌握力矩和力偶的计算
3. 会建立平面汇交力系的平衡方程	3. 掌握平面汇交力系平衡方程的应用
4. 会建立平面一般力系的平衡方程	4. 了解平面一般力系平衡方程的应用、考虑摩擦的平面力系分析
5. 会简单分析考虑摩擦的平面力系	5. 了解静定与静不定的问题

一、平面汇交力系的平衡

1. 平面力系的分类

根据力系中各力的作用线的分布情况，将力系分为平面力系和空间力系两大类。凡各力作用线都在同一平面内的力系称为平面力系，各力作用线不完全在同一平面内的力系称为空间力系。平面力系又可进一步分为：力系中各力作用线汇交于同一点的平面汇交力系；力系中各力作用线相互平行的平面平行力系；由同平面内的若干力偶组成的平面力偶系；力系中各力作用线既不交于一点、也不互相平行的平面任意力系等。

2. 平面汇交力系的简化与合成

（1）力在坐标轴上的投影 如图 1-25 所示。在力 F 的作用面内选取直角坐标系 Oxy，从力 F 的两端 A、B 分别向两个坐标轴作垂线，则两垂线在坐标轴上所截的线段长度（即两垂足之间的距离）并冠以相应的正负号，称为力 F 在坐标轴上的投影。

在图 1-25 中，ab 线段即为力 F 在 x 轴上的投影，以 F_x 表示；$a'b'$ 线段即为力 F 在 y 轴上的投影，以 F_y 表示。若投影的指向与坐标轴的正向相同时，则投影为正，反之为负。

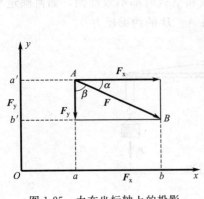

图 1-25 力在坐标轴上的投影

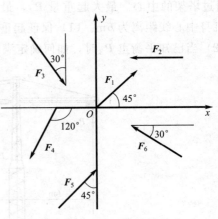

图 1-26 力的投影计算

如果力 F 的大小为 F，它与 x 轴的和 y 轴的所夹锐角分别为 α、β，则 F 在 x、y 轴上的投影分别为：

$$
\left.\begin{array}{l}
F_x = \pm F\cos\alpha = \pm F\sin\beta \\
F_y = \pm F\sin\alpha = \pm F\cos\beta
\end{array}\right\}
\tag{1-1}
$$

例 1-7 如图 1-26 所示，各力的大小均为 100N，求各力在 x、y 轴上的投影。

解： 由公式(1-1) 得，各力的投影分别为：

$$F_{1x} = F_1\cos45° = 100 \times \sqrt{2}/2 = 50\sqrt{2} \ (\mathrm{N})$$

$$F_{1y} = F_1\sin45° = 100 \times \sqrt{2}/2 = 50\sqrt{2} \ (\mathrm{N})$$

$$F_{2x} = -F_2\cos0° = -100 \times 1 = -100 \ (\mathrm{N})$$

$$F_{2y} = F_2\sin0° = 100 \times 0 = 0 \ (\mathrm{N})$$

$$F_{3x} = F_3\sin30° = 100 \times 1/2 = 50 \ (\mathrm{N})$$

$$F_{3y} = -F_3\cos30° = -100 \times \sqrt{3}/2 = -50\sqrt{3} \ (\mathrm{N})$$

$$F_{4x} = -F_4\cos(180° - 120°) = -100 \times 1/2 = -50 \ (\mathrm{N})$$

$$F_{4y} = -F_4\sin(180° - 120°) = -100 \times \sqrt{3}/2 = -50\sqrt{3} \ (\mathrm{N})$$

$$F_{5x} = F_5\cos45° = 100 \times \sqrt{2}/2 = 50\sqrt{2} \ (\mathrm{N})$$

$$F_{5y} = F_5\sin45° = 100 \times \sqrt{2}/2 = 50\sqrt{2} \ (\mathrm{N})$$

$$F_{6x} = -F_6\cos30° = -100 \times \sqrt{3}/2 = -50\sqrt{3} \ (\mathrm{N})$$

$$F_{6y} = F_6\sin30° = 100 \times 1/2 = 50 \ (\mathrm{N})$$

由上例可以看出，当力与坐标轴平行（或重合）时，力在坐标轴上投影的绝对值等于力的大小；当力与坐标轴垂直时，力在坐标轴上的投影等于零；F_1 与 F_5 在 x、y 轴上的投影完全相同说明力在坐标轴上的投影仅与力的大小和方向有关，而与力的作用点或作用线的位置无关，它仅表征了力的大小、方向对力的作用效应的影响。

若已知力 F 在坐标轴上的投影 F_x 和 F_y，也可以求出力 F 的大小和方向。

$$
\left.\begin{array}{l}
F = \sqrt{F_x^2 + F_y^2} \\
\tan\alpha = \left| \dfrac{F_y}{F_x} \right|
\end{array}\right\}
\tag{1-2}
$$

式中，α 为力 $\boldsymbol{F}$ 与 x 轴正向间的夹角。力 $\boldsymbol{F}$ 的指向由 F_x、F_y 的正负号判断。

（2）平面汇交力系的合成　设刚体上作用着汇交的两个力 $\boldsymbol{F}_1$、$\boldsymbol{F}_2$，则其合力 $\boldsymbol{F}$ 可由平行四边形 $ABCD$ 的对角线 AD 表示，如图 1-27（a）所示。图中 $\overline{AB} = F_1$，$\overline{AC} = F_2$，$\overline{AD} = F$，各力在 x 轴上的投影分别为 $F_{1x} = ab$；$F_{2x} = ac$；合力 $\boldsymbol{F}$ 在 x 轴上的投影为 $F_x = ad$。

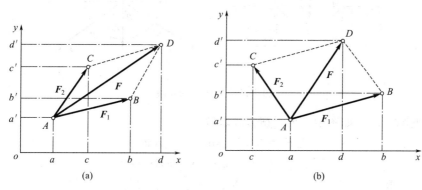

图 1-27　合力与分力的投影关系

由图可知，力系的合力 $\boldsymbol{F}$ 在 x 轴上的投影与各分力在同一轴上的投影之间的关系为 $ad = ab + bd = ab + ac$，即 $F_x = F_{1x} + F_{2x}$。同理，合力 $\boldsymbol{F}$ 与各分力在 y 轴上的投影之间的关系为 $F_y = F_{1y} + F_{2y}$。

在图 1-27（b）中，上述关系仍然存在，但投影的正负不一定完全相同，应根据具体情况确定，运算时应特别注意。

平面汇交力系中有任意个力 $\boldsymbol{F}_1$，$\boldsymbol{F}_2$，$\boldsymbol{F}_3$，$\cdots$，$\boldsymbol{F}_n$，应用上述关系则有

$$\left.\begin{array}{c} F = \sqrt{F_x^2 + F_y^2} = \sqrt{\sum F_x^2 + \sum F_y^2} \\[2mm] \tan\alpha = \dfrac{F_y}{F_x} = \dfrac{\sum F_y}{\sum F_x} \end{array}\right\} \tag{1-3}$$

合力 $\boldsymbol{F}$ 方向由 F_x、F_y 的正负决定。

3. 平面汇交力系的平衡问题

若平面汇交力系的合力为零，则该力系将不引起物体运动状态的改变，即该力系是平衡力系。从式（1-4）可知，平面汇交力系保持平衡的必要条件是：

$$F = \sqrt{\left(\sum F_x\right)^2 + \left(\sum F_y\right)^2} = 0$$

$$\left.\begin{array}{c} \sum F_x = 0 \\ \sum F_y = 0 \end{array}\right\} \tag{1-4}$$

例 1-8　如图 1-28（a）所示，储罐架在砖座上，罐的半径 $r = 0.5\text{m}$，重力 $G = 12\text{kN}$，两砖座间距离 $L = 0.8\text{m}$。不计摩擦，试求砖座对储罐的约束反力。

分析：首先应选择储罐为研究对象，进行受力分析，画受力图，然后运用平面汇交力系平衡方程来求解。

解：① 取储罐为研究对象，画受力图。砖座对储罐的约束是光滑面约束，故约束反力 $\boldsymbol{N}_A$ 和 $\boldsymbol{N}_B$ 的方向应沿接触点的公法线指向储罐的几何中心 O 点，它们与 y 轴的夹角设为 θ。

$\boldsymbol{G}$、$\boldsymbol{N}_A$、$\boldsymbol{N}_B$ 三个力组成平面汇交力系，如图 1-28（b）所示。

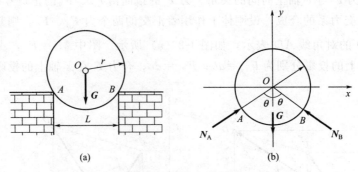

图 1-28　砖座上的储罐

② 选取坐标 xOy 如图示，列平衡方程求解

$$\sum F_x = 0, \quad N_A \sin\theta - N_B \sin\theta = 0 \tag{Ⅰ}$$

$$\sum F_y = 0, \quad N_A \cos\theta + N_B \cos\theta - G = 0 \tag{Ⅱ}$$

解式（Ⅰ）得

$$N_A = N_B$$

由图中几何关系可知

$$\sin\theta = \frac{\frac{L}{2}}{r} = \frac{\frac{0.8}{2}}{0.5} = 0.8$$

所以

$$\theta = 53.13°$$

代入式（Ⅱ）得

$$N_A = N_B = \frac{G}{2\cos\theta} = \frac{12}{2\cos 53.13°} = 10 \ (\text{kN})$$

二、平面力矩和力偶矩的平衡

1. 力矩及合力矩定理

（1）力矩　力对物体的作用效应，除移动效应外，还有转动效应。如图 1-29 所示，用扳手拧螺母时，作用于扳手一端的力 $\boldsymbol{F}$ 能使螺母绕 O 点转动。由经验可知，拧动螺母的作用不仅与力 $\boldsymbol{F}$ 的大小有关，而且与转动中心（O 点）到力 $\boldsymbol{F}$ 的作用线的距离 d 有关。$\boldsymbol{F}$ 与 d 的乘积越大，转动效应越强，螺母就越容易拧紧。另外，转动方向不同，效应也不同。类似的实例还很多。因此，在力学上用 $\boldsymbol{F}$ 与 d 的乘积及其转向来度量力 $\boldsymbol{F}$ 使物体绕 O 点转动的效应，称为力 $\boldsymbol{F}$ 对 O 点之矩，简称力矩，以符号 $M_O(F)$ 表示，即

$$M_O(F) = \pm Fd \tag{1-5}$$

式(1-5) 中，O 点称为力矩中心，简称矩心；O 点到力 $\boldsymbol{F}$ 作用线的垂直距离 d 称为力臂。式中正负号表示两种不同的转向。通常规定：使物体产生逆时针旋转的力矩为正值；反之为负值。力矩的单位是牛·米（N·m）或千牛·米（kN·m）。

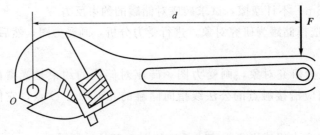

图 1-29　力对点之矩

（2）合力矩定理

可以证明，若 $F=F_1+F_2+F_3+\cdots+F_n$

则 $\qquad M_O(F)=M_O(F_1)+M_O(F_2)+\cdots+M_O(F_n)=\sum M_O(F)$ （1-6）

即合力对平面内任意一点之矩，等于各分力对同一点之矩的代数和。此关系称为合力矩定理。该定理不仅适用于平面汇交力系，而且对任何有合力的力系都成立。

在计算力矩时，有时力臂的计算较繁琐，可将力分解为两个互相垂直的分力，分别求出分力对矩心之矩，然后，应用合力矩定理求原力对矩心之矩。采用这种方法时，应选择图中标出力臂值或力臂值容易求出的方向对力进行分解，这样才能简化计算过程。

例 1-9 如图 1-30(a) 所示，圆柱齿轮的齿面受一啮合角 $\alpha=20°$ 的法向压力 $P=1\mathrm{kN}$，齿轮分度圆直径 $D=60\mathrm{mm}$，试求力 P 对轴心 O 之矩。

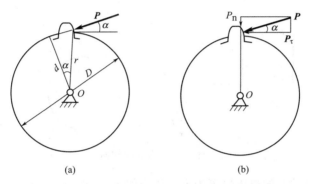

(a) (b)

图 1-30 用合力矩定理求解

解法一： 由图 1-30(a)，根据定义可得

$$d=r\cos\alpha=D/2\cos\alpha=60\times10^{-3}/2\cos20°=28.2\times10^{-3}\mathrm{m}$$

由力对点之矩的定义式得：

$$M_O(P)=Pd=1\times10^3\times28.2\times10^{-3}=28.2\ (\mathrm{N\cdot m})$$

解法二： 根据合力矩定理，将力 P 沿分度圆的切向和法向分解［见图 1-30(b)］

$$P_\tau=P\cos\alpha$$

$$P_n=P\sin\alpha$$

显然，$M_O(P_n)=0$（P_n 通过 O 点，力臂为零），就有：

$$M_O(P)=M_O(P_n)+M_O(P_\tau)=M_O(P_\tau)=P\cos20°\times r=28.2\ (\mathrm{N\cdot m})$$

2. 力偶及力偶矩

力学中，把作用在同一物体上大小相等、方向相反、作用线平行的一对平行力称为力偶，记作（F_1，F_2），力偶中两个力的作用线间的距离 d 称为力偶臂，两个力所在的平面称为力偶的作用面。如图 1-31 中的 F_1 和 F_2 构成一对力偶。

力偶对物体的转动效应，随力 F 的大小或力偶臂 d 的增大而增强。因此，可用二者的乘积 Fd 并加以适当的正负号所得的物理量来度量力偶对物体的转动效应，见图 1-32，称之为力偶矩，记作 m（F_1，F_2）或 m，即

$$m(F_1+F_2)=\pm Fd \qquad (1-7)$$

力偶矩的单位也与力矩相同，为 N·m 或 kN·m。根据力偶的概念可以证明，力偶具有以下性质。

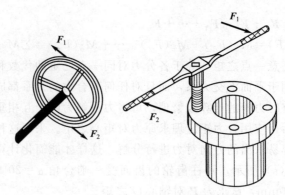

图 1-31　力偶作用实例

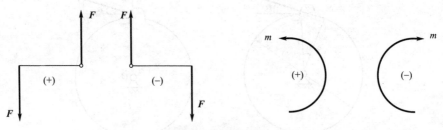

图 1-32　力偶的转向

（1）力偶在任意轴上的投影恒等于零，故力偶无合力，不能与一个力等效，也不能用一个力来平衡。因此，力偶只能用力偶来平衡。可见，力偶和力是组成力系的两个基本物理量。

（2）力偶对其作用面内任意一点之矩，恒等于其力偶矩，而与矩心的位置无关。这是力偶与力矩的本质区别之一。

（3）凡是三要素相同的力偶，彼此等效，可以相互代替。此即力偶的等效性。

根据力偶的等效性，可得出以下两个推论。

推论一：力偶对刚体的转动效应与它在作用面内的位置无关，力偶可以在其作用面内任意移动或转动，而不改变它对刚体的效应。

推论二：在保持力偶矩的大小和转向不变的情况下，可同时改变力偶中力的大小和力偶臂的长短，而不改变它对刚体的效应

3. 平面力偶系的合成与平衡

作用于同一物体上的若干个力偶组成一个力偶系，若力偶系中各力偶均作用在同一平面，则称为平面力偶系。

可以证明，平面力偶系合成的结果为一合力偶，其合力偶矩等于各分力偶矩的代数和，即：

$$M=M_1+M_2+\cdots+M_n=\sum M_i \tag{1-8}$$

例 1-10　如图 1-33 所示，某物体受三个共面力偶的作用，已知 $F_1=9\text{kN}$，$d_1=1\text{m}$，$F_2=6\text{kN}$，$d_2=0.5\text{m}$，$M_3=-12\text{kN}\cdot\text{m}$，试求其合力偶。

解：由式（1-7）得：

$$M_1=-F_1d_1=-9\times 1=-9\ (\text{kN}\cdot\text{m})$$

$$M_2 = F_2 d_2 = 6 \times 0.5 = 3 \ (\text{kN} \cdot \text{m})$$

合力偶矩为：

$$M = M_1 + M_2 + M_3 = -9 + 3 - 12 = -18 \ (\text{kN} \cdot \text{m})$$

因此，此力偶系的合力偶是一个顺时针转向、力偶矩大小为 18kN·m 的力偶。

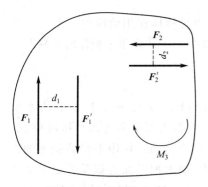

图 1-33　力偶系的合成

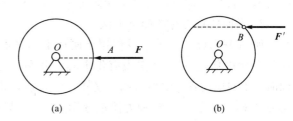

图 1-34　力的平移定理

三、平面任意力系的平衡

1. 力的平移定理

如图 1-34 所示，当力 F 作用于轮子的 A 点且通过其轮心 O 时，轮子并不转动；而力 F 的作用线平移至 B 点后，轮子则转动。显然，力的作用线从 A 点平移到 B 点后，其效应发生了改变。

可以证明，将作用于刚体上的力平移到刚体内任意一点，而又不改变它对刚体的作用效应时，必须附加一个力偶才能与原力等效，附加力偶的力偶矩等于原力对平移点之矩，此即为力的平移定理。

如图 1-35 所示，将作用于刚体上 A 点的力 F 平移到平面内任意一点 O，而又不想改变它对刚体的作用效应，可以在 O 点加上一对平衡力 F' 和 F''，且令 $F' = F'' = F$，由于在力系中加上或减去一个平衡力系不会改变对刚体的作用效应，因此，力系 F、F'、F'' 的共同作用效应与力 F 单独作用的效应是相同的，而 F 和 F'' 可组成一个力偶（F，F''），其力偶矩为

$$M(F, F'') = M_O(F) = F \cdot d$$

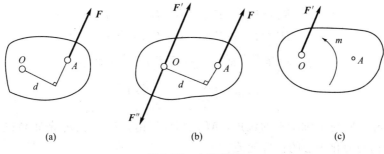

图 1-35　力的平移

而作用在 O 点的力 F' 与作用于 A 点力 F 的大小相等、方向相同、作用线平行，于是把力 F 从 A 点平移到了 O 点，同时附加了一个力偶。

应用力的平移定理时必须注意：

（1）力的作用线平移时所附加的力偶矩的大小、转向与平移点的位置有关。

（2）力的平移定理只适用于刚体，对变形体不适用，并且力的作用线只能在同一刚体内平移，不能移到另一刚体。

（3）力的平移定理的逆定理也成立。

力的平移定理不仅是力系简化的依据，而且也是分析力对物体作用效应的一个重要方法，能解释许多工程中和生活中的现象。例如，用丝锥攻丝时，为什么单手操作时容易断锥或攻偏；打乒乓球时，为什么搓球能使乒乓球旋转等。

2. 平面任意力系的简化方法

如图 1-36（a）所示，设作用于刚体上的平面任意力系为 $\boldsymbol{F}_1$、$\boldsymbol{F}_2$、$\cdots$、$\boldsymbol{F}_n$。在力系所在的平面内任选一点 O 作为简化中心，并利用力的平移定理将力系中各力都平移到 O 点，同时加上对应的各个附加力偶。这样，原力系等效地简化为两个力系：作用于 O 点的平面汇交力系 $\boldsymbol{F}_1'$、$\boldsymbol{F}_2'$、$\cdots$、$\boldsymbol{F}_n'$ 和力偶矩分别为 M_1、M_2、$\cdots$、M_n 的附加平面力偶系，如图 1-36（b）所示。其中，$\boldsymbol{F}_1' = \boldsymbol{F}_1$、$\boldsymbol{F}_2' = \boldsymbol{F}_2$、$\cdots$、$\boldsymbol{F}_n' = \boldsymbol{F}_n$，$M_1 = M_O(F_1)$、$M_2 = M_O(F_2)$、$\cdots$、$M_n = M_O(F_n)$。分别将这两个力系合成，如图 1-36（c）所示。

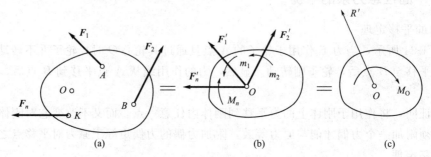

图 1-36　平面力系简化

对平面汇交力系 $\boldsymbol{F}_1'$、$\boldsymbol{F}_2'$、$\cdots$、$\boldsymbol{F}_n'$，可以合成为一个合力，即

$$\boldsymbol{R}' = \boldsymbol{F}_1' + \boldsymbol{F}_2' + \cdots + \boldsymbol{F}_n' = \sum \boldsymbol{F}' = \sum \boldsymbol{F}$$

$\boldsymbol{R}'$ 称为原力系的主矢量，简称主矢。它等于原力系中各分力的矢量和，但并不是原力系的合力，因为它不能代替原力系的全部作用效应，只体现了原力系对物体的移动效应。其作用点在简化中心 O，大小、方向可用力的投影的方法计算：

$$R_x' = F_{1x} + F_{2x} + \cdots + F_{nx} = \sum F_x$$
$$R_y' = F_{1y} + F_{2y} + \cdots + F_{ny} = \sum F_y$$
$$R' = \sqrt{R_x'^2 + R_y'^2} = \sqrt{(\sum F_x)^2 + (\sum F_y)^2}$$
$$\tan\theta = \left| \frac{R_y'}{R_x'} \right| = \left| \frac{\sum F_y}{\sum F_x} \right| \tag{1-9}$$

式中，θ 表示 $\boldsymbol{R}'$ 与 x 轴所夹的锐角，M 的指向可由 $\sum F_x$、$\sum F_y$ 的正负确定。显然，主矢的大小和方向与简化中心的位置无关。

对于附加力偶系，可合成为一个合力偶，其合力偶矩为：

$$M_O = M_1 + M_2 + \cdots + M_n = \sum M_O(F) \tag{1-10}$$

M_O 称为原力系的主矩，它等于原力系中各力对简化中心之矩的代数和。同样，它也不是原力系的合力偶矩，因为它也不能代替原力系对物体的全部效应，只体现了原力系使物体绕简化中心转动的效应。显然主矩的大小和转向与简化中心的位置有关。

可见，平面任意力系向平面内任一点简化，可得一力和一力偶，该力称为原力系的主矢量，它等于原力系中各力的矢量和，作用点在简化中心上，其大小、方向与简化中心无关；该力偶之矩称为原力系的主矩，它等于原力系中各力对简化中心之矩的代数和，其值一般与简化中心的位置有关。

例 1-11　如图 1-37(a) 所示，物体受 F_1、F_2、F_3、F_4、F_5 五个力的作用，已知各力的大小均为 10N，试将该力系分别向 A 点和 D 点简化。

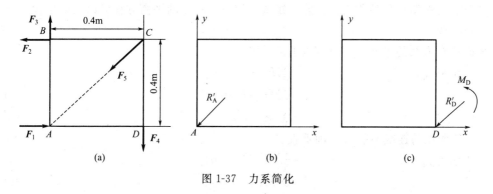

图 1-37　力系简化

解：① 向 A 点简化，由式(1-9) 得：

$$R'_{Ax}=F_x=F_1-F_2-F_5\cos45°=10-10-10\frac{\sqrt{2}}{2}=-5\sqrt{2}\ （N）$$

$$R'_{Ay}=F_y=F_3-F_4-F_5\sin45°=10-10-10\frac{\sqrt{2}}{2}=-5\sqrt{2}\ （N）$$

$$R'_A=\sqrt{R'^2_{Ax}+R'^2_{Ay}}=\sqrt{(-5\sqrt{2})^2+(-5\sqrt{2})^2}=10\ （N）$$
$$M_A=\sum M_A(F)=0.4F_2-0.4F_4=0N$$

向 A 点简化的结果如图 1-37(b) 所示。

② 向 D 点简化，由式(1-9) 得：

$$R'_{Dx}=F_x=F_1-F_2-F_5\cos45°=10-10-10\frac{\sqrt{2}}{2}=-5\sqrt{2}\ （N）$$

$$R'_{Dy}=F_y=F_3-F_4-F_5\sin45°=10-10-10\frac{\sqrt{2}}{2}=-5\sqrt{2}\ （N）$$

$$R'_D=\sqrt{R'^2_{Dx}+R'^2_{Dy}}=\sqrt{(-5\sqrt{2})^2+(-5\sqrt{2})^2}=10\ （N）$$
$$M_D=\sum M_D(F)=0.4F_2-0.4F_3+0.4F_5\sin45°=22N\cdot m$$

向 D 点简化的结果如图 1-37(c) 所示。

3. 平面任意力系的平衡问题

由前面的讨论可知，平面任意力系平衡的必要与充分条件是力系的主矢和主矩同时等于零。即：

$$\begin{cases}FR'=\sqrt{(\sum F_x)^2+(\sum F_y)^2}=0\\ M_O=\sum M_O(F)\end{cases} \tag{1-11}$$

由此可得平面任意力系的平衡方程为：

$$\left.\begin{aligned}\sum F_{x}&=0\\\sum F_{y}&=0\\\sum M_{O}(F)&=0\end{aligned}\right\}\qquad(1\text{-}12)$$

上式称为平面任意力系平衡方程的基本形式。表明平面任意力系平衡时，力系中各力在两个正交轴上投影的代数和分别等于零，同时力系中各力对作角面内任一点之矩的代数和也等于零。

上述平衡方程中的前两式为投影形式的平衡方程，第三式为力矩形式的平衡方程，因此，可将这组平衡方程简称为二投影一矩式。用三个独立的平衡方程可以求解包含三个未知量的平衡问题。

平面任意力系的平衡方程还有以下两种形式：

二力矩形式：

$$\left.\begin{aligned}\sum F_{x}&=0\\\sum M_{A}(F)&=0\\\sum M_{B}(F)&=0\end{aligned}\right\}\qquad(1\text{-}13)$$

A、B 两点的连线不能与 x 轴垂直。

三力矩形式：

$$\left.\begin{aligned}\sum M_{A}(F)&=0\\\sum M_{B}(F)&=0\\\sum M_{C}(F)&=0\end{aligned}\right\}\qquad(1\text{-}14)$$

A、B、C 三点不能共线。

下面举例说明平衡方程的应用。

例 1-12　图 1-38(a) 所示为一悬臂吊车示意图，已知横梁 AB 的自重 $G=4\text{kN}$，小车及其载荷共重 $Q=10\text{kN}$，梁的尺寸如图。求 BC 杆的拉力及 A 处的约束反力。

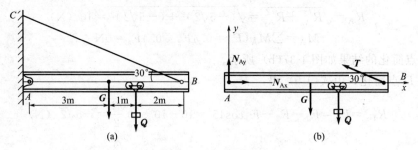

图 1-38　悬臂吊车

解： ① 取 AB 梁为研究对象，画其受力图［见图 1-38(b)］

② 建立直角坐标系 Axy，如图 1-38(b)，列平衡方程求解。

$$\sum F_{x}=0\quad N_{Ax}-T\cos30°=0$$

$$\sum F_{y}=0\quad N_{Ay}+T\sin30°-G-Q=0$$

$$\sum M_{A}(F)=0\quad T\times6\times\sin30°-G\times3-Q\times4=0$$

解得：$T=17.33\text{kN}$　$N_{Ax}=15\text{kN}$　$N_{Ay}=5.33\text{kN}$

例 1-13　如图 1-39 所示梁 AB 一端固定，另一端自由，称为悬臂梁。受载荷作用如图所示，已知 $q=2\text{kN/m}$，$l=2\text{m}$，$P=3\text{kN}$，$\alpha=45°$，不计梁的自重，求固定端 A 的约束反力。

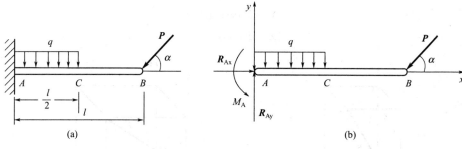

图 1-39　悬臂梁

分析：悬臂梁约束反力的求解，同样只能选取梁作为研究对象进行受力分析，画出其受力图；然后根据平衡方程求出约束反力及力矩。

解：取梁 AB 为研究对象，画受力图，并建立 Axy 直角坐标系如图 1-39(b) 所示。

$$\sum F_x = 0, \quad R_{Ax} - P\cos\alpha = 0$$

解得
$$R_{Ax} = P\cos\alpha = P\cos45° = 3 \times \frac{\sqrt{2}}{2} = 2.12 \ (\text{kN})$$

$$\sum F_y = 0, \quad R_{Ay} - q\frac{l}{2} - P\sin\alpha = 0$$

解得
$$R_{Ay} = q\frac{l}{2} + P\sin\alpha = 2 \times 1 + 3 \times \frac{\sqrt{2}}{2} = 5.12 \ (\text{kN})$$

$$\sum M_A(F) = 0, \quad M_A - q\frac{l}{2} \times \frac{l}{4} - P\sin\alpha \times l = 0$$

解得
$$M_A = \frac{1}{8} \times 2 \times 2^2 - 3 \times \frac{\sqrt{2}}{2} \times 2 = -3.24 \ (\text{kN})$$

根据上述例题，可归纳出平面任意力系平衡问题的求解步骤如下：

（1）根据题意，选取适当的研究对象；

（2）画研究对象的受力图，并建立直角坐标系；

（3）列平衡方程，求解未知量。

应当注意，为了使计算得到简化，在列平衡方程时，要选取适当的矩心和投影轴，力求在一个平衡方程中只含一个未知量。

四、空间力系的平衡

1. 力在空间直角坐标轴上的投影

（1）直接投影法　如已知力 F 与正交坐标系各轴的夹角分别为 α、β、γ，如图 1-40 所示，则力在坐标轴上的投影

$$\begin{cases} X = F\cos\alpha \\ Y = F\cos\beta \\ Z = F\cos\gamma \end{cases} \tag{1-15}$$

（2）间接投影法　如图 1-41 所示，将力 F 先投影到某一坐标平面，例如 Oxy 平面，得力 F_{xy}，再将此力投影到 x、y 轴上。得到

$$\begin{cases} X = F\sin\gamma\cos\varphi \\ Y = F\sin\gamma\sin\varphi \\ Z = F\cos\gamma \end{cases} \qquad (1\text{-}16)$$

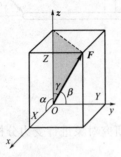

图 1-40 直接投影法

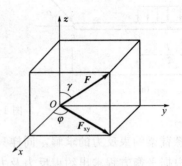

图 1-41 间接投影法

例 1-14 图 1-42 所示为一圆柱斜齿轮，传动时受力 F 的作用。已知 F 作用于与齿面垂直的法平面内，且与过作用点 B 的切线成 α 角，轮齿与轴线成 β 角。若 $F = 5\text{kN}$，$\alpha = 20°$，$\beta = 15°$，求 F 在轴向（x 轴）、切向（y 轴）、径向（z 轴）的投影。

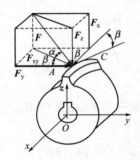

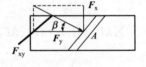

图 1-42 圆柱斜齿轮

解： 用间接投影法，由图 1-42 得：

$$F_{xy} = F\cos\alpha$$
$$F_x = F_{xy}\sin\beta = F\cos\alpha\sin\beta = 1.22\text{kN}$$
$$F_y = F_{xy}\cos\beta = F\cos\alpha\cos\beta = N4.54\text{kN}$$
$$F_z = -F\sin\alpha = -1.71\text{kN}$$

2. 力对轴之矩

在平面力系中，为了度量使刚体绕某点的转动效应，引入了力对点之矩的概念。工程中常会遇到刚体绕定轴转动的情形。为了度量力使刚体绕某轴转动的效应，在空间力系中引入力对轴之矩的概念。

在平面问题中的物体绕 O 点转动，从空间的角度来看，就是物体绕通过 O 点且垂直于力的作用面的 z 轴的转动。因而，平面力系所讲的力对点之矩，对空间力系而言就是力对通过矩心且垂直于力的作用面的轴之矩，如图 1-43 所示。

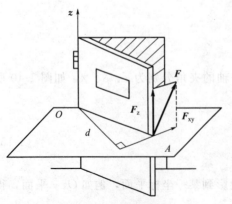

图 1-43 空间力矩

求力 F 对 z 轴之矩的方法为：将力 F 分解为平行于 z 轴的分力 F_z 和在垂直于 z 轴的平面内的分力 F_{xy}。F_z 不会产生使物体绕 z 轴转动的效应，其对 z 轴之矩等于零，因此，力 F 对 z 轴之矩就等于分力 F_{xy} 对 O 点之矩，即：

$$M_z(F) = M_O(F_{xy}) = \pm F_{xy} \cdot d \tag{1-17}$$

式中的正负号表示力对轴之矩的转向。通常规定从 z 轴的正向看去，逆时针转动时，力对轴之矩为正；反之为负。力对轴之矩为代数量，其单位与力对点之矩相同。

显然，当力与轴平行或相交（即共面）时，力对轴之矩为零。

可以证明，平面力系中的合力矩定理可以推广到空间力系，即合力对任意轴之矩等于分力对同一轴之矩的代数和。

例 1-15 如图 1-44 所示，托架 OA 套在传动轴 z 上，在 A 点作用一力 $F = 2kN$，设力 F 与水平面 Oxy 的夹角为 $60°$，它在水平面上的分力与 y 轴的夹角是 $45°$。求力 F 对三个坐标轴之矩。

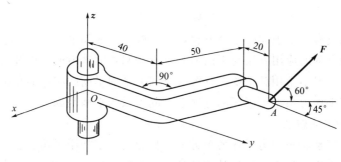

图 1-44 托架

解：力 F 在三个坐标轴的投影分别为：

$$F_x = -F\cos60°\sin45° = -2000 \times 0.5 \times 0.707 = -707 \text{ (N)}$$
$$F_y = F\cos60°\cos45° = 2000 \times 0.5 \times 0.707 = 707 \text{ (N)}$$
$$F_z = F\sin60° = 2000 \times 0.866 = 1732 \text{ (N)}$$

根据合力矩定理得：

$$M_x(F) = M_x(F_x) + M_x(F_y) + M_x(F_z) = 0 + 0 + 1732 \times 0.06 = 103.9 \text{ (N·m)}$$
$$M_y(F) = M_y(F_x) + M_y(F_y) + M_y(F_z) = 0 + 0 + 1732 \times 0.05 = 86.6 \text{ (N·m)}$$
$$M_z(F) = M_z(F_x) + M_z(F_y) + M_z(F_z) = 707 \times 0.06 - 707 \times 0.05 + 0 = 7.07 \text{ (N·m)}$$

3. 空间力系的平衡

（1）空间任意力系的平衡方程　空间任意力系的研究方法与平面任意力系基本相同，也是先将力系向一点简化，然后通过分析、推导得出空间任意力系的平衡方程：

$$\left.\begin{array}{l} \sum F_x = 0 \\ \sum F_y = 0 \\ \sum F_z = 0 \\ \sum M_x(F) = 0 \\ \sum M_y(F) = 0 \\ \sum M_z(F) = 0 \end{array}\right\} \tag{1-18}$$

式中，前三个方程表示力系对物体无移动效应；后三个方程表示力系对物体无转动效应。空间任意力系有六个独立的平衡方程，可以解六个未知量。

（2）空间特殊力系的平衡方程　空间汇交力系和空间平行力系是空间任意力系的特殊情况，在空间任意力系的平衡方程的基础上，考虑各自的特殊性，可得到空间特殊力系的平衡方程。

（3）空间汇交力系的平衡方程：

$$\left.\begin{array}{l} \sum F_x = 0 \\ \sum F_y = 0 \\ \sum F_z = 0 \end{array}\right\} \tag{1-19}$$

空间汇交力系有三个独立的平衡方程，可以解三个未知量。

（4）空间平行力系的平衡方程：

$$\left.\begin{array}{l} \sum F_z = 0 \\ \sum M_x(F) = 0 \\ \sum M_y(F) = 0 \end{array}\right\} \tag{1-20}$$

空间平行力系也有三个独立的平衡方程，可以解三个未知量。

空间力系平衡方程的应用方法与平面力系基本相同，但求力的投影和力矩要比平面力系复杂得多，因此，一般不常用其平衡方程解决空间力系的平衡问题，而是把空间力系转化为平面力系，采用解平面力系平衡问题的方法解空间力系的平衡问题。

4. 空间力系的平面解法

如果力系处于平衡状态，力在各个方向的投影也一定处于平衡状态。为了求解空间力系的平衡问题，常把受空间力系作用的物体的受力图投影到三个坐标平面上，得到三个平面力系，然后分别列其平衡方程，即可解出未知量。这种方法称为空间力系平衡问题的平面解法。

在空间力系平衡问题的平面解法中，三个视图上的力是相互联系的，一个视图解出的未知量可以作为另外两个视图的已知量。从这种意义上讲，可以把受空间力系作用的物体视为由三个视图组成的物系，其解题方法与注意事项和物系平衡问题基本相同。

例 1-16　如图 1-45(a) 所示，电动机通过联轴器带动带轮转动。已知驱动力偶矩 $M = 20\text{N}\cdot\text{m}$，带轮直径 $d = 16\text{cm}$，$a = 20\text{cm}$，轮轴自重不计，带的拉力 $T = 2t$。求轴承 A、B 处的约束反力。

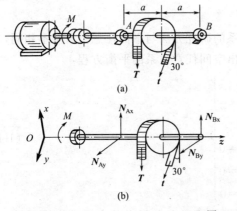

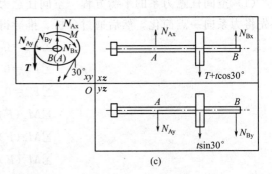

图 1-45　带轮传动

解： ① 取轮轴为研究对象，画受力图并将其向三个坐标平面投影，如图 1-45（b）、（c）所示。

② 分别对三个投影列平衡方程求解。

对 Oxz 平面：

$$\sum M_A(F)=0$$

$$(T-t)\times\frac{d}{2}-M=0$$

将 $T=2t$ 代入解得：

$$t=250\text{N}$$

$$T=500\text{N}$$

对 Oyz 平面：

$$\sum M_A(F)=0$$

$$N_{Bz}\times 2a-(T+t\cos 30°)\times a=0$$

解得： $N_{Bz}=358.25\text{N}$

$$\sum F_z=0$$

$$N_{Az}+N_{Bz}-(T+t\cos 30°)=0$$

解得：

$$N_{Az}=358.25\text{N}$$

对 Oxy 平面：

$$\sum M_A(F)=0$$

$$-N_{Bx}\times 2a-t\sin 30°\times a=0$$

解得： $N_{Bx}=-62.5\text{N}$

$$\sum F_x=0$$

$$N_{Ax}+N_{Bx}+t\sin 30°=0$$

解得： $N_{Ax}=-62.5\text{N}$

N_{Ax}、N_{Bx} 均为负值，表明其实际方向与图示方向相反。

例 1-17 某传动轴如图 1-46（a）所示，已知带拉力 $T=5\text{kN}$，$t=2\text{kN}$，带轮直径 $D=$

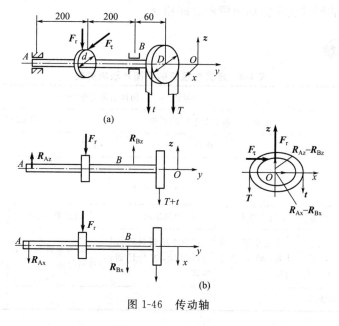

(a)

(b)

图 1-46 传动轴

160mm，齿轮分度圆直径 $d_o=100$mm，压力角（齿轮啮合力与分度圆切线的夹角）$\alpha=20°$，即 $F_r=F_\tau\tan\alpha$。求齿轮的圆周力 F_τ、径向力 F_r 及轴承的约束力。

解： ① 取传动轴为研究对象，画受力图并将其向三个坐标平面投影，如图 1-46（b）所示。

② 分别对三个投影列平衡方程求解：

对 Oxz 平面：

$$\sum M_A(F)=0$$

$$(T-t)\times\frac{D}{2}-F_\tau\times\frac{d_o}{2}=0$$

解得：$F_\tau=4.8$kN

因齿轮的压力角为 α，故：

$$F_r=F_\tau\tan\alpha=1.75\text{kN}$$

对 Oyz 平面：

$$\sum M_A(F)=0$$

$$-200\times F_\tau+400\times R_{Bz}-460\times(T+t)=0$$

解得：$R_{Bz}=8.93$kN

$$\sum F_z=0 \quad R_{Az}+R_{Bz}-(T+t)-F_r=0$$

解得：$N_{Az}=-0.18$kN

对 Oxy 平面：

$$\sum M_A(F)=0$$

$$R_{Bx}\times400-F_\tau\times200=0$$

解得：$R_{Bx}=2.4$kN

$$\sum F_x=0 \quad R_{Ax}+R_{Bx}-F_r=0$$

解得：$R_{Ax}=2.4$kN

R_{Az} 为负值，表明其实际方向与图示方向相反。

 计划决策

表 1-4　塔式起重机的平衡计划决策表

情　境	学习情境一　构件的静力学分析				
学习任务	任务二　塔式起重机的平衡			完成时间	
任务完成人	学习小组		组长		成员	
学习的知识和技能					
小组任务分配（以四人为一小组单位）	小组任务	任务准备	管理学习	管理出勤、纪律	监督检查
	个人职责	制定小组学习计划，确定学习目标	组织小组成员进行分析讨论，进行计划决策	记录考勤并管理小组成员纪律	检查并督促小组成员按时完成学习任务
	小组成员				

续表

完成工作任务 所需的知识点	
完成工作任务 的计划	
完成工作任务 的初步方案	

 任务实施

表 1-5　塔式起重机的平衡任务实施表

情　境	学习情境一　构件的静力学分析				
学习任务	任务二　塔式起重机的平衡			完成时间	
任务完成人	学习小组		组长		成员
解 决 思 路					
解 决 方 法 与 步 骤					

 **分析评价**

表 1-6 塔式起重机的平衡学习评价表

情　境		学习情境一　构件的静力学分析			
学习任务		任务二　塔式起重机的平衡		完成时间	
任务完成人	学习小组		组长	成员	
评价项目	评价内容	评价标准			得分
专业能力 （55％）	知识的理解和 掌握能力	对知识的理解、掌握及接受新知识的能力 □优(12)□良(9)□中(6)□差(4)			
	知识的综合应 用能力	根据工作任务,应用相关知识进行分析解决问题 □优(13)□良(10)□中(7)□差(5)			
	方案制定与实 施能力	在教师的指导下,能够制定工作方案并能够进行优化实施,完成计划 决策表、实施表、检查表的填写 □优(15)□良(12)□中(9)□差(7)			
	实践动手操作 能力	根据任务要求完成任务载体 □优(15)□良(12)□中(9)□差(7)			
方法能力 （25％）	独立学习能力	在教师的指导下,借助学习资料,能够独立学习新知识和新技能,完成 工作任务 □优(8)□良(7)□中(5)□差(3)			
	分析解决问题 的能力	在教师的指导下,独立解决工作中出现的各种问题,顺利完成工作 任务 □优(7)□良(5)□中(3)□差(2)			
	获取信息能力	通过教材、网络、期刊、专业书籍、技术手册等获取信息,整理资料,获 取所需知识 □优(5)□良(3)□中(2)□差(1)			
	整体工作能力	根据工作任务,制定、实施工作计划 □优(5)□良(3)□中(2)□差(1)			
社会能力 （20％）	团队协作和 沟通能力	工作过程中,团队成员之间相互沟通、交流、协作、互帮互学,具备良好 的群体意识 □优(5)□良(3)□中(2)□差(1)			
	工作任务的 组织管理能力	具有批评、自我管理和工作任务的组织管理能力 □优(5)□良(3)□中(2)□差(1)			
	工作责任心与 职业道德	具有良好的工作责任心、社会责任心、团队责任心(学习、纪律、出勤、 卫生)、职业道德和吃苦能力 □优(10)□良(8)□中(6)□差(4)			
总　分					

课后习题

1-1　画出题 1-1 图所示物体的受力图（没有画出重力的物体自重不计）。

1-2　分别画出题 1-2 图中 AB 杆的受力图（自重不计）。

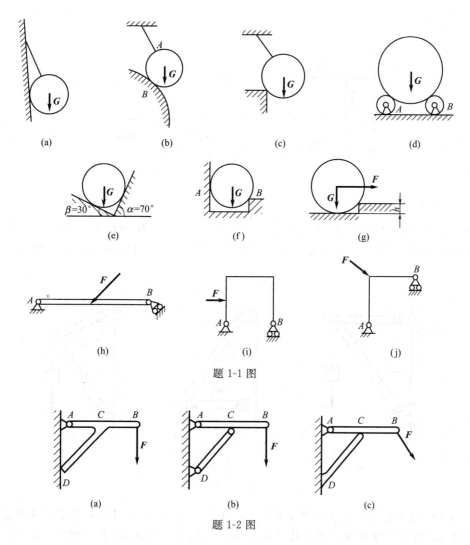

题 1-1 图

题 1-2 图

1-3　如题 1-3 图所示，已知 $F_1=F_2=F_3=F_4=F_5=F_6=10\text{N}$，$\alpha=30°$，试分别计算各力在 x、y 轴的投影。

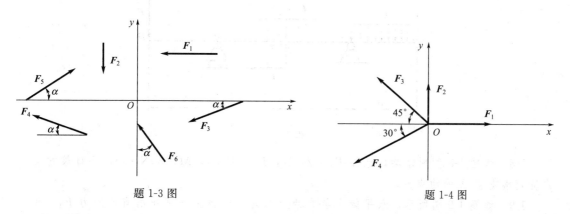

题 1-3 图

题 1-4 图

1-4　如题 1-4 图所示，已知 $F_1=10\text{N}$，$F_2=6\text{N}$，$F_3=8\text{N}$，$F_4=12\text{N}$，试求合力的大小。

1-5　试将题 1-5 图中平面力系向 O 点简化。

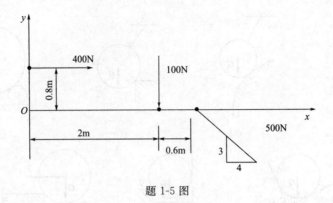

题 1-5 图

1-6　支架由杆 AB 和 AC 用圆柱销铰链铰接而成，A、B 和 C 处为铰接点，A 点处销钉上悬挂重为 G 的物体。试求题 1-6 图中所示三种情况下 AB 和 AC 杆的受力，杆自重不计。

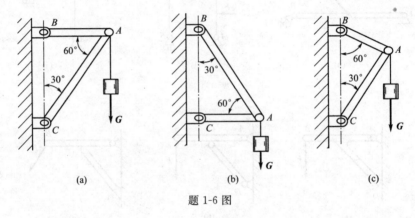

题 1-6 图

1-7　如题 1-7 图所示，在水平梁 CD 上，作用有力偶（F_1，F_1'），左边外伸臂上作用有均布载荷 q，右边外伸臂端作用有铅垂载荷 F，已知 $F_1 = 10\text{kN}$，$F = 20\text{kN}$，$q = 20\text{kN/m}$，$a = 0.8\text{m}$，求支座 A、B 处的反力。

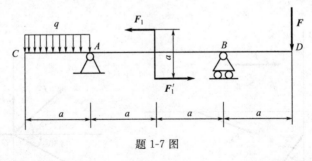

题 1-7 图

1-8　如题 1-8 图所示梁，已知 $F_1 = 200\text{N}$，$F_2 = 150\text{N}$，$M = 50\text{N} \cdot \text{m}$，不计梁的自重，求固定端支座 A 的约束力。

1-9　如题 1-9 图所示，水平轴上装有两个凸轮，凸轮上分别作用有已知力 $F_1 = 800\text{N}$（沿水平方向）和未知力 F_2（沿铅垂方向）。求当轴处于平衡时，F_2 的大小和轴承的约束反力。

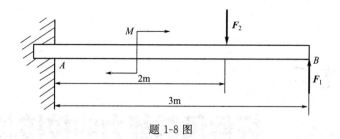

题 1-8 图

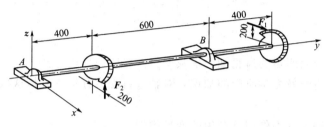

题 1-9 图

学习情境二

杆件承载能力的校核与计算

如果要校核一级减速器的齿轮轴的承载安全性，应怎样进行？

（1）首先应用前面静力学所学的知识，对轴进行受力分析，分析这根轴的受力状态，计算出未知约束反力。

（2）分析这根轴在外力作用下产生的变形类型。

（3）分析轴在变形下的内力情况，确定危险截面。

（4）求出最大应力值，根据材料强度条件进行校核，确定能否安全可靠地进行正常工作。

（5）如果对轴的刚度有要求，还应进行刚度校核。

解决步骤：外力分析——截面法求内力，建立平衡方程分析应力情况，确定危险截面，计算最大应力——根据材料的强度指标校核强度。

任务一　简易式悬臂吊车的强度分析

图 2-1 所示为简易悬臂式吊车。AC 杆为起重横梁，上面有导轨吊钩可吊起重物，AB 杆为斜杆，主要起到拉伸横梁的作用，直径 $d = 20\text{mm}$，$\alpha = 30°$，杆件材料许可应力 $[\sigma] = 200\text{MPa}$。AB 杆受到了轴向拉伸的作用，会产生拉伸变形，吊车的起重能力取决于拉杆 AB 的承载能力。当 $W = 15\text{kN}$，且 W 移到 A 处时，试校核拉杆 AB 的强度是否足够。

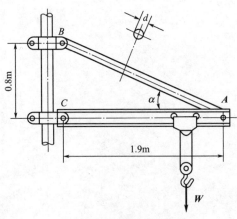

图 2-1　简易悬臂吊车

任务描述

学习目标	学习内容
1. 会应用截面法求解杆件拉伸、压缩时的轴力	1. 拉压杆件的内力分析及应力分析
2. 会计算杆件在拉伸、压缩时的正应力及变形量	2. 轴向拉伸压缩时的变形分析及胡克定律
3. 会校核杆件在承受拉压时的强度安全性和根据承载要求设计杆件	3. 拉压杆件强度校核设计及计算方法

知识链接

一、内力的概念及计算

各种机器设备和工程结构，都是由若干构件组成的。构件的材料是由许多质点组成的。构件不受外力作用时，材料内部质点之间保持一定的相互作用力，使构件具有固体形状。当构件受到外力作用而产生变形时，其内部各质点间的相对位置将发生变化。与此同时，各质点间相互作用的力也发生了变化。我们把这种由外力作用而引起的受力构件内部质点之间相互作用力的改变量称为附加内力，简称内力。内力随外力的变化而变化，外力增大，内力也增大，外力撤消后，内力也随着消失。

为了表示内力，可以假想地用一个截面（通常都用横截面）将物体截分为左、右两段 [图 2-2(a)]，任取其中一段为研究对象，并将另一段对该段的作用以截开面上的内力 F_N 代替 [图 2-2(b)]。

由于假设了物体是均匀连续的可变形固体，所以内力在截面上也假定为是连续分布的。今后把这种在截开面上连续分布的内力称为分布内力，而将内力这一名词用来代表分布内力的合力（力或力偶）。

对留下部分来讲，截面上的内力就成为外力（因为这是移去部分对留下部分的作用），而

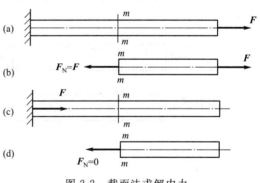

图 2-2 截面法求解内力

且研究对象仍处于平衡状态，故可以通过对留下部分建立平衡方程式来计算截开面上的内力 F_N。

这种假想地用一个截面将物体截分为二，并对截开后的两部分中之一建立平衡方程式以确定截面上的内力的方法称为截面法，其全部过程可归纳如下：

一截：假想地用一个横截面将物体截分为两部分，并取其中一段为研究对象。

二代：用内力来代替移去部分对留下部分的作用。

三平衡：对留下部分建立平衡方程式，通过求解平衡方程确定未知的内力。

截面法是构件承载能力分析中的基本方法，今后将经常用到。在研究内力时，力的可传性原理不再适用。

二、轴向拉伸与压缩的内力分析

1. 轴向拉伸与压缩变形

工程中很多杆件是承受轴向拉伸和压缩，它是杆件的基本变形形式之一。当直杆在其两

端沿着轴线受到拉力而伸长或受到压力而缩短，简称拉伸或压缩。如图 2-3 所示为简易悬臂式吊车简图。AC 杆为起重横梁，上面有导轨吊钩可吊起重物。AB 杆为斜杆，主要起到拉伸横梁的作用。AB 杆受到了轴向拉伸的作用，会产生拉伸变形。吊车的起重能力取决于拉杆 AB 的承载能力。由静力分析可知：杆 AB 是二力构件，受到拉伸；杆 AC 则受到压缩作用。

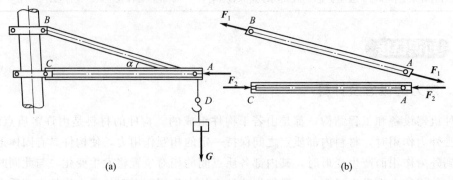

图 2-3　简易悬臂式吊车

若将图 2-3 中产生拉伸与压缩的杆件 AB、AC 简化，用杆的轮廓线代替实际的杆件，杆件两端的外力（集中力或合外力）沿杆件轴线作用，就得到如图 2-4(a) 所示的力学模型，或者用杆件的轴线代替杆件，杆件两端的外力沿杆件轴线作用，就得如图 2-4(b) 所示的力学模型。

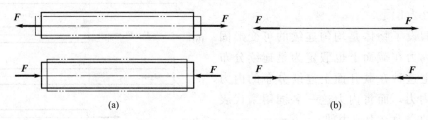

图 2-4　拉（压）杆的力学简图

从以上分析可以看出，杆件的受力与变形的特点是：作用于杆件上的外力（或合外力）沿杆件的轴线，使杆件轴向伸长（或缩短），横向缩短（或伸长）。

杆件的这种变形形式称为轴向拉伸或压缩。发生轴向拉伸或压缩的杆件一般简称为拉（压）杆。

2. 轴向拉伸与压缩变形的内力——轴力

图 2-5(a) 所示为一受拉杆件的力学模型，为了确定其横截面 m—m 的内力，可以假想地用截面 m—m 把杆件截开，分为左、右两段取其中任意一段作为研究对象。杆件在外力作用下处于平衡，则左、右两段也必然处于平衡。左段上有力 F_1 和截面内力作用 [图 2-5(b)]，由二力平衡条件，该内力必与外力 F_1 共线，且沿构件的轴线方向，用符号 F_N 表示，称为轴力。由平衡方程可求出轴力的大小：

$$\sum F_x = 0 \quad F_N - F_1 = 0 \quad F_N = F_1$$

同理，右侧上则有外力 F 和截面内力 F_N' [图 2-5(c)]，且满足平衡方程。因 F_N 与 F_N' 是一对作用力与反作用力，必等值、反向、共线。因此，无论研究截面左段求出轴力 F_N，还是研究截面右段求出轴力 F_N'，都可以用来表示截面 m—m 的内力。轴力 F_N 的方向离开截面，即为拉力，规定为正；轴力指向截面，即为压力，规定为负。

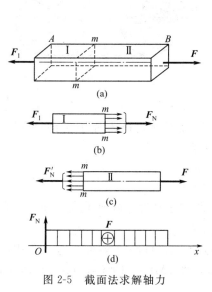

图 2-5 截面法求解轴力

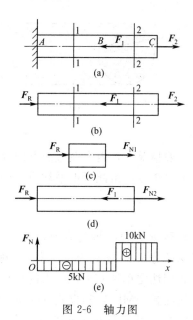

图 2-6 轴力图

3. 轴力图

为了能够形象直观地表示出各横截面轴力的大小，用平行于杆轴线的坐标轴 Ox 表示横截面位置，用垂直于杆轴线的坐标轴 F_N 表示横截面轴力 F_N 的大小，按选定的比例，把轴力表示在坐标系中，描绘轴力随横截面位置变化的曲线称为轴力图〔图 2-5(d)〕。

例 2-1 图 2-6(a) 所示的等截面直杆，受轴向作用力为 $F_1 = 15\text{kN}$，$F_2 = 10\text{kN}$，画出杆的轴力图。

解：① 外力分析。解除约束，画出受力图〔图 2-6(b)〕。由平衡方程得：
$$F_R = 5\text{kN}$$

② 内力分析。将杆件分为 AB、BC 两段。

在 AB 段，由截面法求出 1—1 截面的轴力 $F_{N1} = -F_R = -5\text{kN}$，负号表示 F_{N1} 的实际方向与图 2-6(c) 所示假定方向相反，截面实际受压。在 BC 段，由截面法求出 2—2 截面的轴力 $F_{N2} = -F_R + F_1 = 10\text{kN}$。

③ 画轴力图。轴力图如图 2-6(e) 所示。

三、轴向拉伸与压缩的应力分析

1. 应力的概念

用同种材料制成粗细不等的两根直杆，在相同的拉力下，用截面法求得两杆横截面上的轴力相同，若逐渐将拉力增大，则横截面小细杆必然先破坏。这说明杆件的破坏不仅与内力大小有关，还与内力在截面上各点的分布集度有关。将内力在横截面上的某点处分布集度（或单位面积上的内力），称为该点的应力。

图 2-7(a) 所示构件，在截面 m—m 上任一点 O 处取一微小面积 ΔA，设在面积 ΔA 上分布内力的合力为 ΔF（一般情况下 ΔF 与截面不垂直），则 ΔF 与 ΔA 的比值称为微小面积

ΔA 上的平均应力，用 p_{m} 表示，即：$p_{\mathrm{m}} = \dfrac{\Delta F}{\Delta A}$

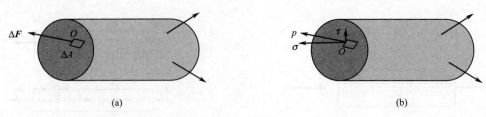

图 2-7 应力

一般情况下，内力在截面上的分布并非均匀，为了更精确地描述内力的分布情况，令面积 ΔA 趋于零，由此所得平均应力的极限值，用 p 来表示，即

$$p = \lim_{\Delta A \to 0} \frac{\Delta F}{\Delta A} = \frac{\mathrm{d}F}{\mathrm{d}A}$$

则称 p 为 O 点处的应力，它是一个矢量，通常将其分解为与截面垂直的分量 σ 和与截面相切的分量 τ。σ 称为正应力，τ 称为切应力 [图 2-7(b)]。

我国法定单位制中，应力的单位为帕，单位符号为 Pa，$1\mathrm{Pa} = 1\mathrm{N/m^2}$。在工程中，还经常采用兆帕（MPa）和吉帕（GPa）作为应力的单位，即 $1\mathrm{MPa} = 10^6\mathrm{Pa}$，$1\mathrm{GPa} = 10^9\mathrm{Pa}$。

2. 拉（压）杆横截面的正应力

为观察杆的拉伸变形现象，在杆表面上作出图 2-8(a) 所示的纵、横线。当杆端加上一对轴向拉力后，由图 2-8(a) 可见：杆上所有纵向线伸长相等，横线与纵线保持垂直且仍为直线。由此作出变形的平面假设：变形前为平面的横截面，变形后仍为平面。于是杆件任意两个横截面间的所有纤维，变形后的伸长相等。又因材料为连续均匀的，所以杆件横截面上内力均布，且其方向垂直于横截面 [见图 2-8(b)]，即横截面上只有正应力。其计算公式为：

$$\sigma = \frac{F_{\mathrm{N}}}{A} \tag{2-1}$$

式中，A 为截面面积。正应力符号与轴力符号规定一致，即拉应力为正，压应力为负。

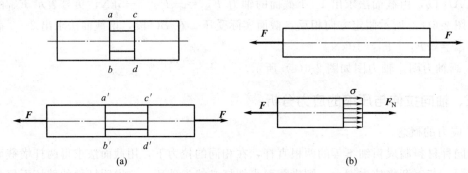

图 2-8 杆件拉伸示意图

例 2-2 图 2-9 所示为一个中间开槽的直杆，承受轴向载荷 $F = 20\mathrm{kN}$ 的作用。已知 $h = 25\mathrm{mm}$，$h_0 = 10\mathrm{mm}$，$b = 20\mathrm{mm}$。求杆的最大正应力。

解： ① 计算轴力

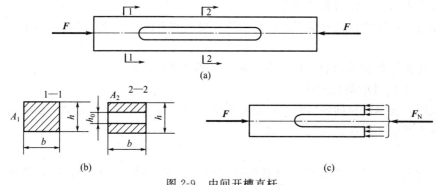

图 2-9 中间开槽直杆

$$F_N = -F = -20\text{kN}$$

② 计算最大正应力

$$A = (h - h_0) \times b = 300\text{mm}^2$$

$$\sigma_{max} = \frac{F_N}{A} = -66.7\text{MPa}，负号表示为压应力。$$

例 2-3 某铣床工作台的进给液压缸如图 2-10 所示，缸内工作油压 $P = 2\text{MPa}$，液压缸径 $D = 75\text{mm}$，活塞杆直径 $d = 18\text{mm}$，试求活塞杆的正应力。

解：① 计算轴力：活塞杆发生轴向拉伸变形，其横截面的轴力为

$$F_N = PA = P\frac{\pi}{4}(D^2 - d^2) = 8.33\text{kN}$$

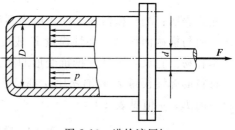

图 2-10 进给液压缸

② 计算最大正应力：

$$\sigma = \frac{F_N}{A} = \frac{F_N}{\frac{\pi}{4} \times d^2} = 32.7\text{MPa}$$

四、轴向拉伸与压缩的变形问题

1. 拉（压）杆的线应变

设原长为 l，直径为 d 的圆截面直杆，承受轴向拉力 F 后，变形为图 2-11 虚线所示。

图 2-11 线应变

杆长由 l 变为 l_1，直径由 d 变为 d_1，则杆件的：

纵向绝对变形为 $\Delta l = l_1 - l$

横向绝对变形为 $\Delta d = d_1 - d$

在衡量杆件的变形程度时为了消除杆件原尺寸的影响，可用单位长度内杆的变形表示，称为线应变，则与上述两种绝对变形相应的：

纵向线应变为 $\qquad\qquad \varepsilon = \frac{\Delta l}{l}$ $\qquad\qquad$ (2-2)

横向线应变为 $\qquad\qquad \varepsilon' = \frac{\Delta d}{d}$ $\qquad\qquad$ (2-3)

以上各式表示了杆件的相对变形。线应变 ε、ε' 的正负号与 Δl、Δd 正负号一致。

同一种材料，在弹性变形范围内，横向线应变 ε' 和纵向线应变 ε 之间有如下关系：

$$\varepsilon' = -\mu\varepsilon \tag{2-4}$$

式中，比例常数 μ 为材料的横向变形系数（或称泊松比）。

2. 拉（压）杆件的胡克定律

实验表明，在轴向拉伸或压缩中，当杆件横截面上的正应力不超过某一限度时，正应力与相应的纵向线应变存在正比关系，即：

$$\sigma = E\varepsilon \tag{2-5}$$

上式称为胡克定律。常数 E 为材料的弹性模量。对于同一种材料，E 为常数。弹性模量与应力具有相同的单位，常用 GPa 表示。由式（2-5）可知，当 σ 一定时，E 值越大，则 ε 值越小，因此，E 的大小反映了材料受拉（压）时抵抗线变形的能力，也就是材料刚性的大小。

若将 $\sigma = \dfrac{F_N}{A}$ 和 $\varepsilon = \dfrac{\Delta l}{l}$ 代入 $\sigma = E\varepsilon$，经整理得胡克定律的另一种形式为

$$\Delta l = \frac{F_N l}{EA} \tag{2-6}$$

此式表明：当杆横截面上的正应力不超过某一限度时，绝对变形与轴力 F_N、杆长 l 成正比，而与横截面积 A、弹性模量 E 成反比。EA 越大，杆件变形越困难；EA 越小，杆件变形越容易。它反映了杆件抵抗变形的能力，故称 EA 为杆件截面的抗拉（压）刚度。

材料的弹性模量 E 和泊松比 μ 都是表示材料特性的常数，其值可由实验测定。几种常用材料的 E、μ 值见表 2-1。

表 2-1　常用金属材料的 E 和 μ

材料名称	E/GPa	μ
碳钢	196～216	0.24～0.28
合金钢	186～206	0.25～0.30
灰铸铁	78.5～157	0.23～0.30
铜及铜合金	72.6～128	0.31～0.42
铝合金	70	0.30

例 2-4　阶梯轴如图 2-12 所示，试求整个杆的变形量。已知横截面积分别为 $A_{CD}=200\text{mm}^2$，$A_{AB}=A_{BC}=400\text{mm}^2$，弹性模量 $E=200\text{GPa}$。

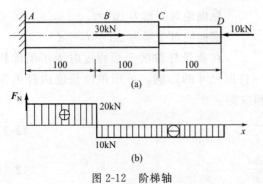

图 2-12　阶梯轴

解：① 画轴力图，如图 2-12(b) 所示。

② 计算各段的变形量

$$\Delta l_{AB} = \frac{F_{NAB} l_{AB}}{EA_{AB}} = 0.025\text{mm}$$

$$\Delta l_{BC} = \frac{F_{NBC} l_{BC}}{EA_{BC}} = -0.0125\text{mm}$$

$$\Delta l_{CD} = \frac{F_{NCD} l_{CD}}{EA_{CD}} = -0.025\text{mm}$$

③ 计算总的变形量

$$\Delta l = \Delta l_{AB} + \Delta l_{BC} + \Delta l_{CD} = -0.0125\text{mm}$$

五、轴向拉伸与压缩的强度计算

1. 极限应力、许用应力和安全因数

工程上材料丧失正常工作能力称为失效，此时所能承受的应力称为材料的极限应力，用 σ_u 表示。塑性材料制成的构件，当其应力达到屈服点应力，虽未断裂，但已产生明显的塑性变形而丧失了工作能力。所以塑性材料屈服点的应力规定为其极限应力，即：$\sigma_u = \sigma_s$（或 $\sigma_{0.2}$）；脆性材料制成的构件，在外力所用下，变形很小就忽然断裂而丧失工作能力。所以对于脆性材料，用材料的强度极限 σ_b（或抗压强度）作为极限应力，即：$\sigma_u = \sigma_b$（或 σ_{by}）。

构件在载荷作用下产生的应力称为工作应力。等截面直杆最大轴力处的横截面称为危险截面。危险截面上的应力称为最大工作应力。构件的工作应力必须小于材料的极限应力，并使构件留有必要的强度储备。因此，一般将极限应力除以一个大于 1 的因数，即安全系数 n，作为强度设计时的最大许可值，称为许用应力，用 $[\sigma]$ 表示，即：

$$[\sigma] = \sigma_u/n \tag{2-7}$$

对于塑性材料

$$[\sigma] = \sigma_s/n_s \tag{2-8}$$

对于脆性材料

$$[\sigma] = \sigma_b/n_b \tag{2-9}$$

对于安全系数的确定要考虑载荷变化、构件加工精度不够、计算不准确等因素；还要考虑材料的性能差异及材质的均匀性。各种材料在不同工作条件下的安全系数和许用应力值可以从相关规定或设计手册中查到。在静载荷作用下，一般杆件的安全系数为：$n_s = 1.5 \sim 2.5$，$n_b = 2.0 \sim 3.5$。

2. 轴向拉伸和压缩的强度计算

通过对等截面轴向拉（压）杆某一点的应力分析可知，以横截面上正应力为最大，即 $\sigma = \dfrac{F_N}{A}$，对整个等截面拉（压）杆来说，最大应力 σ_{max} 在轴向内力最大的截面上，这个截面叫危险截面。在危险截面上最大应力 σ_{max} 的点叫危险点。对于轴向拉（压）杆件，由于应力在横截面上是均匀分布的，所以危险截面上处处都是危险点，即最大轴向内力 F_{Nmax} 作用的截面上处处都是危险点。

由于轴向拉（压）时，杆件横截面上有最大正应力且应力是均匀分布，根据已有的知识可知，轴向拉（压）是单向应力状态，属第一类危险点，其设计准则是：

$$\sigma_1 = \frac{F_{Nmax}}{A} \leqslant [\sigma^+]$$

或：

$$\sigma_3 = \frac{F_{Nmin}}{A} \leqslant [\sigma^-] \tag{2-10}$$

式中，σ_1 为最大工作拉应力；F_{Nmax} 为最大拉伸轴力；σ_3 为最大工作压应力；F_{Nmin} 为最大压缩轴力；A 为杆件危险截面的面积；$[\sigma^+]$ 和 $[\sigma^-]$ 分别是拉伸和压缩时材料的许用应力，对于塑性材料：$[\sigma^+] = [\sigma^-]$。

强度设计准则式(2-12)在工程中可以解决三类问题：

（1）强度校核　已知杆件的材料、尺寸及所受载荷情况（即已知 $[\sigma]$、A 及 F_{Nmax} 或 F_{Nmin}，检查杆件的强度是否满足设计准则的要求，校核杆件工作时是否安全可靠。如杆件内危险点处的最大工作应力满足式(2-12)，则说明它具有足够的强度。

（2）设计截面　已知杆件所受载荷及所用材料（即已知 F_{Nmax} 或 F_{Nmin} 和 $[\sigma]$），则设计准则可写成：

$$A \geqslant \frac{F_{Nmax}}{[\sigma^+]} \quad 或 \quad A \geqslant \frac{F_{Nmin}}{[\sigma^-]},$$

以确定杆件要求的截面面积。

（3）确定许可载荷　已知构件的材料及尺寸（即已知 $[\sigma]$ 和 A），可按设计准则写成：

$$F_{Nmax} \leqslant A[\sigma^+] \quad 或 \quad F_{Nmin} \leqslant A[\sigma^-]$$

再由 F_{Nmax} 或 F_{Nmin} 确定杆件所能承担的最大载荷。

工程实际中，进行构件的强度计算时，根据有关设计规范，最大工作应力不超过许可应力的 ±5％ 也是允许的。

例 2-5　在例 2-3 中，已知活塞杆材料的 $[\sigma]=50\text{MPa}$，试校核活塞杆的强度。

解： 活塞杆只受轴向拉力，为单向应力状态，属第一类危险点，由式（2-12）得：

$$\sigma_1 = \sigma_{max} = \frac{F_N}{A} = 32.7\text{MPa} < [\sigma]$$

活塞杆强度足够。

例 2-6　三角吊环由斜杆 AB、AC 与横杆 BC 组成，如图 2-13（a）所示。已知 $\alpha=30°$，斜杆的 $[\sigma]=120\text{MPa}$，吊环最大吊重 $G=150\text{kN}$。试设计斜杆 AB、AC 的截面直径 d。

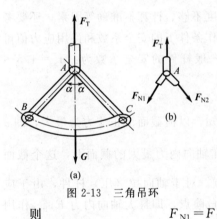

图 2-13　三角吊环

解： ① 对吊环整体分析可知 $F_T=G$。取 A 点为研究对象，A 点的受力如图 2-13（b）所示，AB、AC 杆的轴力分别为 $\boldsymbol{F}_{N1}$、$\boldsymbol{F}_{N2}$，列平衡方程求解为：

$$\sum F_x = 0 \quad -F_{N1}\sin\alpha + F_{N2}\sin\alpha = 0$$

$$F_{N1} = F_{N2}$$

$$\sum F_y = 0 \quad F_T - F_{N1}\cos\alpha - F_{N2}\cos\alpha = 0$$

因为　　　　　　　　　$F_T = G$

则

$$F_{N1} = F_{N2} = \frac{G}{2\cos\alpha} = \frac{\sqrt{3}}{3}G = 86.6\text{kN}$$

② AB、AC 杆均为单向应力状态，为第一类危险点，由设计准则可知 $A \geqslant \dfrac{F_{Nmax}}{[\sigma]}$，即

$$\frac{\pi}{4}d^2 \geqslant \frac{F_N}{[\sigma]}$$

所以　　　　$d \geqslant \sqrt{\dfrac{4F_N}{\pi[\sigma]}} = \sqrt{\dfrac{4 \times 86.6 \times 10^3}{\pi \times 120 \times 10^6}} = 30.3 \times 10^{-3}\ (\text{m}) = 30.3\ (\text{mm})$

故取斜杆 AB、AC 的横截面直径 $d=30\text{mm}$（或取 $d=31\text{mm}$）。

例 2-7　图 2-14（a）所示的简易吊车中，在 B 点处受载荷 P 作用，BC 杆为钢杆，AB 杆为木杆。AB 的横截面积 $A_1=100 \times 102\text{mm}^2$，许可应力 $[\sigma_1]=7\text{MPa}$，BC 杆的横截面积 $A_2=600\text{mm}^2$，许可应力 $[\sigma_2]=160\text{MPa}$。求支架的许可载荷 $[G]$。

解： ① 取 B 点为研究对象，其受力如图 2-14（b）所示，两杆的轴力分别为 $\boldsymbol{N}_{BC}$、$\boldsymbol{N}_{AB}$。列平衡方程得：

$$\sum F_x = 0 \quad N_{AB} - N_{BC}\cos30° = 0$$

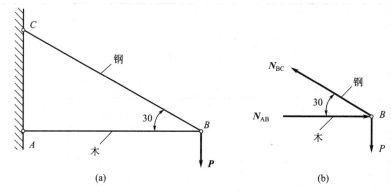

图 2-14 简易吊车

$$N_{AB} = \frac{\sqrt{3}}{2} N_{BC}$$

$$\sum F_y = 0 \quad N_{BC} \sin 30° - P = 0$$

$$N_{BC} = 2P \quad N_{AB} = \sqrt{3} P$$

② 两杆均为单向应力状态，是第一类危险点，但木杆和钢杆的许可应力不同，应分别考虑两者的许可载荷 G_1、G_2。

对于木杆 $\qquad\qquad \sigma_1 = \frac{N_{AB}}{A_1} = \frac{\sqrt{3}}{A} P_1 \leqslant [\sigma_1]$

所以 $\qquad P_1 \leqslant \frac{[\sigma_1] \times A_1}{\sqrt{3}} = \frac{7 \times 10^6 \times 100 \times 10^2 \times 10^{-6}}{\sqrt{3}} = 40.47 \ (kN)$

对于钢杆 $\qquad\qquad \sigma_2 = \frac{N_{BC}}{A_2} = \frac{2G_2}{A_2} \leqslant [\sigma_2]$

所以 $\qquad P_2 \leqslant \frac{[\sigma_2] \times A_2}{2} = \frac{160 \times 10^6 \times 600 \times 10^{-6}}{2} = 48 \ (kN)$

比较 P_1、P_2，可得该支架的许可载荷 $[P] = 40.4 kN$

计划决策

表 2-2　简易式悬臂吊车强度分析的计划决策表

情　境	学习情境二　杆件承载能力的校核与计算				
学习任务	任务一　简易式悬臂吊车的强度分析			完成时间	
任务完成人	学习小组		组长		成员	
学习的知识和技能					
小组任务分配（以四人为一小组单位）	小组任务	任务准备	管理学习	管理出勤、纪律	监督检查
	个人职责	制定小组学习计划，确定学习目标	组织小组成员进行分析讨论，进行计划决策	记录考勤并管理小组成员纪律	检查并督促小组成员按时完成学习任务
	小组成员				

完成工作任务所需的知识点	
完成工作任务的计划	
完成工作任务的初步方案	

 任务实施

表 2-3　简易式悬臂吊车强度分析的任务实施表

情　境	学习情境二　杆件承载能力的校核与计算				
学习任务	任务一　简易式悬臂吊车的强度分析			完成时间	
任务完成人	学习小组		组长	成员	
解决思路					
解决方法与步骤					

分析评价

表2-4　简易式悬臂吊车强度分析的学习评价表

情　境	学习情境二　杆件承载能力的校核与计算				
学习任务	任务一　简易式悬臂吊车的强度分析			完成时间	
任务完成人	学习小组		组长	成员	
评价项目	评价内容	评价标准			得分
专业能力 （55%）	知识的理解和掌握能力	对知识的理解、掌握及接受新知识的能力 □优(12)□良(9)□中(6)□差(4)			
	知识的综合应用能力	根据工作任务,应用相关知识进行分析解决问题 □优(13)□良(10)□中(7)□差(5)			
	方案制定与实施能力	在教师的指导下,能够制定工作方案并能够进行优化实施,完成计划决策表、实施表、检查表的填写 □优(15)□良(12)□中(9)□差(7)			
	实践动手操作能力	根据任务要求完成任务载体 □优(15)□良(12)□中(9)□差(7)			
方法能力 （25%）	独立学习能力	在教师的指导下,借助学习资料,能够独立学习新知识和新技能,完成工作任务 □优(8)□良(7)□中(5)□差(3)			
	分析解决问题的能力	在教师的指导下,独立解决工作中出现的各种问题,顺利完成工作任务 □优(7)□良(5)□中(3)□差(2)			
	获取信息能力	通过教材、网络、期刊、专业书籍、技术手册等获取信息,整理资料,获取所需知识 □优(5)□良(3)□中(2)□差(1)			
	整体工作能力	根据工作任务,制定、实施工作计划 □优(5)□良(3)□中(2)□差(1)			
社会能力 （20%）	团队协作和沟通能力	工作过程中,团队成员之间相互沟通、交流、协作、互帮互学,具备良好的群体意识 □优(5)□良(3)□中(2)□差(1)			
	工作任务的组织管理能力	具有批评、自我管理和工作任务的组织管理能力 □优(5)□良(3)□中(2)□差(1)			
	工作责任心与职业道德	具有良好的工作责任心、社会责任心、团队责任心(学习、纪律、出勤、卫生)、职业道德和吃苦能力 □优(10)□良(8)□中(6)□差(4)			
总　分					

任务二　传动轴的强度分析

轴是组成机器的重要零件之一,其主要作用是支承轴上零件,并传递运动和转矩。轴根据所受载荷的情况不同,分为转轴、传动轴和心轴。

转轴:既受弯矩又受扭矩的轴,如减速器中的轴。

传动轴：只受扭矩或主要承受扭矩，弯矩很小的轴，如汽车传动轴。

心轴：只承受弯矩不承受扭矩的轴，如火车车轮轴。

如前面知识引入介绍，图 2-15 所示的传动轴，主要承受的是扭转，本任务主要来学习扭转变形的内力、应力及强度分析。

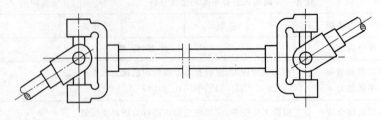

图 2-15　汽车传动轴

情境导入

如图 2-16 所示，阶梯形圆轴的直径分别为 $d_1=40\text{mm}$，$d_2=70\text{mm}$，轴上安装三个皮带轮，已知由轮 D 的输入功率 $P_D=30\text{kW}$，轮 A 的输出功率 $P_A=13\text{kW}$，轴的转速 $n=200\text{r/min}$，材料的许用切应力 $[\tau]=60\text{MPa}$，试校核轴的强度。

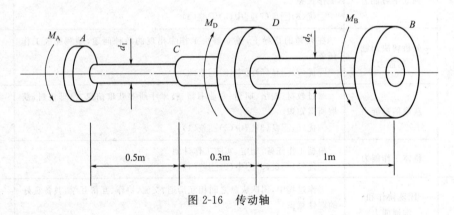

图 2-16　传动轴

任务描述

学习目标	学习内容
1. 能根据轴的传递功率和转速计算轴的外力偶矩 2. 能熟练运用截面法求解传动轴横截面上的扭矩，并能绘制扭矩图 3. 能够熟练计算传动轴的切应力 4. 能对传动轴进行扭转强度的校核、设计	1. 扭转圆轴的内力计算及绘制扭矩图 2. 扭转圆轴横截面的切应力计算 3. 扭转圆轴的强度分析

知识链接

一、圆轴扭转的内力分析

工程中许多杆承受扭转变形。例如当钳工攻内螺纹时，两手所加的外力偶 $M(F，F')$

作用在丝锥杆的上端，工件的反力偶 M_C 作用在丝锥杆的下端，使得丝锥杆发生扭转变形（图 2-17）。如图 2-18 所示的方向盘的操纵杆以及一些传动轴等均是扭转变形的实例，它们均可简化为如图 2-19 所示的计算简图。

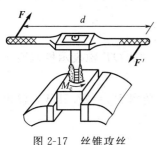

图 2-17　丝锥攻丝

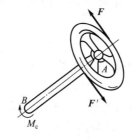

图 2-18　方向盘操纵杆

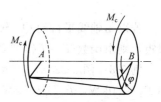

图 2-19　扭转变形简图

从计算简图中可以看出，杆件扭转变形的受力特点是：杆件受到作用面与轴线垂直的外力偶作用，其变形特点是：杆件的各横截面绕轴线发生相对转动。以扭转变形为主要变形的杆件称为轴。

1. 外力偶矩的计算

工程中通常给出传动轴的转速及其所传递的功率，而作用于轴上的外力偶矩并不直接给出，外力偶矩的计算公式：

$$M = 9549 \frac{P}{n} \tag{2-11}$$

式中，M 为外力偶矩，N·m；P 为轴传递的功率，kW；n 为轴的转速，r/min。

2. 扭矩与扭矩图

图 2-20 所示为等截面圆轴 AB，两端面上作用有一对外力偶矩 M。现用截面法求圆轴横截面上的内力，将轴从 m—m 处截开，以左段为研究对象，根据平衡条件截面上必有一个内力偶与 A 端面上的外力偶矩平衡，该内力偶称为扭矩，以 T 表示，单位为 N·m。若现取右段为研究对象，求得的扭矩与以左段为研究对象求得的扭矩大小相等、转向相反，它们是作用力与反作用力关系。

为了使不论左段或右段求得的扭矩符号一致，对扭矩的符号规定如下：按右手螺旋法

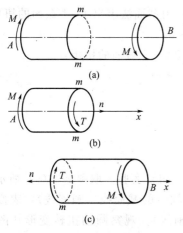

图 2-20　截面法求解扭矩

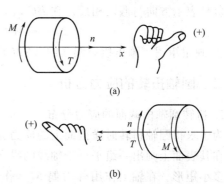

图 2-21　扭矩符号的判定

则，四指顺着扭矩的实际转向握住轴线，大拇指的指向与横截面的外法线方向一致时的扭矩为正；反之为负（图 2-21）。当横截面上的扭矩的实际转向未知时，一般先假定扭矩为正。若求得结果为负则表示扭矩实际转向与假设相反。

通常，扭转圆轴各横截面上的扭矩可能是不同的，扭矩 T 是横截面的位置坐标 x 的函数，即：

$$T = T(x)$$

若以与轴线平行的 Ox 轴表示横截面的位置，以垂直于 Ox 轴的 OT 轴表示横截面上的扭矩，则由函数 $T = T(x)$ 绘制的曲线称为扭矩图。

例 2-8　图 2-22(a) 所示传动轴的转速 $n = 960 \text{r/min}$，输入功率 $P_A = 27.5 \text{kW}$，输出功率 $P_B = 20 \text{kW}$，$P_C = 7.5 \text{kW}$，画出传动轴的扭矩图。

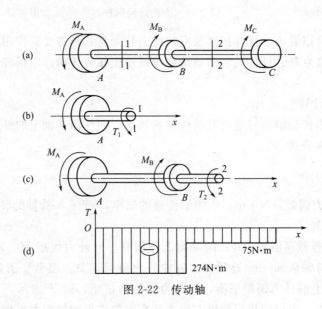

图 2-22　传动轴

解：① 计算外力偶矩　　　$M_A = 9549 \times \dfrac{27.5}{960} = 274$ （N·m）

同理可得　　　$M_B = 9549 \times \dfrac{20}{960} = 199$ （N·m），$M_C = 9549 \times \dfrac{7.5}{960} = 75$ （N·m）

② 内力分析　将轴分为 AB、BC 两段。在 AB 段，由截面法求出 1—1 截面的扭矩：

$$T_1 = -M_A = -274 \text{N·m}$$

负号表示方向与假定相反。在 BC 段，由截面法求出 2—2 截面的扭矩：

$$T_2 = -M_A + M_B = -75 \text{N·m}$$

③ 画扭矩图　画出扭矩图如图 2-22(d) 所示。

二、圆轴扭转的应力分析

1. 扭转圆轴横截面的应力分布

为了求得圆轴扭转时横截面上的应力分布情况，进行扭转实验。取图 2-23(a) 所示的圆轴，在其表面上画出一组平行于轴线的纵向线和垂直于轴线的截面线（圆周线），表面即形成许多小矩形。在轴上作用外力偶 M（作用面垂直于轴线），观察圆轴扭转变形 [图 2-23(b)] 的如下现象：

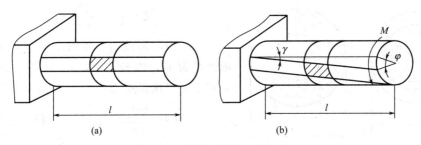

图 2-23 圆轴扭转的变形分析

（1）各纵向线倾斜了同一微小角度 γ，原来轴表面上的小矩形变成平行四边形，直角的改变量 γ 称为切应变。

（2）圆周线均绕轴线旋转了 φ，而圆周线的形状大小及间距均无变化。

根据观察到的上述现象，可作如下平面假设：圆轴在扭转变形前为平面的各横截面，变形后仍为垂直于轴线的平面，且形状和大小均不改变。由此可推断：

（1）由于相邻截面相对转过一个角度，发生了剪切变形，故截面上存在切应力；因半径长度不变，故切应力方向必与半径垂直。

（2）由于相邻截面的间距不变，所以横截面上无正应力。

2. 扭转圆轴横截面的应力计算

根据扭转圆轴的变形特点，可知切应力在横截面上的分布规律，如图 2-24 所示。

由切应力在横截面上的分布规律可知，扭转圆轴横截面的切应力大小与该横截面所受的扭矩 T、横截面的形状、尺寸以及横截面上点的位置等因素有关。如果令 I_P 为横截面对圆心的二次极矩，其大小和横截面形状、尺寸有关，单位为 m⁴。故可得出：

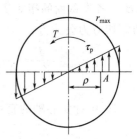

$$\tau_\rho = \frac{T_\rho}{I_P} \qquad (2\text{-}12)$$

图 2-24 切应力的分布规律

式中，当 $\rho = 0$ 时，$\tau = 0$，即在轴线处切应力为零；当 $\rho = R$ 时，即在扭转圆轴表面有最大切应力，其值为：

$$\tau_{\max} = \frac{TR}{I_P}$$

令 $Z = \dfrac{I_P}{R}$，称为抗扭截面系数。代入上式可得：

$$\tau_{\max} = \frac{T}{Z} \qquad (2\text{-}13)$$

必须指出，上述公式只适用于圆截面轴，并且最大切应力不超过材料的剪切弹性极限。

3. 横截面对圆心的二次极矩和抗扭截面系数

（1）实心圆截面 如图 2-25(a) 所示，设截面直径为 D，若取微面积为一圆环，即 $dA = 2\pi\rho d\rho$。则其对圆心的二次极矩为：

$$I_P = \frac{\pi D^4}{32} \approx 0.1D^4 \qquad (2\text{-}14)$$

抗扭截面系数为：

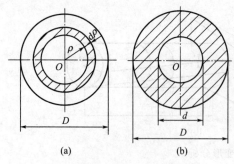

图 2-25 空心圆、实心圆截面

$$Z=\frac{I_{P}}{R}=\frac{\pi D^{3}}{16}\approx 0.2D^{3} \qquad (2-15)$$

（2）空心圆截面 如图 2-25（b）所示，若截面外径为 D，内径为 d，$\alpha=d/D$。同理可得其对圆心的二次极矩为：

$$I_{P}=\frac{\pi D^{4}}{32}-\frac{\pi d^{4}}{32}=0.1(D^{4}-d^{4})$$
$$\approx 0.1D^{4}(1-\alpha^{4}) \qquad (2-16)$$

抗扭截面系数为：

$$Z=\frac{I_{P}}{R}=\frac{\pi D^{3}}{16}(1-\alpha^{4})\approx 0.2D^{3}(1-\alpha^{4}) \qquad (2-17)$$

例 2-9 如图 2-26 所示，某载重汽车的传动轴 AB 由 45 钢无缝钢管制成，已知轴外径 $D=90mm$，壁厚 $t=2.5mm$，轴能传递的最大转矩 $M=1.5kN\cdot m$。试求：①传动轴的最大切应力。②若采用材料相同、最大工作应力相同的实心轴取代空心无缝钢管，试设计所采用实心轴的直径 D_{1}。③比较实心轴与空心轴的重量。

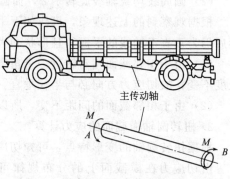

图 2-26 汽车传动轴

解：① 计算传动轴的最大切应力。传动轴 AB 上各横截面的扭矩 $T=M=1.5kN\cdot m$，应用扭矩切应力公式得：

$$\tau_{max}=\frac{T}{Z_{空}}=\frac{T}{0.2D^{3}(1-\alpha^{4})}=\frac{1500}{0.2(90\times 10^{-3})^{3}\left[1-\left(\frac{85}{90}\right)^{4}\right]}=50.3\;(MPa)$$

② 设计实心轴的直径 D_{1}。按要求实心轴的最大工作应力为：

$$\tau_{max}=\frac{T}{Z_{实}}=50.3MPa$$

由上式可得：$z_{实}=0.2D_{1}^{3}=\dfrac{T}{\tau_{max}}=\dfrac{1.5\times 10^{3}}{50.3\times 10^{6}}$

因此，所采用的实心轴的直径为：$D_{1}=53mm$。

③ 比较实心轴与空心轴的重量。材料相同，长度相等的两轴重量比等于其横截面面积之比，即：

$$\frac{A_{1}}{A}=\frac{\dfrac{\pi D_{1}^{2}}{4}}{\dfrac{\pi(D^{2}-d^{2})}{4}}=\frac{53^{2}}{90^{2}-85^{2}}=3.21$$

实心轴的重量是空心轴重量的 3.21 倍。

三、圆轴扭转时的强度设计

在对圆轴扭转的应力分析中，已知道圆轴扭转的应力状态是纯剪应力状态，属第二类危险点。圆轴扭转时的强度设计准则是：

$$\tau_{\max} = \frac{T_{\max}}{Z} \leqslant [\tau] \tag{2-18}$$

需要指出的是：

（1）式(2-20)只适合用于圆截面轴，而且只有在横截面上的 $\tau_{\max}$ 不超过材料的剪切比例极限 τ_p 时才可适用。

（2）式中 $[\tau]$ 是扭转许可切应力。实验证实，在静载荷时，对于塑性材料一般采用 $[\tau] = (0.5 \sim 0.6)[\sigma]$。

（3）对于阶梯轴，各段轴上截面的 Z 不同，最大切应力不一定发生在 $T_{\max}$ 所在的截面上，使用式(2-20)时必须考虑 Z 和 T 两个量来确定 $\tau_{\max}$ 和危险点。

与轴向拉（压）杆强度设计准则类似。圆轴扭转的强度设计准则式(2-20)，也可以解决强度校核、设计截面、确定许可载荷三类问题。

例 2-10　在例 2-9 中，若材料的 $[\tau] = 60\text{MPa}$。要求：①校核轴的强度；②讨论例 2-9 的计算结果。

解：① 校核强度　在例 2-9 中已求出最大切应力为：

$$\tau_{\max} = 50.3 \times 106\text{Pa} = 50.3\text{MPa}$$

故轴的强度足够。

② 讨论　由例 2-9 的结果可知，在条件相同情况下，实心轴重量是空心轴重量的 3.21 倍。因此，采用空心轴可以节省大量材料，减轻自重，提高承载能力，这是因为圆轴扭转时只有横截面边缘各点的切应力才可达到许可值，其他各点的应力均小于许可值，圆心附近的应力很小 [图 2-27(a)]，材料没有得到充分利用。如果将这部分材料移到离圆心较远的位置，使其成为空心轴 [图 2-27(b)]，就提高了材料的利用率，增大了 I_p 和 Z。但是，空心轴的壁厚不能太薄，否则容易发生局部皱折而造成失效。另外，若空心轴是用钢板沿轴向焊接而成时，必须注意焊缝质量，若焊缝开裂，便形成开口轴 [图 2-27(c)]，将大大降低轴的抗扭能力，以致造成事故，工程中应避免出现此类问题。

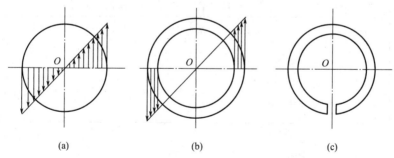

(a)　　　　　　　(b)　　　　　　　(c)

图 2-27　扭转圆轴横截面应力分布规律

 **计划决策**

表 2-5　传动轴强度分析的计划决策表

情　境	学习情境二　杆件承载能力的校核与计算				
学习任务	任务二　传动轴的强度分析			完成时间	
任务完成人	学习小组		组长		成员	
学习的知识和技能					

续表

小组任务分配 （以四人为一 小组单位）	小组任务	任务准备	管理学习	管理出勤、纪律	监督检查
	个人职责	制定小组学习计划，确定学习目标	组织小组成员进行分析讨论，进行计划决策	记录考勤并管理小组成员纪律	检查并督促小组成员按时完成学习任务
	小组成员				

完成工作任务所需的知识点	
完成工作任务的计划	
完成工作任务的初步方案	

 任务实施

表 2-6 传动轴强度分析的任务实施表

情 境	学习情境二 杆件承载能力的校核与计算				
学习任务	任务二 传动轴的强度分析			完成时间	
任务完成人	学习小组		组长		成员
解决思路					
解决方法与步骤					

 **分析评价**

表 2-7　传动轴强度分析的学习评价表

情　境		学习情境二　杆件承载能力的校核与计算		
学习任务		任务二　传动轴的强度分析	完成时间	
任务完成人	学习小组	组长	成员	
评价项目	评价内容	评 价 标 准		得分
专业能力 (55%)	知识的理解和 掌握能力	对知识的理解、掌握及接受新知识的能力 □优(12)□良(9)□中(6)□差(4)		
	知识的综合应 用能力	根据工作任务,应用相关知识进行分析解决问题 □优(13)□良(10)□中(7)□差(5)		
	方案制定与实 施能力	在教师的指导下,能够制定工作方案并能够进行优化实施,完成工作 任务单、计划决策表、实施表、检查表的填写 □优(15)□良(12)□中(9)□差(7)		
	实践动手操作 能力	根据任务要求完成任务载体 □优(15)□良(12)□中(9)□差(7)		
方法能力 (25%)	独立学习能力	在教师的指导下,借助学习资料,能够独立学习新知识和新技能,完成 工作任务 □优(8)□良(7)□中(5)□差(3)		
	分析解决问题 的能力	在教师的指导下,独立解决工作中出现的各种问题,顺利完成工作 任务 □优(7)□良(5)□中(3)□差(2)		
	获取信息能力	通过教材、网络、期刊、专业书籍、技术手册等获取信息,整理资料,获 取所需知识 □优(5)□良(3)□中(2)□差(1)		
	整体工作能力	根据工作任务,制定、实施工作计划 □优(5)□良(3)□中(2)□差(1)		
社会能力 (20%)	团队协作和 沟通能力	工作过程中,团队成员之间相互沟通、交流、协作、互帮互学,具备良好 的群体意识 □优(5)□良(3)□中(2)□差(1)		
	工作任务的 组织管理能力	具有批评、自我管理和工作任务的组织管理能力 □优(5)□良(3)□中(2)□差(1)		
	工作责任心与 职业道德	具有良好的工作责任心、社会责任心、团队责任心(学习、纪律、出勤、 卫生)、职业道德和吃苦能力 □优(10)□良(8)□中(6)□差(4)		
总　分				

任务三　单梁吊车的强度分析

在工程和日常生活中,常常会遇到许多发生弯曲变形的杆件。例如,桥式起重机大梁、火车轮轴以及车床上的割刀等。这类杆件的受力特点是:在杆件轴线所在的平面内受到外力偶或垂直于杆件轴线方向的力。其变形特点是:杆的轴线弯曲成曲线。这种变形

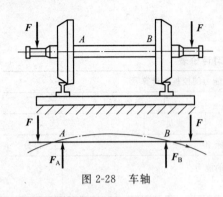

图 2-28　车轴

形式称为弯曲变形。凡以弯曲为主要变形的杆件通常称为梁。梁是一种常用构件，几乎在各类工程中都占有重要地位。

工程中最常用的梁，其横截面多具有一个纵向对称轴，通过横截面的对称轴与梁的轴线可作一纵向对称平面，梁上的外力一般可简化为作用在此纵向对称平面内。梁在变形时，其轴线将在此平面内弯曲成一条曲线。梁的这种弯曲称为平面弯曲。它是弯曲问题中最简单和最常见的情况。例如车轴（图 2-28）的弯曲就属于这一情况。

情境导入

如图 2-29 所示为一单梁吊车，由 45 号工字钢制成，其跨度 $l=10\mathrm{m}$。已知起重重量为 $P=50\mathrm{kN}$，材料的弹性模量 $E=200\mathrm{GPa}$，试校核该梁的强度。

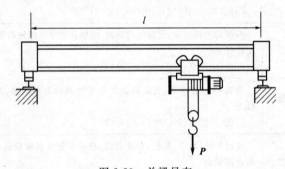
图 2-29　单梁吊车

任务描述

学习目标	学习内容
1. 会分析梁的受力情况并作出计算简图 2. 掌握截面法求解梁的内力——剪力、弯矩 3. 掌握剪力图和弯矩图的绘制方法 4. 能对平面弯曲梁进行强度的校核、设计	1. 梁的内力计算及绘制剪力图和弯矩图 2. 扭转圆轴横截面的正应力的计算 3. 平面弯曲梁的强度分析

知识链接

一、平面弯曲梁横截面的内力分析

1. 梁上载荷和梁的类型

工程实际中，梁的支承条件和作用在梁上的载荷情况一般都比较复杂，为了便于分析、计算，同时又要保证计算结果足够精确，需要对梁进行简化，得到梁的计算简图。

由于所研究的主要是等截面的直梁，且外力为作用在梁纵向对称面内的平面力系，因此，在梁的计算简图中以梁的轴线为代表。根据约束情况的不同，静定梁可分为以下三种常见形式，其简图如图 2-30 所示。

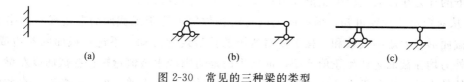

(a)　　　　　　　(b)　　　　　　　(c)

图 2-30　常见的三种梁的类型

悬臂梁　如图 2-30(a) 所示，一端为固定端，另一端为自由的梁。

简支梁　如图 2-30(b) 所示，一端为固定铰支座，另一端为活动铰支座的梁。

外伸梁　如图 2-30(c) 所示，一端或两端伸出支座之外的简支梁。

2. 平面弯曲梁的内力分析——剪力、弯矩

（1）剪力和弯矩的大小　梁在平面弯曲时，横截面上一般有位于纵向对称面内的一个与截面相切的内力和一个与截面垂直的内力偶，这两个内力分量分别称为该截面的剪力 F_Q 和弯矩 M。

现以图 2-31(a) 所示的简支梁为例，具体说明应用截面法计算任一横截面 m—m 上的剪力 F_Q 和弯矩 M 的方法。在计算出支座约束力后可将梁沿横截面 m—m 假想地分为两段 [图 2-31(b)、(c)] 弃去右边一段，并将它对左边留下部分的作用力代之以横截面上的内力分量即剪力 F_Q 和弯矩 M。由梁左段的平衡方程可得

$$F_Q = F_A - F_1$$
$$M = F_A x - F_1(x - a_1)$$

若研究横截面 m—m 右段的内力分量，见图 2-31(c)，则由右段的平衡方程计算剪力 F_Q 和弯矩 M，应该与研究左段的平衡时所得剪力和弯矩大小相等，方向相反，即满足作用力与反作用力的关系。

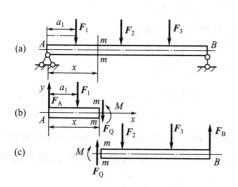

图 2-31　平面弯曲梁的内力分析

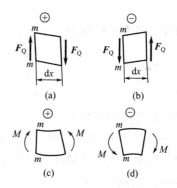

图 2-32　剪力、弯矩符号的判断

为了定义剪力 F_Q 和弯矩 M 的符号，如图 2-32 所示，通常从梁横截面 m—m 处向梁内取出长为 dx 的微段并规定：对于图 2-32(a) 所示的变形，若微段出现左端向上而右端向下的相对错动时，剪力 F_Q 规定为正，反之为负，如图 2-32(b) 所示；对于图 2-32(c) 所示的变形，若微段出现向下凸的变形时，弯矩 M 规定为正，反之为负，如图 2-32(d) 所示。

在实际计算时，可不必将梁假想地截开，而直接从横截面的任意一边梁上的外力来计算该截面上的剪力和弯矩。

① 从上面对剪力的计算可知，横截面上的剪力在数值上等于此截面的左边或右边梁上

外力的代数和，而根据上述对剪力符号规定得知，在横截面以左梁上向上的外力或在横截面以右向下的外力在截面上产生正值剪力；反之产生负值剪力。

② 从对弯矩的计算可知，横截面上的弯矩在数值上等于此截面的左边或右边梁上的外力对该截面形心力矩的代数和。按上述对弯矩的符号规定可知：不论在截面的左边或右边，向上的外力均在截面上产生正值弯矩，而向下的外力则产生负值弯矩；在截面以左梁上顺时针转向的外力偶，在截面上产生正值弯矩，逆时针转向的外力偶产生负值弯矩；在截面以右梁上逆时针转向的外力偶，在截面上产生正值弯矩，顺时针转向的外力偶产生负值弯矩。

例 2-11 简支梁受载荷的情况如图 2-33 所示，试求出指定截面的剪力和弯矩。截面 1—1、2—2 表示集中力 F 作用处左、右侧截面（距离无穷小），截面 3—3，4—4 表示集中力偶 M 作用处左、右侧截面（距离无穷小）。

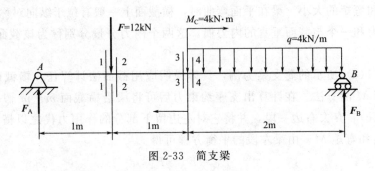

图 2-33 简支梁

解： ① 外力分析。设支座约束力 F_A、F_B 方向向上，由平衡方程得

$$F_A = 10kN \qquad F_B = 10kN$$

② 内力分析。求指定截面 1—1 的剪力和弯矩，取截面 1—1 的左段为研究对象，由平衡方程得

$$F_{Q1} = 10kN \qquad M_1 = 10kN \cdot m$$

同理，可求得截面 2—2、3—3 和 4—4 的剪力和弯矩分别为

$$F_{Q2} = -2kN \qquad M_2 = 10kN \cdot m$$

$$F_{Q3} = -2kN \qquad M_3 = 8kN \cdot m$$

$$F_{Q4} = -2kN \qquad M_4 = 12kN \cdot m$$

（2）剪力图和弯矩图

① 剪力方程和弯矩方程　在一般情况下，梁横截面上的剪力和弯矩是随横截面位置而变化的。若横截面沿梁轴线的位置用坐标 x 表示，则梁各个横截面上的剪力和弯矩可以表示为坐标 x 的函数，即

$$F_Q = F_Q(x) \qquad M = M(x)$$

以上两个函数表达式，称为梁的剪力方程和弯矩方程。

② 剪力图和弯矩图　为了表示梁各个横截面上的剪力和弯矩沿梁长的变化情况，以横截面上的剪力或弯矩为纵坐标，以截面沿梁轴线的位置为横坐标，按选定的比例尺绘出表示剪力或弯矩的图线，分别称为剪力图和弯矩图。绘图时按一般习惯将正值的剪力或弯矩画在 x 轴的上侧，负值则画在下侧。

绘制剪力图和弯矩图的最基本的方法是：首先分别写出梁的剪力方程和弯矩方程，然后根据方程来作图。当梁上受多个外力作用时，应分段列剪力方程和弯矩方程，然后作剪力图和弯矩图。集中力、集中力偶的作用点及分布载荷作用的起点和终点等为各段的分界点。

剪力图和弯矩图可以用来确定梁的剪力和弯矩的最大值，以及该最大值所在横截面的位置，所以，它们是梁的强度设计和刚度设计的重要基础。

例 2-12 图 2-34（a）所示的简支梁，在梁中 C 点处受集中力偶 M 作用。试作其剪力图和弯矩图。

解： ① 建立剪力方程和弯矩方程

AC 段：$F_Q = -\dfrac{M}{L}$ $\quad$ $0 < x < l$

$\qquad M_x = \dfrac{M}{L}x$ $\quad$ $0 \leqslant x < a$

CB 段：$F_Q = -\dfrac{M}{L}$ $\quad$ $0 < x < l$

$\qquad M_x = \dfrac{M}{L}x - M$ $\quad$ $a < x \leqslant l$

② 画出剪力图和弯矩图 如图 2-34（b）、（c）所示。

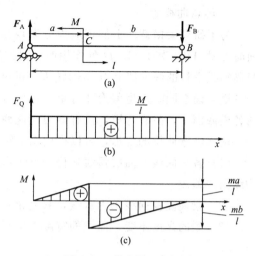

图 2-34 剪力图、弯矩图

由以上例题可见，在梁上集中力作用处，其左右两侧横截面上的剪力数值有突变，突变量等于此集中力的大小，而在弯矩图上的相应处的弯矩则有一个尖角；同样，在梁上受集中力偶处，其左右两侧横截面上的弯矩也有突变，突变量等于此集中力偶矩的大小，但在剪力图的相应处并无变化。

表 2-8 总结了工程梁在不同载荷下 Q 图和 M 图各自的特征。利用表 2-8 指出的规律以及通过求出梁上某些特殊截面的内力值，就可以不必再列出剪力方程和弯矩方程。

表 2-8 在几种情况下的 Q 图和 M 图的特征

梁上载荷情况	无载荷 $q=0$		均布载荷		集中力
Q 图特征	水平直线		上倾斜直线	下倾斜直线	在 C 截面有突变
	$Q>0$	$Q<0$	$q>0$	$q<0$	
	⊕	⊖			
M 图特征	上倾斜直线	下倾斜直线	下凸抛物线	上凸抛物线	在 C 截面有转折角
			$Q=0$ 处，M 有极值		

二、纯弯曲梁横截面正应力分析

在研究了平面弯曲梁的内力之后，从剪力图和弯矩图上可以确定最大剪力和最大弯矩所在截面。剪力是由横截面上的切应力形成的，而弯矩是由截面上的正应力形成的。实验表明，当梁比较细长时，正应力是决定梁是否被破坏的主要因素，切应力则是次要因素。因此，本书着重研究梁横截面上的正应力。

1. 纯弯曲概念

为了研究梁横截面上的正应力分布规律，如图 2-35 所示，取一个横截面为矩形的等截面简支梁 AB，其上 C、D 处作用两个对称的集中力 **F**。未加载前，在中间 CD 段表面画出与梁轴线平行的纵向线和与梁轴线垂直的横向线如图 2-36(a) 所示。加载后，AC 段、DB 段各横截面上同时产生剪力和弯矩，这种弯曲称为剪切弯曲（或横力弯曲），在中间 CD 段的各横截面上，只有弯矩，没有剪力，这种弯曲称为纯弯曲。

观察纯弯曲梁的变形，可以得出以下结论：

（1）各纵向线弯曲成弧线，仍平行于弯曲后的梁轴线，靠凸边的纵向线伸长，而靠凹边的纵向线缩短了。

（2）梁表面横向线仍为直线，只是相对转过了一个微小角度，但仍与纵向线垂直。

（3）梁的高度不变，而梁的宽度在伸长区内有所减少，在压缩区内有所增加。

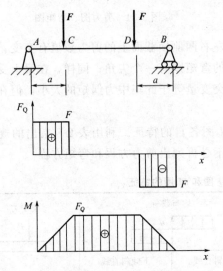

图 2-35　简支梁受两个外力作用产生的纯弯曲

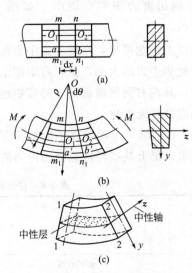

图 2-36　纯弯曲变形分析

根据上述现象，可对梁的变形提出如下假设：

（1）纵向纤维单向拉压假设　设梁由无数纵向纤维组成，变形后则纵向线变成平行于梁轴线的圆弧线，仅发生伸长或缩短，因此可以假定这些纵向纤维只受单向拉伸或压缩作用，彼此之间没有互相挤压。

（2）平面假设　梁在纯弯曲变形时，各横截面始终保持为垂直于梁轴线的平面，仅绕自身某一轴旋转了一个微小的角度。

从图 2-36(c) 可以看出，梁的下部纤维伸长，上部纤维缩短。由于变形的连续性，梁内一定有一层纵向纤维既不伸长又不缩短。这一纤维层称为中性层。中性层与横截面的交线称为中性轴。纯弯曲时，梁的横截面绕中性轴转动了一个微小角度。

2. 梁横截面上正应力计算

由纯弯曲梁的变形特点表明，纯弯曲梁横截面上任一点的正应力与该点所受弯矩和到中性轴的距离成正比，距中性轴等距离的各点正应力相等，在中性轴上的各点（$y=0$）正应力为零。同时纯弯曲梁横截面上任一点的正应力与梁横截面的形状、尺寸等因数也有关系，其分布规律如图 2-37 所示。

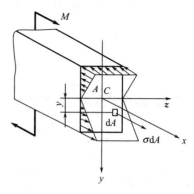

如果令 I_Z 为平面弯曲梁横截面对中性轴的二次轴矩，单位为 mm⁴，当弯矩相同时，平面弯曲梁横截面上的弯曲正应力公式为：

$$\sigma = \frac{My}{I_Z} \qquad (2\text{-}19)$$

由式(2-21)可知最大正应力发生在离中性轴最远的上下边缘处，即

图 2-37 纯弯曲正应力分布

$$\sigma_{max} = \frac{My_{max}}{I_Z} \qquad (2\text{-}20)$$

令 $W_Z = \dfrac{I_Z}{y_{max}}$，称为横截面对中性轴的抗弯截面系数，是截面的几何性质之一，也是衡量横截面抗弯能力的一个几何参数，常用的单位为 m³ 或 mm³。则梁横截面的最大正应力为

$$\sigma_{max} = \frac{M}{W_Z} \qquad (2\text{-}21)$$

应该指出，上述公式是从纯弯曲梁的变形推导出的，梁的材料要服从胡克定律，且拉伸或压缩时的弹性模量要相等。对剪切弯曲（横力弯曲），由于剪力的存在，梁的横截面将发生翘曲，横向力又使纵向纤维之间产生挤压，梁的变形较为复杂。但是根据实验和分析证实，当梁的跨度与横截面高度之比 $\dfrac{l}{h} > 5$ 时，横截面上的正应力分布与纯弯曲很接近，剪力的影响很小，所以上述公式也同样适用于剪切弯曲梁的正应力计算。

3. 常用截面的二次轴矩、抗弯截面系数

（1）矩形截面 如图 2-38 所示，由二次轴矩和抗弯截面系数的定义得：

$$I_Z = \frac{bh^3}{12}, \quad W_Z = \frac{I_Z}{y_{max}} = \frac{bh^2}{6} \qquad (2\text{-}22)$$

同理可得：

$$I_y = \frac{hb^3}{12} \qquad W_y = \frac{hb^2}{6} \qquad (2\text{-}23)$$

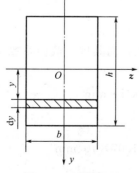

图 2-38 矩形截面

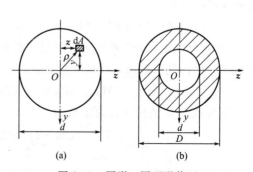

(a)   (b)

图 2-39 圆形、圆环形截面

（2）圆形截面　如图 2-39(a) 所示，其二次轴矩和抗弯截面系数分别为：

$$I_Z = I_y = \frac{\pi d^4}{64} \approx 0.05 d^4 \tag{2-24}$$

$$W_Z = W_y = \frac{\pi d^3}{32} \approx 0.1 d^3 \tag{2-25}$$

（3）圆环形截面　如图 2-39(b) 所示，其二次轴矩和抗弯截面系数分别为：

$$I_Z = I_y = \frac{\pi D^4}{64} - \frac{\pi d^4}{64} \approx 0.05 D^4 (1-\alpha^4) \tag{2-26}$$

$$W_Z = W_y = \frac{I_Z}{\frac{D}{2}} = \frac{\pi D^3}{32}(1-\alpha^4) \approx 0.1 D^3 (1-\alpha^4) \tag{2-27}$$

式中，$\alpha = \dfrac{d}{D}$。

例 2-13　如图 2-40(a) 所示的压板夹紧装置，已知工件受到的压紧力 $F = 3\text{kN}$，板长为 $3a$，其中 $a = 50\text{mm}$。试计算压板的最大弯曲正应力。

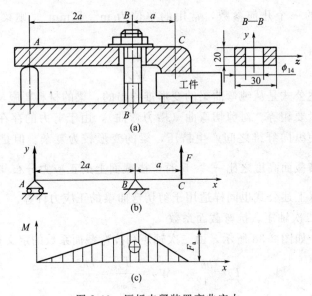

图 2-40　压板夹紧装置弯曲应力

解：① 外力分析　压板夹紧装置的简图如图 2-40(b) 所示，其中压板简化成一个发生弯曲变形的外伸梁。

② 内力分析　弯矩图如图 2-40(c) 所示。

③ 应力计算　由弯矩图可以看出，截面 B 弯矩值最大，而其抗弯截面系数又最小，故该截面为梁的危险截面，其最大弯矩值为

$$M_{max} = Fa = 3 \times 50\text{kN} \cdot \text{mm} = 150\text{kN} \cdot \text{mm}$$

压板截面 B 的抗弯截面系数为

$$W_Z = \frac{I_Z}{y_{max}} = \frac{(30-14) \times 20^3}{12} \times \frac{2}{20}\text{mm}^3 = 1.07 \times 10^3 \text{mm}^3$$

压板的最大弯曲正应力，即

$$\sigma_{\max} = \frac{M_{\max}}{W_Z} = \frac{150 \times 10^3}{1.07 \times 10^3} \text{MPa} = 140.2\text{MPa}$$

例 2-14 图 2-41(a) 所示为一 T 形截面的铸铁外伸梁，T 形截面尺寸如图 2-41(b) 所示。已知截面对形心轴 Z 的二次轴矩 $I_Z = 763\text{cm}^4$，且 $y_1 = 52\text{mm}$。试计算梁的最大正应力。

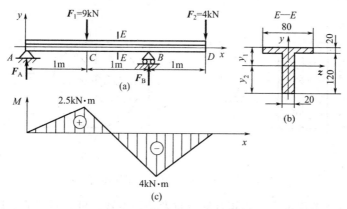

图 2-41　外伸梁弯曲应力

解： ① **外力分析**　取整体为研究对象，画受力图如图 2-41(a) 所示，列平衡方程求得梁的支反力为 $F_A = 2.5\text{kN}$，$F_B = 10.5\text{kN}$。

② **内力分析**　画弯矩图如图 2-41(c) 所示。

③ **应力计算**　由弯矩图可以看出，最大正值弯矩在截面 C 上，$M_C = 2.5\text{kN·m}$，最大负值弯矩在截面 B 上，$M_B = -4\text{kN·m}$。

此铸铁梁截面 B 上的最大拉应力发生在截面上边缘的各点处，最大压应力发生在截面下边缘的各点处，分别为

$$\sigma_B^+ = \frac{M_B y_1}{I_Z} = \frac{4 \times 10^6 \times 52}{763 \times 10^4} \text{MPa} = 27.3\text{MPa}$$

$$\sigma_B^- = \frac{M_B y_2}{I_Z} = \frac{4 \times 10^6 \times (120 + 20 - 52)}{763 \times 10^4} \text{MPa} = 46.1\text{MPa}$$

铸铁梁截面 C 上的最大拉应力发生在截面下边缘的各点，最大压应力发生在截面上边缘的各点处，分别为

$$\sigma_C^+ = \frac{M_C y_2}{I_Z} = \frac{2.5 \times 10^6 \times (120 + 20 - 52)}{763 \times 10^4} \text{MPa} = 28.8\text{MPa}$$

$$\sigma_C^- = \frac{M_C y_1}{I_Z} = \frac{2.5 \times 10^6 \times 52}{763 \times 10^4} \text{MPa} = 17\text{MPa}$$

梁内最大拉应力发生在截面 C 下边缘的各点处，最大压应力发生在截面 B 下边缘的各点处。式中上标"$+$"表示为拉应力，"$-$"表示为压应力。

三、弯曲变形强度设计

梁弯曲时横截面上既有正应力，又有切应力，因而可能产生两种破坏。然而，对于一般细长梁，实践证明，弯曲正应力是引起失效的主要矛盾。因此梁弯曲时的强度设计，主要是

保证正应力强度足够即可。

在梁的应力分析时，对某一截面来说，弯矩 M 与截面二次轴矩都是定值时，正应力 σ 沿 y 方向按线性规律变化（图 2-42），最大正应力 σ_{max} 发生在距中性轴最远处，即 $y = y_{max}$ 时：

$$\sigma_{max} = \frac{M}{W_Z}$$

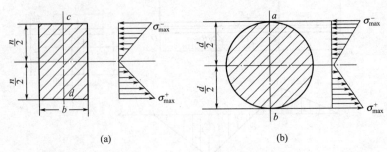

(a)   (b)

图 2-42　梁正应力变化规律

关于各种形状横截面的二次轴矩计算及抗弯截面系数，可查阅有关书籍。表 2-9 给出了一些常用截面的几何性质，供学习中查用。对于工字钢、槽钢、角钢等型钢截面，其截面二次轴矩计算及抗弯截面系数可从附录的型钢表或有关机械设计手册中查出。

表 2-9　常用截面的几何性质

截面形状	截面二次轴矩	抗弯截面系数
	$I_Z = \dfrac{bh^3}{12}$、$I_y = \dfrac{hb^3}{12}$	$W_Z = \dfrac{bh^2}{6}$、$W_y = \dfrac{hb^2}{6}$
	$I_Z = \dfrac{BH^3 - bh^3}{12}$ $I_y = \dfrac{HB^3 - hb^3}{12}$	$W_Z = \dfrac{BH^3 - bh^3}{6}$
	$I_Z = \dfrac{BH^3 - bh^3}{12}$	$W_Z = \dfrac{BH^3 - bh^3}{6}$

续表

截面形状	截面二次轴矩	抗弯截面系数
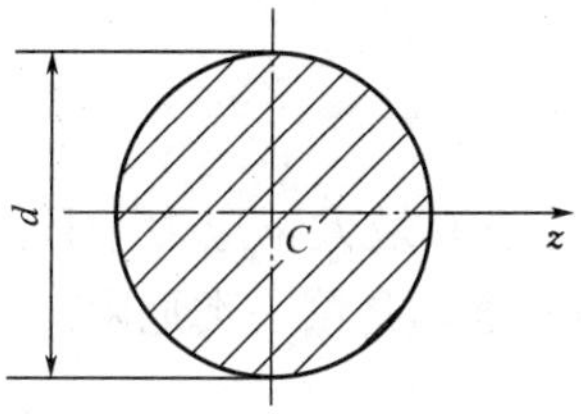	$I_z = I_y = \dfrac{\pi d^4}{64}$	$W_z = W_y = \dfrac{\pi d^3}{32}$
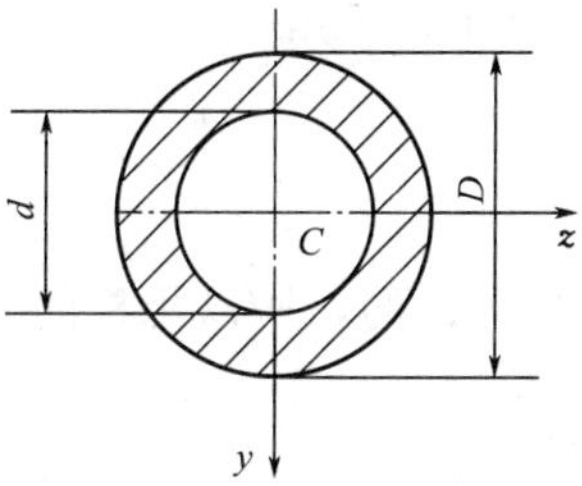	$I_z = I_y = \dfrac{\pi D^4}{64}(1-\alpha^4)$	$W_z = W_y = \dfrac{\pi D^3}{32}(1-\alpha^4)$

对于受弯曲变形的等截面梁，各截面的弯矩随其位置不同而不同，因此在强度计算时首先要作弯矩图，找出最大弯矩 M_{max} 所在的截面，即危险截面。在危险截面上，离中性轴最远点的应力是全梁最大的弯曲正应力值，强度失效往往从这些点开始，故称为危险点（如图2-42a、b、c、d 点所示）。由于不计弯曲切应力，危险点处于单向拉伸或单向压缩应力状态，属第一类危险点。要使梁在工作时具有足够的强度，就必须保证危险截面上危险点的工作应力不超过材料的许可应力，故梁的正应力强度设计准则是：

$$\sigma_{max} = \frac{M_{max}}{W_z} \leqslant [\sigma] \tag{2-28}$$

需要指出的是，工程实际中，为了充分发挥材料的潜力，根据塑性材料 $[\sigma^+] = [\sigma^-]$ 的力学性能，一般采用上、下对称于中性轴的截面形状；而对于脆性材料 $[\sigma^+] < [\sigma^-]$，宜采用上、下不对称于中性轴的截面形状，以使危险截面上受拉危险点与受压危险点处于"等强度"应力状态。这时，其弯曲正应力强度设计准则可写成：

$$\sigma^+_{max} = \frac{M_{max}y^+}{I_z} \leqslant [\sigma^+]$$

$$\sigma^-_{max} = \frac{M_{max}y^-}{I_z} \leqslant [\sigma^-] \tag{2-29}$$

式中，y^+ 为受拉一侧的截面边缘到中性轴的距离；y^- 为受压一侧的截面到中性轴的距离。

应用式(2-28)或式(2-29)可以解决弯曲正应力强度计算的三类问题，即校核强度、设计截面和确定许可载荷。

例 2-15 在例2-13中，压板材料的许可应力 $[\sigma] = 140\text{MPa}$，试校核压板的弯曲正应力强度。

解：压板的计算简图如图2-40(b)所示的外伸梁。画出梁的弯矩图如图2-40(c)所示。由弯矩图知，截面 B 处弯矩值最大，是危险截面，其值为

$$M_{max} = Fa = 3 \times 0.05 \text{kN} \cdot \text{m} = 0.15 \text{kN} \cdot \text{m}$$

压板 B 截面的抗弯截面系数最小，其值为

$$I_Z = I_{Z1} - I_{Z2} = \frac{0.03 \times 0.02^3}{12} - \frac{0.014 \times 0.02^3}{12} = 1.07 \times 10^{-8} \ (\text{m}^4)$$

所以

$$W_Z = \frac{I_z}{y_{max}} = \frac{1.07 \times 10^{-8}}{20 \times 10^{-2}/2} = 1.07 \times 10^{-6} \ (\text{m}^3)$$

校核压板的弯曲正应力强度，压板危险截面 B 处的上、下边缘有最大正应力，且上缘受压；下缘受拉，忽略弯曲切应力时，上下两缘均处于单向应力状态，是第一类危险点。由题意知，材料的 $[\sigma^+] = [\sigma^-]$，所以

$$\sigma_{max} = \frac{M_{max}}{W_Z} = \frac{0.15 \times 10^3}{1.07 \times 10^{-6}} = 140.2 \times 10^6 \text{Pa} = 140.2 \text{MPa} > [\sigma]$$

但是，$\dfrac{\sigma_{max} - [\sigma]}{[\sigma]} \times 100\% = \dfrac{140.2 - 140}{140} \times 100\% = 1.43\% < 5\%$

按有关设计规范，压板的最大工作压力没超过许用应力 5% 是允许的，所以压板的弯曲正应力强度满足。

计划决策

表 2-10　单梁吊车强度分析的计划决策表

情　境	学习情境二　杆件承载能力的校核与计算				
学习任务	任务三　单梁吊车的强度分析			完成时间	
任务完成人	学习小组		组长		成员
学习的知识和技能					
小组任务分配（以四人为一小组单位）	小组任务	任务准备	管理学习	管理出勤、纪律	监督检查
	个人职责	制定小组学习计划,确定学习目标	组织小组成员进行分析讨论,进行计划决策	记录考勤并管理小组成员纪律	检查并督促小组成员按时完成学习任务
	小组成员				
完成工作任务所需的知识点					
完成工作任务的计划					
完成工作任务的初步方案					

任务实施

表 2-11 单梁吊车强度分析的任务实施表

情 境	学习情境二 杆件承载能力的校核与计算				
学习任务	任务三 单梁吊车的强度分析		完成时间		
任务完成人	学习小组		组长		成员
解决思路					
解决方法与步骤					

 分析评价

表 2-12 单梁吊车强度分析的学习评价表

情 境					
学习任务				完成时间	
任务完成人	学习小组		组长		成员

评价项目	评价内容	评价标准	得分
专业能力 (55%)	知识的理解和掌握能力	对知识的理解、掌握及接受新知识的能力 □优(12)□良(9)□中(6)□差(4)	
	知识的综合应用能力	根据工作任务,应用相关知识进行分析解决问题 □优(13)□良(10)□中(7)□差(5)	
	方案制定与实施能力	在教师的指导下,能够制定工作方案并能够进行优化实施,完成计划决策表、实施表、检查表的填写 □优(15)□良(12)□中(9)□差(7)	
	实践动手操作能力	根据任务要求完成任务载体 □优(15)□良(12)□中(9)□差(7)	

续表

评价项目	评价内容	评 价 标 准	得分
方法能力（25%）	独立学习能力	在教师的指导下，借助学习资料，能够独立学习新知识和新技能，完成工作任务 □优(8) □良(7) □中(5) □差(3)	
	分析解决问题的能力	在教师的指导下，独立解决工作中出现的各种问题，顺利完成工作任务 □优(7) □良(5) □中(3) □差(2)	
	获取信息能力	通过教材、网络、期刊、专业书籍、技术手册等获取信息，整理资料，获取所需知识 □优(5) □良(3) □中(2) □差(1)	
	整体工作能力	根据工作任务，制定、实施工作计划 □优(5) □良(3) □中(2) □差(1)	
社会能力（20%）	团队协作和沟通能力	工作过程中，团队成员之间相互沟通、交流、协作、互帮互学，具备良好的群体意识 □优(5) □良(3) □中(2) □差(1)	
	工作任务的组织管理能力	具有批评、自我管理和工作任务的组织管理能力 □优(5) □良(3) □中(2) □差(1)	
	工作责任心与职业道德	具有良好的工作责任心、社会责任心、团队责任心（学习、纪律、出勤、卫生）、职业道德和吃苦能力 □优(10) □良(8) □中(6) □差(4)	
总　分			

课后习题

2-1　如题 2-1 图所示，已知 $F_1=20\text{kN}$，$F_2=8\text{kN}$，$F_3=10\text{kN}$，用截面法计算指定截面的轴力。

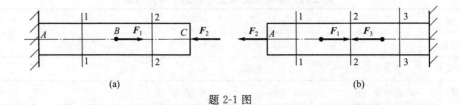

(a) (b)

题 2-1 图

2-2　如题 2-2 图所示，画出杆件的轴力图。

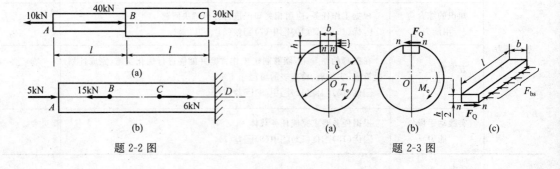

(a)

(b)

题 2-2 图

(a) (b) (c)

题 2-3 图

2-3　如题 2-3(a) 图表示齿轮用平键与轴连接（图中只画出了轴与键，没有画齿轮）。已知轴的直径 $d=70\text{mm}$，键的尺寸为 $b\times h\times l=20\text{mm}\times 12\text{mm}\times 100\text{mm}$，传递的扭转力偶矩 $T_e=2\text{kN}\cdot\text{m}$，键的许用应力 $[\tau]=60\text{MPa}$，$[\sigma_{\text{bs}}]=100\text{MPa}$。试校核键的强度。

2-4　如题 2-4 图所示，画出轴的扭矩图。

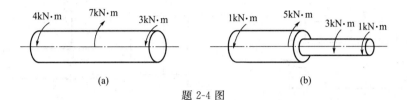

题 2-4 图

2-5　如题 2-5 图所示，梁上的 q、F、a 和 l 均已知，求各指定截面的剪力和弯矩。

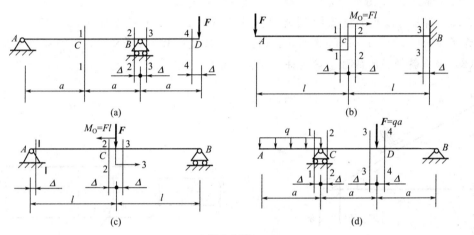

题 2-5 图

2-6　题 2-6 图所示为变截面杆，其作用载荷已知，$A_{\text{AB}}=200\text{mm}^2$，$A_{\text{BC}}=300\text{mm}^2$，求各段的应力。

题 2-6 图　　　　　　　　　　　　题 2-7 图

2-7　如题 2-7 图所示，圆轴的直径 $d=50\text{mm}$，外力偶 $M=2\text{kN}\cdot\text{m}$，已知 $r_B=15\text{mm}$，求 A、B、C 三点的切应力。

2-8　如题 2-8 图所示，圆轴的外力偶 $M_1=3\text{kN}\cdot\text{m}$，$M_2=1\text{kN}\cdot\text{m}$，直径 $d_1=50\text{mm}$，$d_2=40\text{mm}$。求轴的最大切应力。

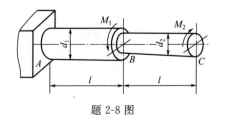

题 2-8 图

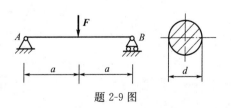

题 2-9 图

2-9　如题 2-9 图所示，简支梁的截面直径 $d=50\text{mm}$，$F=6\text{kN}$，$a=500\text{mm}$。求梁内最大弯曲正应力。

2-10　如题 2-10 图所示，简支梁受均布载荷 $q=20\text{kN/m}$ 作用。试计算梁内的最大正应力。

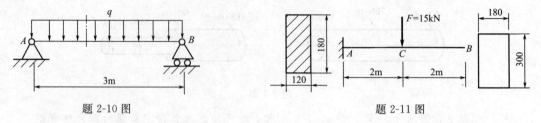

题 2-10 图　　　　　　　　　　　　　　题 2-11 图

2-11　如题 2-11 图所示，计算矩形截面悬臂梁的最大正应力。

2-12　简易起重机如题 2-12 图所示。斜杆 AB 由两根不等边角钢 $63\times40\times4$ 组成，角钢的许可应力 $[\sigma]=170\text{MPa}$。试求：（1）当起吊重量 $W=15\text{kN}$ 时，斜杆是否满足强度要求？（2）根据斜杆 AB 的强度确定许可起吊重量。

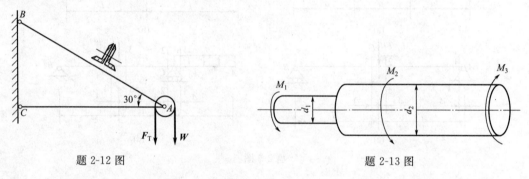

题 2-12 图　　　　　　　　　　　　　　题 2-13 图

2-13　题 2-13 图所示阶梯轴，$d_1=40\text{mm}$，$d_2=70\text{mm}$，轴上装有三个带轮，功率由轮 3 输入，$P_3=30\text{kW}$，轮 1 的输出功率为 $P_1=13\text{kW}$，轴的转速 $n=200\text{r/min}$，材料的许可切应力 $[\tau]=60\text{MPa}$，试校核轴的强度。

学习情境三

机械零件的材料分析

在机械产品和生活用品中，应用最广泛的是金属材料。金属材料品种繁多，工程上使用最多的材料是黑色金属、有色金属及其合金。在工程中，黑色金属主要用来制造机械工程结构、零件、设备和工具的材料。有色金属如铜及铜合金、铝及铝合金等。工程材料通常分为金属、非金属和复合材料三大类。

任务一　金属材料的力学性能

情境导入

按《GB/T699—1999》规定，25号钢的力学性能应不低于下列数值：$\sigma_b \geqslant 450\text{MPa}$，$\sigma_s \geqslant 275\text{MPa}$，$\delta_5 \geqslant 23\%$，$\psi \geqslant 50\%$。现将购进的25号钢制成 $d_0 = 10\text{mm}$ 的圆形截面短试样，经过拉伸试验测得的 $F_b = 35.71\text{kN}$，$F_s = 23.68\text{kN}$，$l_1 = 60\text{mm}$，$d_1 = 6\text{mm}$。试判断：这批25号钢的力学性能是否合格？

任务描述

学习目标	学习内容
1. 掌握金属材料的主要力学性能-强度、塑性、硬度、冲击韧性、疲劳强度的标记方法 2. 掌握选择材料的基准	1. 五大力学性能的标记方法 2. 符号含义 3. 选择材料的基准

知识链接

一、金属材料的性能

金属材料的主要性能是进行结构设计、选材和制定工艺的主要依据，必须对其性能有充分了解。金属材料的性能包括使用性能和工艺性能两个方面。

二、金属的力学性能

金属材料的力学性能是指金属在外载荷的作用下所表现出来的性能。它主要是指强度、塑性、硬度、韧性和抗疲劳性等。金属力学性能反映了金属材料在各种形式的外力作用下抵抗变形或破坏的能力，是金属零件选材和设计的主要依据。金属材料的使用性能和工艺性能的含义和分类见表 3-1。

表 3-1　金属材料的使用性能和工艺性能的含义和分类

性能	含义	分类	指标
使用性能	金属材料在使用过程中所表现出来的性能	物理性能	密度、熔点、热膨胀性、导热性、导电性
		化学性能	耐腐蚀性、抗氧化性、稳定性等
		力学性能	强度、塑性、硬度、冲击韧性、疲劳强度
工艺性能	金属材料在各种加工工艺中应具备的性能（加工的难易程度）	铸造性能	金属流动性、收缩性等
		锻造性能	塑性、变形抗力等
		焊接性能	焊接材料、焊后变形等
		切削加工性能	工件表面精度等
		热处理性能	淬透性、淬硬性等

1. 强度

强度是指材料在外力作用下抵抗永久性变形和断裂的能力。工程上通过静载荷拉伸试验测定强度。

（1）拉伸试验及拉伸曲线

① 拉伸试样　常用拉伸试样为圆形拉伸试样，如图 3-1 所示，通常分为长试样（$l_0 = 10d_0$）和短试样（$l_0 = 5d_0$）两种。试样材料为退火低碳钢。

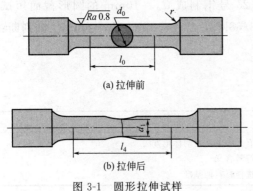

(a) 拉伸前

(b) 拉伸后

图 3-1　圆形拉伸试样

图 3-2　拉伸试验设备

② 拉伸设备　将低碳钢试样安装在试验机上，开动机器缓慢加载，直到试样被拉断为止。拉伸设备：万能材料拉伸机、变形仪。如图 3-2 所示。

③ 拉伸曲线　拉伸曲线是由拉伸机上的变形仪自动绘制出在拉伸试验中拉伸力与试样伸长量的关系曲线或为应力与应变关系曲线。

从图 3-3 拉伸曲线可看出，低碳钢试样在拉伸过程中，表现出不同的变形阶段，根据变形阶段可分为弹性变形、屈服、强化及断裂几个阶段。

弹性变形阶段（Oe 段）：在此阶段试样变形随试验力增加而增加，当去除试验力，试样能完全恢复到原来的形状和尺寸。此现象表明试样发生弹性变形。

其中曲线 Op 是一条直线，此时试样的变形量与试验力成正比增加。

屈服阶段（es 段）：当试验力超过 F_e，es 段将出现一段水平或锯齿线段，此时试验力不增加或只有微小增加，试样的长度继续增长。说明试样发生屈服现象。

强化阶段（sb 段）：试样发生屈服现象之后，随试验力增加，塑性变形量增大，试样抵抗变形的能力增加。此现象称为形变强化（或称为加工硬化）。

断裂阶段（bk 段）：当试样的变形达到最高点 b 时，试样抵抗试验力也达到了最大能力，试样某横截面发生局部收缩，出现缩颈现象。此时，施加于试样的力减小，而变形继续增加，当达到拉伸曲线上的 k 点时，试样被拉断。

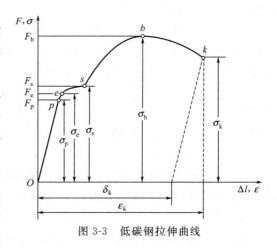

图 3-3 低碳钢拉伸曲线

（2）强度 强度是材料在外力作用下抵抗塑性变形和断裂的能力。常用的强度指标主要是屈服强度和抗拉强度。

① 屈服强度 试样在拉伸试验过程中，试验力保持不变时其变形量继续增加的现象，称为屈服现象，此时所对应的应力称为屈服强度，用符号 σ_s 表示，单位 MPa。即

$$\sigma_s = \frac{F_s}{A_0}$$

式中 F_s——试样屈服时的拉伸力，N。

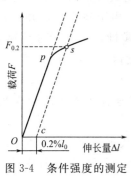

图 3-4 条件强度的测定

生产中使用的许多金属材料（球墨铸铁、高碳钢等），在拉伸试验中无明显的屈服现象出现，无法确定其屈服点。按 GB/T228—2002 规定：当试样卸掉拉伸力后，其标距部分的残余伸长达到规定的原始标距百分比时的应力，作为该材料的条件屈服强度（屈服点），如图 3-4 所示。表示此应力的符号应附以脚注说明。例如：用 σ_s 或 $\sigma_{0.2}$ 表示金属材料对塑性变形的抵抗力，机械零件工作时，一般允许产生塑性变形，因此，屈服强度是设计和选材的主要参数。

② 抗拉强度（又称强度极限） 材料在拉断前所承受的最大应力值称为抗拉强度或强度极限，用符号 σ_b 表示，单位 MPa。

$$\sigma_b = \frac{F_b}{A_0}$$

式中 σ_b——试样在断裂前所承受的最大拉伸力，N。

对于脆性材料来说没有屈服现象，则用 σ_b 作为设计依据。

2. 塑性

金属材料在外力作用下，产生永久性变形而不断裂的能力称为塑性。工程上常用断后伸长率（延伸率）和断面收缩率作为衡量材料的塑性指标。

（1）断后伸长率 标准试样在拉断后，标距长度的增加量 $(l_k - l_0)$ 与原始标距长度 (l_0) 的百分比称为断后伸长量（延伸率），用符号 δ 表示，即

$$\delta = \frac{l_k - l_0}{l_0} \times 100\%$$

式中　l_0——试样原始标距长度，mm；

　　　l_k——试样拉断后的标距长度，mm。

（2）断面收缩率　试样被拉断后，缩颈处横截面积的最大收缩量与原始横截面积的百分比称为断面收缩率，用符号 ψ 表示，即

$$\psi=\frac{A_0-A_k}{A_k}\times100\%$$

式中　A_0——试样原始的横截面积，mm^2；

　　　A_k——试样拉断处的横截面积，mm^2。

δ 和 ψ 是材料的重要性能指标。它们的数值越大，材料的塑性越好。材料具有一定的塑性，能保证材料不致因稍有超载而突然断裂，这样就增加了材料使用的安全可靠性。

3. 硬度

硬度是衡量金属材料软硬程度的指标，是指金属材料抵抗局部塑形变形、压痕或划痕的能力。

硬度试验是生产中进行金属力学性能测定的最简洁、最常用的方法。它与材料本身和金属材料的热处理状态有关。它也是产品质量检验的重要性能指标之一。目前机械制造生产中应用最广的静载荷压入法硬度试验有布氏硬度、洛氏硬度。

（1）布氏硬度

① 布氏硬度试验原理　如图 3-5 所示。用一定试验力 F，将直径为 D 的钢球或硬质合金球，压入被测金属的表面，保持规定时间后卸去试验力，测量金属表面上所形成压痕的直径 d，由此计算压痕的表面积 A，用试验力除以压痕表面积所得值为布氏硬度（HB）。由上述描述可知：d 越小，压痕越浅，表明金属越硬，布氏硬度值越高，硬度越大。反之，布氏硬度值越低，硬度越低。

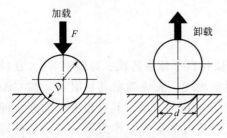

图 3-5　布氏硬度试验原理图

② 布氏硬度的表示方法　符号 HBS（或 HBW）之前加硬度值，符号后面依次用相应数值注明压头直径、试验力和保持时间（10～15s 不标）。

当测试压头为淬火钢球时，布氏硬度用 HBS 表示，只能测试布氏硬度值在 450 以下的材料。当测试压头为硬质合金时，可测试布氏硬度为 450～650 的材料，布氏硬度用 HBW 表示。

在试验中采用的压头直径有：10mm、5mm、2.5mm、2mm、1mm 五种，通常使用直径为 10mm 的压头。

125HBS10/1000/30，表示用直径为 10mm 的淬火钢球压头在 1000kgf（9807N）试验力作用下保持 30s 所测得的布氏硬度值为 125。

③ 布氏硬度的应用范围　布氏硬度主要用来测量灰铸铁、有色金属以及经退火、正火和调质处理的钢材等。布氏硬度能比较准确地反映出金属材料的平均性能。由于压痕大，对金属表面的损伤较大，不适合测量成品件、薄件的硬度。

（2）洛氏硬度　洛氏硬度试验是根据压痕深度来确定硬度值。

① 洛氏硬度试验原理　如图 3-6 所示。它是用顶角为 120° 金刚石圆锥体或直径为 1.588mm（1/16in）的淬火钢球压头压入金属表面，通过测量压痕深度增量 h 来计算硬度。

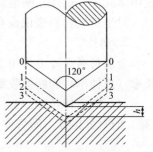

图 3-6　洛氏硬度试验原理图

② 洛氏硬度的表示方法　符号 HR 之前加硬度值，根据压头的材料及所加的载荷不同又可分为 HRA、HRB、HRC 三种。其中 HRC 应用最广。如 62HRC、70HRA。

③ 洛氏硬度应用范围　见表 3-2。

洛氏硬度压痕小，可直接测量成品件或较薄的工件硬度值。由于压痕小，测量误差稍大，因此常在工件不同部位测量三次取平均值。

表 3-2　常用的三种洛氏硬度的试验条件及应用范围

硬度符号	压头类型	硬度值有效范围	应用举例
HRA	120°金刚石圆锥体	70～85HRA	硬质合金，表面淬硬层，渗碳层
HRB	1.588mm 淬火钢球	25～100HRB	有色金属，退火、正火钢等
HRC	120°金刚石圆锥体	20～67HRC	淬火钢，调质钢等

（3）维氏硬度　维氏硬度根据压痕单位面积上所受的平均载荷计量硬度值。

① 维氏硬度试验原理　如图 3-7 所示。维氏硬度是采用夹角为 136°正四方棱锥金刚石压入金属表面，测量压痕对角线长度 d，可通过查表或根据公式计算维氏硬度值。

② 维氏硬度的表示方法　硬度符号前加硬度值，后面依次用相应数字注明试验力和保持时间（10～15s 不标）。例如：640HV30/20 表示在 30kgf（294.2N）试验力作用下，保持 20s，测得的维氏硬度为 640。

③ 维氏硬度应用范围　维氏硬度可测定从极软到极硬的各种材料的硬度，并且所测定的硬度值精确，压痕深度浅，适用于测定经表面处理零件的表面层的硬度，但测定过程比较麻烦，不适于成批生产检验。

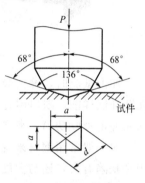

图 3-7　维氏硬度
试验原理图

4. 冲击韧性

大多数机械零件在工作中不但受到静载荷，还有动载荷和冲击载荷的作用，如锻压机的锤杆、冲床的冲头、汽车变速齿轮等。这类零件在设计和制造时必须考虑金属材料抵抗冲击载荷的能力。

受到冲击载荷的零件必须用抵抗冲击载荷的作用而不破坏的能力来表示。在冲击力作用下折断时吸收变形能量的能力，称为冲击韧性。

冲击试验方法是摆锤式一次冲击试验，其试验原理如图 3-8 所示。将标准试样（V 形或 U 形缺口）放在冲击试验机的两支座上，使试样缺口背向摆锤冲击方向。然后把重量为 G 的摆锤提升到一定高度 h_1；摆锤自由落下将试样冲断，试样吸收一部分能量，摆锤摆到 h_2 高度。在忽略摩擦和阻尼等条件下，摆锤一次冲断试样所做的功，称为冲击吸收功，用 A_K 表示，V 形缺口试样用 A_{KV} 表示；U 形缺口试样用 A_{KU} 表示。

$$A_K = GH_1 - GH_2 = G(H_1 - H_2)$$

A_K 值可由冲击试验机刻度盘上直接读出。冲击试样的断口处单位截面积上的冲击吸收功，称为冲击韧度，用符号 α_K 表示。

$$\alpha_K = \frac{A_K}{A}$$

式中　A——试样缺口断口处的横截面积，cm^2。

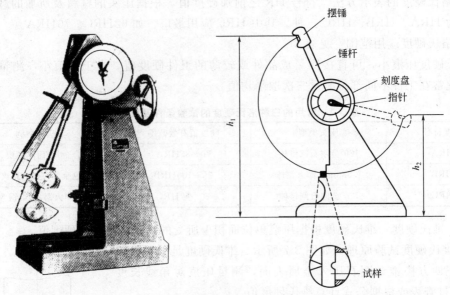

图 3-8　摆锤冲击试验原理图

冲击试验时，冲击吸收功中只有一部分消耗在断开试样缺口的截面上，其余部分则消耗在断开试样前，缺口附近体积内的塑性变形上。因此，冲击韧度不能真正代表材料的韧性，而用冲击吸收功 A_K 来判定材料韧性更为适宜。

对一般常用钢材来说，所测冲击吸收功 A_K 越大，材料的韧性越好。A_K 不仅与材料组织和缺陷有关，还与温度有关。因此，冲击吸收功一般作为选择材料的参考，而不能直接用于强度计算。

5. 疲劳强度

（1）疲劳　轴、齿轮、弹簧、滚动轴承等机械零件都是在交变应力下工作的，所承受的应力通常都低于材料的屈服强度，但经过长时间运转后会发生裂纹或突然完全断裂，这种现象称为疲劳。

零件产生疲劳破坏的主要特征有断裂前没有明显的塑性变形，没有预兆；零件所承受的应力低于材料的屈服强度；零件的疲劳断裂过程可分为裂纹产生、裂纹扩展和瞬间断裂三个阶段。这种断裂具有更大的危险性，常常造成严重的事故。

（2）疲劳强度　当零件所承受的应力低于某一值时，应力循环无数次不发生断裂，此应力称为材料的疲劳强度或疲劳极限，用 σ_{-1} 表示。工程上用的疲劳强度是指在一定的循环基数下不发生断裂的最大应力。疲劳强度值越大，金属抵抗疲劳破坏的能力越强。通常规定钢铁材料的循环基数取 10^7 次，有色金属和某些超高强度钢为 10^8 次。经测定，钢的 σ_{-1} 只有 σ_b 的 50% 左右。

疲劳强度与抗拉强度之间的关系：

碳素钢的疲劳强度 $\sigma_{-1} = (0.4 \sim 0.55)\sigma_b$；灰口铸铁的疲劳强度 $\sigma_{-1} = 0.4\sigma_b$；有色金属的疲劳强度 $\sigma_{-1} = (0.3 \sim 0.4)\sigma_b$。

（3）疲劳断裂的预防措施　疲劳断裂通常发生在机件最薄弱的部位或内外部缺陷所造成的应力集中处，例如：热处理产生的氧化、脱碳、过热、裂纹；钢中的非金属夹杂物、气孔、表面划痕、刀痕、局部应力集中等。加工时降低零件的表面粗糙度和进行表面强化处理，如表面淬火、渗碳、氮化、喷丸、表面滚压等方法都可提高疲劳强度。

 **计划决策**

表 3-3　金属材料的力学性能计划决策表

情　境	学习情境三　机械零件的材料分析				
学习任务	任务一　金属材料的力学性能			完成时间	
任务完成人	学习小组		组长	成员	
学习的知识和技能					
小组任务分配（以四人为一小组单位）	小组任务	任务准备	管理学习	管理出勤、纪律	监督检查
	个人职责	制定小组学习计划，确定学习目标	组织小组成员进行分析讨论，进行计划决策	记录考勤并管理小组成员纪律	检查并督促小组成员按时完成学习任务
	小组成员				

完成工作任务所需的知识点	力学性能	性能指标			含义
		符号	名称	单位	
	强度				
	硬度				
	塑性				
	冲击韧性				
	疲劳强度				

完成工作任务的计划	

完成工作任务的初步方案	

 任务实施

表 3-4　金属材料的力学性能任务实施表

情　境	学习情境三　机械零件的材料分析			
学习任务	任务一　金属材料的力学性能		完成时间	
任务完成人	学习小组	组长	成员	
解决思路				

续表

解决方法与步骤	

 **分析评价**

表 3-5　金属材料的力学性能学习评价表

情　　境	学习情境三　机械零件的材料分析				
学习任务	任务一　金属材料的力学性能			完成时间	
任务完成人	学习小组		组长		成员

评价项目	评价内容	评价标准	得分
专业能力 （55%）	知识的理解和 掌握能力	对知识的理解、掌握及接受新知识的能力 □优(12)□良(9)□中(6)□差(4)	
	知识的综合应 用能力	根据工作任务，应用相关知识进行分析解决问题 □优(13)□良(10)□中(7)□差(5)	
	方案制定与实 施能力	在教师的指导下，能够制定工作方案并能够进行优化实施，完成计划 决策表、实施表、检查表的填写 □优(15)□良(12)□中(9)□差(7)	
	实践动手操作 能力	根据任务要求完成任务载体 □优(15)□良(12)□中(9)□差(7)	
方法能力 （25%）	独立学习能力	在教师的指导下，借助学习资料，能够独立学习新知识和新技能，完成 工作任务 □优(8)□良(7)□中(5)□差(3)	
	分析解决问题 的能力	在教师的指导下，独立解决工作中出现的各种问题，顺利完成工作 任务 □优(7)□良(5)□中(3)□差(2)	
	获取信息能力	通过教材、网络、期刊、专业书籍、技术手册等获取信息，整理资料，获 取所需知识 □优(5)□良(3)□中(2)□差(1)	
	整体工作能力	根据工作任务，制定、实施工作计划 □优(5)□良(3)□中(2)□差(1)	
社会能力 （20%）	团队协作和 沟通能力	工作过程中，团队成员之间相互沟通、交流、协作、互帮互学，具备良好 的群体意识 □优(5)□良(3)□中(2)□差(1)	
	工作任务的 组织管理能力	具有批评、自我管理和工作任务的组织管理能力 □优(5)□良(3)□中(2)□差(1)	
	工作责任心与 职业道德	具有良好的工作责任心、社会责任心、团队责任心（学习、纪律、出勤、 卫生）、职业道德和吃苦耐劳能力 □优(10)□良(8)□中(6)□差(4)	
总　　分			

任务二　常用黑色金属材料

情境导入

在生产中，金属材料的类型较多，不同工作状态下，对材料的要求不同，所以，我们必须对材料进行分类，并对其性能有所了解，才能合理选材。图 3-9 为 C616 型车床主轴。分析该轴的材料特性，拟定加工工艺路线，并分析热处理的作用：

（1）主轴整体调质硬度为 220～250HBS；

（2）内锥孔与外锥体硬度为 45～50HRC；

（3）花键部位硬度达 48～53HRC。

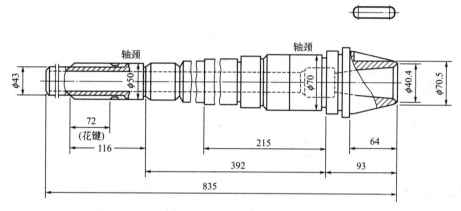

图 3-9　C616 型车床主轴

任务描述

学习目标	学习内容
1. 掌握碳素钢的分类、牌号，了解碳素钢的性能	1. 碳素钢的分类、牌号，了解碳素钢的性能；
2. 掌握钢的热处理方法、种类	2. 热处理的方法、种类
3. 掌握合金钢的分类、牌号、了解合金钢的性能	3. 合金钢的分类、牌号，了解合金钢的性能
4. 掌握铸铁的分类、牌号，了解铸铁的性能	4. 铸铁的分类、牌号，了解铸铁的性能

知识链接

碳素钢是指 $0.0218\% \leqslant w_C \leqslant 2.11\%$，并含少量硅、锰、磷、硫等杂质元素的铁碳合金。碳素钢具有一定的力学性能和良好的工艺性能，且价格低廉，在工业中广泛应用。

一、碳素钢

1. 碳素钢的分类

（1）杂质元素对钢性能的影响　钢中常存杂质元素主要是指锰、硅、硫、磷等。这些元素在冶炼时由原料、燃料及耐火材料带入钢中，或者脱氧时残留于钢中，它们的存在会对钢的性能产生影响。

① 锰　锰是炼钢时加入锰铁脱氧剂而残留在钢中的。锰可以提高钢的强度和硬度；锰还能与硫形成 MnS，以减轻硫的有害作用。在钢中是有益的元素。作为杂质存在时，其含量（w_{Mn}）一般小于 0.8%。

② 硅　硅是炼钢时加入硅铁脱氧剂而残留在钢中的。硅可使钢的强度、硬度提高。在钢中也是一种有益的元素，其含量（w_{Si}）一般小于 0.4%。

③ 磷的影响　磷是由生铁带入钢中的有害杂质元素。磷可使钢的强度、硬度有所提高，但却使室温下钢的塑性、韧性急剧降低，使钢变脆。在低温时发生冷脆性。所以，磷是有害元素，其含量（w_P）必须严格控制在 0.035%～0.045% 以下。

④ 硫的影响　硫是炼钢时由矿石和燃料带入钢中的。硫在钢中与铁形成化合物 FeS，当钢材在高温进行压力加工时，钢材变脆，这种现象称为热脆性，硫是有害元素，其含量（w_S）一般应严格控制在 0.03%～0.05% 以下。在钢中增加锰含量，使锰与硫形成 MnS，可消除硫的有害作用，避免热脆现象。

（2）碳素钢的分类　碳素钢的种类繁多，常按以下方法进行分类，分类见表 3-6。

表 3-6　碳素钢的分类

分类方法	分类	备注
按碳质量分数分	低碳钢	$0.0218\% < w_C < 0.25\%$
	中碳钢	$0.25\% \leqslant w_C \leqslant 0.60\%$
	高碳钢	$0.60\% < w_C \leqslant 2.11\%$
按质量等级分	普通质量碳素钢	$w_S \leqslant 0.050\%, w_P \leqslant 0.045\%$
	优质碳素钢	$w_S \leqslant 0.035\%, w_P \leqslant 0.035\%$
	特殊质量碳素钢	$w_S \leqslant 0.020\%, w_P \leqslant 0.020\%$
按钢的用途分	碳素结构钢	用于制作机械零件和工程构件，属于低、中碳钢
	碳素工具钢	用于制作刃具、量具和模具，一般属于高碳钢
按冶炼时脱氧程度的不同	沸腾钢	
	镇静钢	
	半镇静钢	
	特殊镇静钢	
按冶炼方法不同	转炉钢	
	电炉钢	
	平炉钢	

2. 碳素钢的牌号及性能

（1）碳素钢的牌号　生产中，常用的碳素钢类别、牌号表示方法如表 3-7 所示。

表 3-7　常用的碳素钢类别、牌号表示方法

分类	编号方法	
	举例	说明
碳素结构钢	Q235A・F	"Q"为"屈"字的汉语拼音字首，后面的数字为屈服点（MPa）。A、B、C、D 表示质量等级，从左至右质量依次提高。F、b、Z、TZ 依次表示沸腾钢、镇静钢、半镇静和特殊镇静钢。Q235A・F 表示屈服点为 235MPa，质量为 A 级的沸腾钢

分类	编号方法	
	举例	说明
优质碳素结构钢	45 40Mn	两位数字表示钢的平均含碳量的万分数。如钢号 45 表示平均含碳量为 0.45％的优质碳素结构钢。化学元素符号 Mn 表示钢的含锰量较高
碳素工具钢	T8 T8A	"T"为"碳"字的汉语拼音字首,后面的数字表示钢的平均含碳量的千分数。如 T8A 表示平均含碳量为 0.8%的碳素工具钢。"A"表示高级优质
铸钢	ZG200—400	"ZG"代表铸钢,其后面第一组数字为屈服点(MPa);第二组数字为抗拉强度(MPa)。如 ZG200—400 表示屈服点为 200MPa,抗拉强度为 400MPa 的铸钢

(2) 碳素钢的性能

① 碳素结构钢　碳素结构钢中碳的质量分数一般在 0.06％～0.38％之间,杂质含量较多,质量较低,价格便宜,并具有一定的力学性能,通常轧制成钢板或各种型材(圆钢、方钢、工字钢、角钢、钢筋等)供应,常用作性能要求不高、不需作热处理的机械零件和结构件。

常用碳素结构钢的化学成分、性能及用途见表 3-8。

表 3-8　常用碳素结构钢的牌号、成分、性能和应用（摘自 GB/T 700—2006）

牌号	质量等级	化学成分(质量分数)/%(不大于)					厚度/mm	力学性能			应用举例
		C	Si	Mn	P	S		σ_b/MPa	σ_s/Mpa	δ/%	
Q195	—	0.12	0.30	0.50	0.035	0.040	≤16	315～390	195	33	塑性好,有一定的强度,用于制造受力不大的零件,如螺钉、螺母、垫圈等,焊接件、冲压件及桥梁建设等金属结构件
Q215	A	0.15	0.35	1.20	0.045	0.050	≤16	335～410	215	31	
	B					0.045					
Q235	A	0.22	0.35	1.40	0.045	0.050	≤16	375～460	235	26	
	B	0.20				0.045					
	C	0.17			0.040	0.040					
	D				0.035	0.035					
Q275	A	0.24	0.35	1.50	0.045	0.050	≤16	410～540	275	22	强度较高,用于制造承受中等载荷的零件,如小轴、销子、连杆
	B	0.21 0.22			0.045	0.045					
	C	0.20			0.040	0.040					
	D				0.035	0.035					

② 优质碳素结构钢　优质碳素结构钢硫、磷等有害杂质含量较少,质量较高,性能较稳定,并可通过热处理进行强化,其强度、塑性、韧性均比碳素结构钢好。主要用于制造较重要的机械零件。

常用优质碳素结构钢的牌号、成分、性能和应用见表 3-9。

③ 碳素工具钢　碳素工具钢含碳量比较高,硫、磷杂质含量较少,一般经淬火,低温回火后硬度比较高,耐磨性好,但塑性较低。主要用于要求不很高的刃具、量具和模具。根据有害杂质硫、磷含量的不同又分为优质碳素工具钢(简称为碳素工具钢)和高级优质碳素工具钢两类。

表 3-9 常用优质碳素结构钢的牌号、成分、性能和应用（摘自 GB/T699—2008）

牌号	化学成分/%						力学性能			应用举例
	C	Si	Mn	Cr	Ni	Cu	σ_b/MPa	σ_s/MPa	δ_5/%	
				不大于			不小于			
08	0.05～0.11	0.17～0.37	0.35～0.65	0.10	0.30	0.25	325	195	33	用来制作受力不大、韧性要求高的冲压件和焊接件，如螺钉、杠杆等。
10	0.07～0.13	0.17～0.37	0.35～0.65	0.15	0.30	0.25	335	205	31	
15	0.12～0.18	0.17～0.37	0.35～0.65	0.25	0.25	0.25	375	225	27	经渗碳淬火等热处理后，用作承受冲击载荷的零件，如齿轮、凸轮、销等
20	0.17～0.23	0.17～0.37	0.35～0.65	0.25	0.25	0.25	410	245	25	
25	0.22～0.29	0.17～0.37	0.50～0.80	0.25	0.25	0.25	450	275	23	
30	0.27～0.34	0.17～0.37	0.50～0.80	0.25	0.25	0.25	490	295	21	
35	0.32～0.39	0.17～0.37	0.50～0.80	0.25	0.25	0.25	530	315	20	经调质处理，可获得良好的综合力学性能，主要用来制造齿轮、连杆、轴类、套筒等零件
40	0.37～0.44	0.17～0.37	0.50～0.80	0.25	0.25	0.25	570	335	19	
45	0.42～0.50	0.17～0.37	0.50～0.80	0.25	0.25	0.25	600	355	16	
50	0.47～0.55	0.17～0.37	0.50～0.80	0.25	0.25	0.25	630	375	14	
55	0.52～0.60	0.17～0.37	0.50～0.80	0.25	0.25	0.25	645	380	13	
60	0.57～0.65	0.17～0.37	0.50～0.80	0.25	0.25	0.25	675	400	12	经热处理后，可获得较高的弹性极限、足够的韧性和一定的强度，用作弹性零件和易磨损的零件，如弹簧、轧辊等
50Mn	0.48～0.56	0.17～0.37	0.70～1.00	0.25	0.25	0.25	645	390	13	
65Mn	0.62～0.70	0.17～0.37	0.90～1.20	0.25	0.25	0.25	735	430	9	
70Mn	0.67～0.75	0.17～0.37	0.90～1.20	0.25	0.25	0.25	785	450	8	

碳素工具钢的牌号性能特点及用途见表 3-10。

表 3-10 常用碳素工具钢的牌号、成分、性能和应用（摘自 GB/T 1298—2008）

牌号	化学成分/%					硬度			用途举例
	C	Mn	Si	S	P	退火后	试样淬火		
						HBS 不小于	温度(℃)和冷却介质	HRC 不小于	
				不大于					
T7	0.65～0.74	≤0.40	≤0.35	0.030	0.035	187	800～820 水	62	用作能承受振动、冲击，并且在硬度适中情况下有较好韧性的工具，如錾子、冲头、木工工具等
T8	0.75～0.84	≤0.40	≤0.35	0.030	0.035	187	780～800 水	62	常用于制造要求有较高硬度和耐磨性的工具，如冲头、木工工具、剪切金属用的剪刀等
T9	0.85～0.94	≤0.40	≤0.35	0.030	0.035	192	760～780 水	62	用于制造要求有一定硬度和韧性的工具，如冲模、冲头、錾岩石用錾子等
T10	0.95～1.04	≤0.40	≤0.35	0.030	0.035	197	760～780 水	62	用于制造耐磨性要求较高、不受剧烈振动、具有一定韧性及具有锋利刃口的各种工具，如刨刀、车刀、钻头、丝锥、手锯锯条、冷冲模等
T12	1.15～1.24	≤0.40	≤0.35	0.030	0.035	207	760～780 水	62	用于制造不受冲压、要求高硬度的各种工具，如丝锥、锉刀、刮刀、铰刀、板牙、量具等

④ 铸造碳钢 铸钢主要用于制造形状复杂，力学性能要求高，很难通过锻压等方法成形的比较重要的机械零件，例如汽车的变速箱壳，机车车辆的车钩和联轴器等。

常用铸钢的牌号、力学性能及用途见表 3-11。

表 3-11 常用工程用铸钢的牌号、成分、性能（摘自 GB/T 11352—2009）

| 牌号 | 主要化学成分/%（≤） | | | | 力学性能（≥） | | | | | 用途及举例 |
	C	Si	Mn	P、S	$\sigma_s(\sigma_{0.2})$ /MPa	σ_b /MPa	δ /%	ψ /%	A_{KV} /J	
ZG200—400	0.20	0.60	0.80	0.035	200	400	25	40	30	具有良好的塑性、韧性和焊接性，用于受力不大的机械零件，如机座、变速箱壳等
ZG230—450	0.30	0.60	0.90	0.035	230	450	22	32	25	有一定的强度和好的塑性、韧性，焊接性良好。用于受力不大、韧性好的机械零件，如砧座、外壳、轴承盖、阀体、犁柱等
ZG270—550	0.40	0.60	0.90	0.035	270	500	18	25	22	有较高的强度和较好的塑性，铸造性良好，焊接性尚好，切削性好。用于轧钢机机架、轴承座、连杆、箱体、曲柄、缸体等
ZG310—570	0.50	0.60	0.90	0.035	310	570	15	21	15	强度和切削性良好，塑性、韧性较低。用于载荷较高的大齿轮、缸体、制动轮、辊子等
ZG340—640	0.60	0.60	0.90	0.035	340	640	10	18	10	有高的强度和耐磨性，切削性好，焊接性较差，流动性好，裂纹敏感性较大。用作齿轮、棘轮等

二、认识热处理

热处理是提高金属材料性能重要工艺方法之一。热处理可以有效地改善钢的组织或化学成分，提高其力学性能并延长使用寿命，是钢铁材料重要的强化手段。绝大多数的机械零件在加工制造中必须进行热处理。

1. 热处理的概念及分类

（1）热处理的概念 热处理是指将金属工件放在一定设备中加热到适当的温度、保温一定时间和以不同冷却速度进行冷却，其目的是改变其内部组织，获得所需的性能的工艺过程，如图 3-10 所示。

加热是热处理中重要的工序。合理选择加热方式、控制加热温度是热处理质量的重要保证。

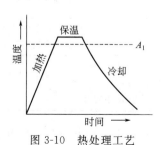

图 3-10 热处理工艺

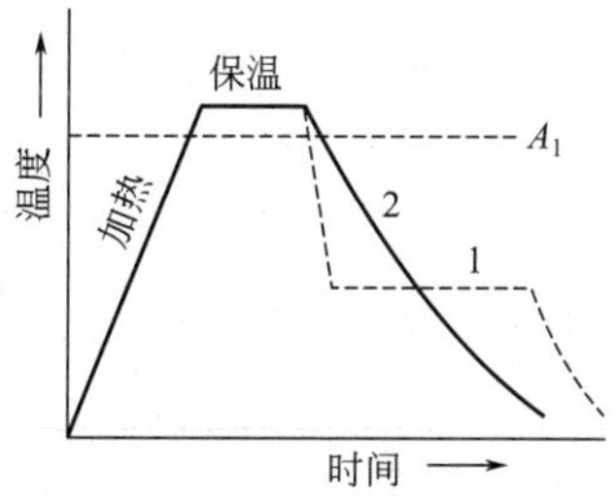

图 3-11 两种冷却转变示意图

1—等温冷却转变；2—连续冷却转变

保温也是热处理中的主要工序，根据钢的材料、组织、成分和使用性能决定热处理中保温的时间。

冷却过程是热处理中关键的工序。相同成分的钢，采用不同的冷却方式冷却，获得的组织和性能有很大差别。在钢的热处理生产中，常用的冷却方式有两种：一种是将加热钢（奥氏体）迅速冷至 A_{r1} 以下某个温度，等温停留一段时间，再继续冷却，通常称之为"等温冷却"；另一种是将奥氏体以不同的速度冷却，如水冷、油冷、空冷、炉冷等，称为"连续冷却"，如图 3-11 所示。

（2）热处理的分类　根据热处理目的、加热和冷却方式的不同，热处理分为以下三种：

① 最基本热处理　又称为整体热处理。对工件整体进行穿透加热。常用的方法有退火、正火、淬火、回火。

② 表面热处理　对工件表层进行加热，目的是改变表层的组织和性能。常用的方法有火焰加热表面淬火和感应加热表面淬火。

③ 化学热处理　改变工件表层的化学成分、组织、性能。常用的方法有渗碳、渗氮、碳氮共渗。

2. 钢的退火与正火

钢的热处理包括预先热处理和最终热处理两种。其中退火和正火属于预先热处理，淬火和回火属于最终热处理。

（1）钢的退火　退火是将钢加热到适当温度，保温一定时间，然后缓慢冷却的热处理工艺。退火与正火作为预先热处理，其目的是为了消除和改善铸、锻、焊件所造成的某些组织缺陷及内应力，细化晶粒，改善组织，为切削加工及最终热处理做好准备。退火与正火除作预先热处理工序外，对一般铸件、焊接件以及一些性能要求不高的工件，也可作最终热处理。

退火处理的工艺范围见表 3-12。

表 3-12　退火工艺范围

类　别	加热温度	冷却方式	目　的	适用范围
完全退火	A_{c3} 以上 30～50℃	随炉缓慢冷却	细化晶粒,消除内应力,降低硬度,改善切削加工性能等	用于低、中碳钢和合金钢的铸件、锻件、焊接件
球化退火	A_{c1} 以上 20～40℃	缓慢冷却到600℃以下出炉空冷	降低硬度,改善切削加工性,并为淬火作好组织准备	用于高碳钢和合金工具钢
等温退火	A_{c3} 以上 30～50℃	快速冷却到A_1以下某一温度,保温一定时间后,然后空冷	能得到更均匀的组织与硬度,生产周期比完全退火显著缩短	高碳钢、合金工具钢和高合金钢
均匀化退火	A_{c3} 以上 150～200℃	缓慢冷却	使组织成分均匀,改善性能	用于质量要求较高的合金钢铸锭或铸件
去应力退火	500～600℃	随炉慢冷至300～200℃后空冷	去除锻件、焊件、铸件及机加工工件中内存的残余应力、稳定尺寸、减小变形	锻件、焊件、铸件、机加件

（2）钢的正火　将钢加热到一定温度，保温一定的时间，出炉后在空气中冷却的热处理工艺称为正火。

正火与退火的主要区别是：正火的冷却速度较快，正火后所获得的组织比较细，强度和硬度要比退火的高一些。

正火比退火生产周期短、成本低、操作简单和生产率高，在生产中优先采用正火。

对低碳钢，正火作为预先热处理，能提高其硬度，改善切削加工性；对于要求不高的结构零件，正火可作最终热处理；但对形状复杂的零件，由于正火的冷却速度较快，会引起开裂的危险，采用退火处理为宜。

常用退火与正火的加热温度和热处理工艺曲线如图 3-12 所示。

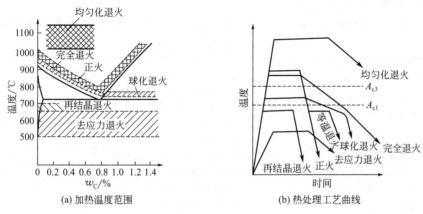

(a) 加热温度范围　　　　(b) 热处理工艺曲线

图 3-12　退火与正火的热处理工艺曲线

3. 淬火与回火

(1) 钢的淬火　淬火是将钢件加热到某一温度，保温一定时间，以较快冷却速度冷却，提高钢的强度和硬度的热处理工艺。

淬火的主要目的是为了提高钢的强度和硬度，并经回火后，获得良好的使用性能，以充分发挥材料的潜力。

① 钢的淬火工艺

a. 淬火加热温度的选择。碳素钢的淬火加热温度由碳的质量分数决定。图 3-13 为碳钢淬火加热温度范围。碳质量分数超过 0.8% 的钢加热温度控制在 $760 \sim 790℃$。加热温度过低，淬火后的组织中有先析铁素体存在，使钢的强度和硬度降低。加热温度过高，冷却后组织粗大，使钢的性能变差，应力增大，易出现变形和开裂。

b. 淬火加热时间。淬火加热时间包括升温时间（工件加热到达预定处理温度的时间）和保温时间。影响加热时间的因素有加热介质、加热速度、钢的种类、工件形状和尺寸、装炉方式、装炉量等。生产中根据有关经验公式估算加热时间。

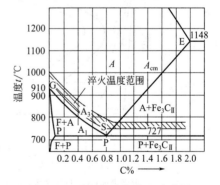

图 3-13　碳钢淬火加热温度范围

c. 淬火冷却介质。为保证工件淬火后得到马氏体，必须以较快的冷却速度冷却。冷却过快，工件收缩较快，易产生较大的内应力，造成工件变形和开裂。为减少变形和开裂，保证工件质量，必须合理选择冷却介质。目前常用的淬火冷却介质有水、盐水、碱水、油和盐浴。

水、盐水、碱水冷却能力很强，可使工件在高温下迅速冷却，获得较高的强度和硬度；但冷却速度过快，工件会产生较大的内应力，容易引起工件的变形与开裂，所以水介质主要用作形状简单碳钢零件的淬火介质。

油也是最常用的淬火介质，它的冷却能力低，冷却速度较慢，工件变形小。故油适用于尺寸大、形状较复杂的零件，也用作合金钢的淬火介质。

为了减少工件淬火时变形，可采用盐浴作为淬火介质，如熔化的 $NaNO_3$、KNO_3 等。主要用于贝氏体等温淬火、马氏体分级淬火。其特点是沸点高，冷却能力介于水与油之间，常用于处理形状复杂、尺寸较小和变形要求严格的工件。

② 淬火方法　常用淬火工艺的操作方法见表 3-13，图 3-14 为常用淬火方法示意图。

表 3-13　常用淬火工艺的操作方法

淬火工艺	操作方法	特点	备注
单液淬火	将钢件加热至淬火温度后,在一种冷却介质中连续冷却的淬火工艺	操作简单,易实现机械化、自动化,应用广泛。但水淬容易变形或开裂;油淬容易产生硬度不足或硬度不均匀现象	碳钢在水中淬火;合金钢或尺寸很小的碳钢工件在油中淬火
双液淬火	先淬入一种冷却能力较强的介质中,冷却到一定温度时,马上再淬入另一种冷却能力较弱的介质中冷却	这种方法可减少变形、防止开裂。这种工艺的关键点是从一种淬火介质转入另一种淬火介质的温度,要求有熟练的操作技艺	常见的方法:先水后油、先油后空冷,主要用于中等形状复杂的高碳钢和尺寸较大的合金钢工件
分级淬火	先在 150～260℃硝盐浴或碱浴中冷却,稍加停留,等钢件内外温度基本一致后取出空冷	冷却速度慢,可减少变形与开裂。分级淬火比双介质淬火易操作	由钢在盐浴和碱浴中冷却能力不足,只适用尺寸较小的零件
等温淬火	浸入硝盐浴或碱浴中,长时间保温后,在空气中冷却	保温时间长,组织转变为下贝氏体,可获得较好的强度、韧性、硬度、耐磨性	用于形状复杂,强度和韧性要求较高的工件,如弹簧、模具、成形刃具等的热处理

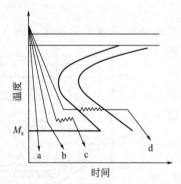

图 3-14　常用淬火方法示意图
a—单介质淬火；b—双介质淬火；c—马氏体
分级淬火；d—贝氏体等温淬火

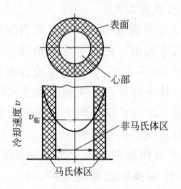

图 3-15　未淬透的钢

③ 钢的淬透性　钢的淬透性是以在规定条件下钢试样淬硬层的深度和硬度分布的特性。淬硬层深度是从淬硬的工件表面到规定硬度值（一般为 550HV）处的垂直距离。淬硬深度越深，淬透性越好。如果淬硬层深度达到心部，则表明该工件全部淬透。

钢的淬透性主要取决于钢的临界冷却速度 v_k。钢在淬火时，工件各截面的冷却速度不同，表面的冷却速度最大，而心部的冷却速度最小。若心部的冷却速度大于临界冷却速度说明钢完全被淬透。若心部的冷却速度小于临界冷却速度，只有工件表面得到马氏体组织，心部获得非马氏体组织，说明工件没有被淬透，如图3-15所示。在实际生产中，工件淬火后的淬硬层深度除取决于淬透性外，还与零件尺寸及冷却介质有关。

钢的淬硬性是指钢试样在规定条件下淬火硬化所能达到的最高硬度的能力。钢的淬硬性主要取决于钢中含碳量。钢中含碳量越高，淬硬性越好。

（2）钢的回火　回火是将淬火钢在加热某一温度，保温一定时间后冷却到室温的热处理工艺。一般回火是淬火的后续工序。

① 回火目的　降低脆性，消除或减少内应力；调整钢的力学性能；稳定钢的组织和形状尺寸；防止工件变形与开裂。

② 回火种类与应用　根据对工件力学性能要求不同，按其回火温度范围，可将回火分为三种。回火的加热温度、特点及应用范围见表3-14。

表3-14　回火的加热温度、特点及应用范围

回火分类	加热温度/℃	特　点	应用范围
低温回火	<250℃	具有高硬度(58～64HRC)、高耐磨性和一定的韧性	刃具、冷作模具、量具和滚动轴承，渗碳、碳氮共渗和表面淬火的零件
中温回火	350～500℃	较高的弹性极限，较高的屈强比，一定的韧性，硬度可达35～50HRC	各种弹簧和模具热处理
高温回火	500～650℃	具有较好的综合力学性(适当的强度、足够的塑性和韧性)，硬度可达200～330HBS	汽车、拖拉机、机床等承受较大载荷的结构零件，如连杆、齿轮、轴类高强度螺栓

生产中常把淬火＋高温回火热处理工艺称为调质处理。

调质处理一般作为最终热处理，但也可作为表面淬火和化学热处理的预先热处理。调质后钢有良好的综合力学性能，便于切削加工，并能获得表面质量较高的工件。

4. 表面热处理

在机械设备中，有些零件（齿轮、曲轴，凸轮轴等）在工作中，受冲击、交变载荷作用。这类零件表面要求具有高的强度、硬度、耐磨性和疲劳强度，而心部要有足够的塑性和韧性。为满足零件表面的性能要求，采用表面热处理。

表面热处理是指仅对工件表层改变其组织和性能的热处理工艺。常用的方法有表面淬火和化学热处理。

（1）表面淬火　表面淬火是仅对工件表面进行快速加热淬火的工艺。生产中应用最广泛的是感应加热表面淬火和火焰加热表面淬火。

① 感应加热表面淬火　感应加热表面淬火是利用感应电流通过工件表面所产生的热效应，使表面加热并进行快速冷却的淬火工艺。

感应加热表面淬火法的原理如图3-16所示。将工件放入铜管绕制的感应圈内，当感应圈中通入交变电流时，产生交变磁场，于是在工件中便产生同频率的感应电流。电流集中在工件表面，可使表层迅速加热到淬火温度，而心

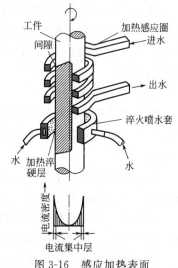

图3-16　感应加热表面淬火示意图

部温度仍接近室温，随后立即喷水（合金钢浸油）快速冷却，使工件表面淬硬。

感应加热表面淬火加热速度快，淬硬层深度易控制，工件表面质量高，淬火变形小；易于实现机械化、自动化，生产率高。设备昂贵，维修调整较难。

②火焰加热表面淬火 火焰加热表面淬火是利用乙炔-氧火焰（最高温度为3200℃）或煤气-氧火焰（最高温度为2400℃）将钢件表面迅速加热到淬火温度，快速冷却的工艺。如图3-17所示。

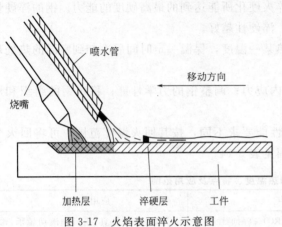

图3-17 火焰表面淬火示意图

火焰加热表面淬火淬硬层深度通常为2～6mm。火焰加热表面淬火设备简单，成本低，易于操作。但加热温度不易控制，零件表面易过热，淬火质量不够稳定。适用于处理大型工件、异形工件的表面处理，如大齿轮、轧辊、顶尖、凹槽、小孔等。

（2）钢的化学热处理 化学热处理是将工件置于一定温度的活性介质（碳、氮）中加热、保温，使介质中一种或几种元素渗入工件表层，以改变表层的化学成分、组织和性能的一种热处理工艺。化学热处理的种类和方法很多，最常见的有渗碳、氮化、碳氮共渗等。

①钢的渗碳 渗碳是将工件在活性炭介质中加热并保温使碳原子渗入表层的化学热处理工艺。常需渗碳材料是 $w_C = 0.1\% \sim 0.25\%$ 的低碳钢和低碳合金钢。渗碳层厚度一般为0.5～2.5mm。渗碳后可提高工件表面的碳质量分数。渗碳后应进行淬火和低温回火。目的可提高工件表面的硬度和耐磨性，同时保持心部的良好韧性。适用于承受较大冲击载荷和在严重磨损条件下工作的零件，如汽车、拖拉机的变速箱齿轮、活塞销、摩擦片等。

②钢的氮化 氮化是在一定温度，使活性氮原子渗入工件表面的化学热处理工艺，也称渗氮。氮化可提高工件表面的硬度、耐磨性、疲劳强度及耐蚀性。氮化层一般不超过0.6～0.7mm，氮化后只需精磨、研磨或抛光。氮化广泛用于耐磨性和精度要求很高的零件，如镗床主轴、精密传动齿轮等；在循环载荷下要求高疲劳强度的零件，如柴油机曲轴；要求变形很小和具有一定抗热、耐蚀能力的耐磨件，如阀门、发动机汽缸以及热作模具等。

5. 热处理工艺安排

热处理是机械制造过程中重要的工序。正确理解热处理技术条件、合理安排热处理工序位置是一个重要问题。热处理技术条件的提出、热处理工艺规范的正确制定和实施是一个相当重要的问题。

（1）热处理的技术条件 在零件图中标注热处理技术条件，其内容包括热处理的方法及热处理后应达到的力学性能，供热处理生产及检验时用的标准。

一般零件图上只标出硬度值，标定的硬度值允许有一定的波动范围，布氏硬度值一般为30～40个单位，洛氏硬度值为5个单位左右。

重要的零件还应标出强度、塑性、韧性指标或金相组织要求。对于化学热处理零件，还应标注渗层部位和渗层的深度。

标注热处理技术条件可采用国家标准规定的"金属热处理工艺分类及代号（GB/T12603-2005）"来标注热处理工艺。

（2）热处理工序位置的确定 根据热处理的目的和工序位置的不同，可将其分为预先热处理和最终热处理。

1）预先热处理

① 退火、正火的工序位置 退火和正火作为预先热处理通常安排在毛坯生产之后，粗加工之前。其作用是消除毛坯的内应力，细化晶粒，均匀组织，改善切削加工性，为最终热处理作好组织准备。

退火（或正火）工艺路线一般为：

毛坯生产→退火（或正火）→切削加工。

② 调质处理的工序位置 一般安排在粗加工之后，半精加工或精加工之前，其目的是提高零件的综合力学性能。

调质工艺路线一般为：

下料→锻造→正火（或退火）→粗加工（留余量）→调质→半精加工（或精加工）。

2）最终热处理 最终热处理包括各种淬火、回火及化学热处理。其工序位置一般安排在半精加工之后，磨削之前。

① 淬火工序位置 整体淬火工艺路线一般为：

下料→锻造→退火（正火）→粗加工、半精加工→淬火、回火→磨削。

表面淬火工艺路线一般为：

下料→锻造→退火（正火）→粗加工→调质→半精加工→表面淬火→低温回火→磨削。

表面淬火的目的是使工件得到高硬度、耐磨性和疲劳强度；低温回火是为了消除应力，防止磨削时产生裂纹，保持高硬度和耐磨性。

② 渗碳工序位置 整体渗碳的工艺路线一般为：

下料→锻造→退火（正火）→粗加工、半精加工→渗碳→淬火、低温回火→磨削。

局部渗碳的工艺路线一般为：

下料→锻造→退火（正火）→粗加工、半精加工→保护非渗碳部位→渗碳→切除防渗余量→淬火、低温回火→磨削。

局部渗碳时，对不需要渗碳部位采取增大原加工余量（增大的量称为防渗余量）或镀铜。待渗碳后，淬火前，切除该部位防渗余量。

③ 渗氮工序位置 渗氮零件（38CrMoAlA 钢）的工艺路线一般为：

下料→锻造→退火→粗加工→调质→半精加工→去应力退火→粗磨→渗氮→精磨或研磨。

对质量要求高的零件，为保证渗氮件的心部有良好的力学性能，在粗加工和半精加工间进行调质。防止切削加工产生残留应力，使渗氮件产生变形，渗氮前安排去应力退火。

为减少变形和防止开裂，可采取以下措施：合理选择材料；结构设计合理、热处理方法、工艺的确定要适当、热处理操作要正确。

三、合金钢

1. 合金元素对钢性能的影响

为改善钢的性能，在碳素钢基础上有目的地加入某些元素所形成的钢种称为合金钢。加入的元素称为合金元素，常加入的合金元素有锰、硅、铬、镍、钨、钼、钒、钛、硼、铝、铌、锆、铜、稀土元素等。

在碳素钢中加入一些合金元素，使合金钢在力学性能、淬透性等方面优于碳素钢。具体体现如表3-15。

表 3-15　合金钢的优点

性　能	合金钢比碳素钢	应用举例
力学性能	高	以中碳钢为例其抗拉强度不超过1000MPa,有些合金钢可以达到1800MPa
淬透性	好	在相同的冷却介质中冷却,合金钢的淬透深度要大于碳素钢,并且淬火、回火后的力学性能更高些,故合金钢适用于制造大截面的零件
红硬性	高	碳素钢在250℃以上工作时,其硬度下降较快,不能保持高的耐磨性和好的切削加工性。高速钢在600℃时仍保持高硬度(60HRC),可继续加工,故适用于较高切削速度切削
特殊性能	有	耐腐蚀、耐高温、耐磨等

2. 合金钢的分类

合金钢的分类方法见表3-16。

表 3-16　合金钢的分类

分类方法	分　类	备　　注
按合金元素总质量分数分	低合金钢	$w_{Me} < 5\%$
	中合金钢	$5\% \leqslant w_{Me} \leqslant 10\%$
	高合金钢	$w_{Me} > 10\%$
按主要质量等级分	优质合金钢	$w_S \leqslant 0.035\%, w_P \leqslant 0.035\%$,用于工程结构用合金钢、合金钢筋钢、铁道用合金钢
	特殊质量合金钢	$w_S \leqslant 0.020\%, w_P \leqslant 0.020\%$,用于压力容器用合金钢、合金结构钢、合金弹簧钢、不锈钢、耐热钢、合金工具钢、高速工具钢、轴承钢等
按合金钢的用途分	合金结构钢	用于制作机械零件和工程结构
	合金工具钢	用于制作刃具、量具和模具
按使用特性分	轴承钢	
	不锈钢	
	耐蚀钢	
	耐热钢	
	特殊物理性能钢	

3. 合金钢的牌号与性能

（1）合金钢的牌号　合金钢的牌号采用碳质量分数＋合金元素的种类及质量分数＋质量级别来编号，不同类别的合金钢牌号略有差异。常用的合金钢类别、牌号表示方法如表3-17所示。

表 3-17 常用的合金钢类别、牌号表示方法

分 类	编 号 方 法	
	举 例	说 明
低合金高强度结构钢	Q345A	表示方法与碳素结构钢相同。例：Q345A
合金结构钢	60Si2Mn	牌号用"两位数字＋元素符号＋数字"表示，为首的两位数字表示碳质量分数的万分数，元素符号表示钢中所含的合金元素，随后的数字表示该合金元素含量的百分数（若 $w_{Me} < 1.5\%$，其后不标出数字；若 $1.5\% \leqslant w_{Me} < 2.49\%$，其后标注 2；……）。若牌号末尾加"A"，则表示钢中的硫、磷含量少，钢的质量高。60Si2Mn 表示 $w_C = 0.6\%$、$w_{Si} = 2\%$、$w_{Mn} < 1.5\%$ 合金结构钢
合金工具钢	9Mn2V CrWMn	牌号用"一位数字＋元素符号＋数字"表示，为首的一位数字表示碳质量分数的千分数，若钢中的 $w_C < 1\%$ 时，牌号前的数字表示平均含碳量的千分之几；若钢中的 $w_C \geqslant 1\%$ 时，牌号前不标出含碳量。其他与合金结构钢的相同。例如，9Mn2V 表示 $w_C = 0.9\%$，$w_{Mn} = 2\%$，$w_V < 1.5\%$ 的合金工具钢；CrWMn 表示 $w_C \geqslant 1\%$，$w_{Cr} < 1.5\%$，$w_W < 1.5\%$，$w_{Mn} < 1.5\%$ 的合金工具钢
轴承钢	GCr15 GCr15SiMn	牌号用"G＋Cr＋数字＋(其他元素＋数字)"表示。式中"G"是"滚"的汉语拼音字首，铬后面的数字表示平均含铬量的千分数，若还含其他元素时，表示方法和合金结构钢相同。例如 GCr15SiMn 表示 $w_{Cr} = 1.5\%$，$w_{Si} < 1.5\%$，$w_{Mn} < 1.5\%$ 的轴承钢
高速工具钢	W18Cr4V	高速钢的牌号表示方法与合金工具钢类似，主要差别是无论钢中的含碳量多少，均不在牌号前标出数字。例如，W18Cr4V 表示 $w_W \leqslant 18\%$，$w_{Cr} = 4\%$，$w_V < 1.5\%$ 的高速工具钢，其 $w_C = 0.7\% \sim 0.8\%$ 不标出
不锈钢和耐热钢	3Cr13 00Cr17Ni14Mo2	不锈钢的表示方法与合金工具钢类似，当 $w_C \leqslant 0.03\%$ 或 $w_C \leqslant 0.08\%$ 时，其牌号前的数字分别用"00"或"0"代替。例如，3Cr13 表示平均 $w_C = 0.3\%$、$w_{Cr} = 13\%$ 的不锈钢；00Cr17Ni14Mo2 表示平均 $w_C \leqslant 0.03\%$、$w_{Cr} = 17\%$、$w_{Ni} = 14\%$、$w_{Mo} = 2\%$ 的不锈钢
高锰耐磨钢	ZGMn13-1	牌号用"ZG＋Mn＋数字"表示。"ZG"是"铸钢"的汉语拼音字首，数字表示平均含锰量的百分数。例如，ZGMn13-1 表示 $w_{Mn} = 13\%$、序号为 1 的高锰耐磨钢

（2）合金钢的性能

① 合金结构钢 合金结构钢主要包括低合金高强度结构钢、调质钢、渗碳钢、弹簧钢、滚动轴承钢等。合金结构钢的成分特点，是在碳素结构钢的基础上适当地加入一种或多种合金元素，例如 Cr、Mn、Si、Ni、Mo、W、V、Ti 等。合金元素除了保证有较高的强度或较好的韧性外，另一重要作用是提高钢的淬透性，使机械零件在整个截面上得到均匀一致的、良好的综合力学性能，在具有高强度的同时又有足够的韧性。

a. 低合金高强度结构钢。低合金结构钢是在低碳钢的基础上加入少量的锰、硅、钛、钒、铌等合金元素而制成的钢。主要性能特点是强度高、塑性和韧性好、焊接性好、冷成形性好、耐蚀性好、冷脆转变温度低、成本低。低合金高强度结构钢的强度比低碳钢高出 $10\% \sim 30\%$，代替碳素结构钢，可大大减轻机件或结构件的重量。广泛用于船舶、车辆、桥梁、压力容器等工程结构件及低温下工作的构件等。例如，南京长江大桥的桥梁采用 Q345 比用 Q235 节省钢材 15% 以上。

常用低合金高强度钢的化学成分、力学性能及用途见表 3-18。

表 3-18 常用低合金高强度钢的化学成分、力学性能及用途

牌号	牌号（旧）	化学成分 $W/\%$				钢材厚度/mm	力学性能			冷弯试验	主要用途举例
		C	Si	Mn	其他		σ_b/MPa	σ_s/MPa	δ/%	a—试件厚度 d—心棒直径	
Q295	09Mn2	≤0.12	0.20～0.60	1.40～1.80	—	4～10	450	300	21		油槽、油罐、机车车辆、梁柱等
Q345	14MnNb	0.12～0.18	0.20～0.60	0.80～1.20	0.15～0.50Nb	≤16	500	360	20	180° ($d=2a$)	油罐、锅炉、桥梁等
	16Mn	0.12～0.20	0.20～0.60	1.20～1.60		≤16	520	350	21		桥梁、船舶、车辆、压力容器、建筑结构
	16MnCu	0.12～0.20	0.20～0.60	1.25～1.50	0.20～0.35Cu	≤16	520	350	21		桥梁、船舶、车辆、压力容器、建筑结构
Q390	15MnTi	0.12～0.18	0.20～0.60	1.25～1.50	0.12～0.20Ti	≤25	540	400	19	180° ($d=3a$)	船舶、压力容器、电站设备等
	15MnV	0.12～0.18	0.20～0.60	1.25～1.50	0.04～0.14V	≤25	540	400	18		压力容器、船舶、桥梁、车辆、起重机械等

　　b. 合金调质钢。合金调质钢是指调质处理后使用的合金结构钢，具有良好的综合力学性能。合金调质钢碳的质量分数在 $w_C=0.25\%\sim0.50\%$ 之间，加入的锰、硅、铬、镍、硼、钼、钒、钨等合金元素，可增加淬透性、提高耐回火性、提高力学性能等作用。

　　合金调质钢按淬透性的高低分为低淬透性合金调质钢（常用的牌号为 40Cr）、中淬透性合金调质钢（常用的牌号为 35CrMo、38CrMoAl）、高淬透性合金调质钢（常用的牌号为 40CrNiMoA、40CrMnMo）三类。

　　工业中常用调质钢热处理工艺、力学性能及主要用途见表 3-19。

表 3-19 工业中常用调质钢热处理工艺、力学性能及主要用途

牌号	退火状态硬度（HBS）	热处理				力学性能					主要用途
		淬火		回火		σ_b/MPa	$\sigma_{0.2}$/MPa	δ/%	Ψ/%	a_K/(J·cm^{-2})	
		温度/℃	冷却介质	温度/℃	冷却介质						
45	≤197	840	水	600	空	600	355	16	40	39	齿轮、轴、曲轴、柱塞等
40Cr	≤217	850	油	520	水、油	980	785	9	45	47	重要调质零件轴、齿轮等
35CrMo	≤229	850	油	550	水、油	980	835	12	45	63	代替 40CrNi 钢用于轴、连杆等
40CrNi	≤241	820	油	500	水、油	980	785	10	45	55	重要曲轴、主轴、连杆
38CrMoAlA	≤229	940	水、油	640	水、油	980	835	14	50	71	用作渗氮零件、高压阀门、缸套
40CrNiMoA	≤269	850	油	600	水、油	980	835	12	55	78	航空发动机轴及承力零件
40CrMnMo	≤217	850	油	600	水、油	980	785	10	45	63	相当于 40CrNiMo 的高级调质钢

　　c. 合金渗碳钢。合金渗碳钢主要用来制造在工作中承受较强烈的冲击作用和要求耐磨的零件。这类零件要求表面具有高硬度、高耐磨性和耐疲劳性能，心部要有高韧性和足够强

度。例如汽车变速箱齿轮、内燃机凸轮轴和活塞销等零件常采用合金渗碳钢。

合金渗碳钢碳的质量分数在 $w_C = 0.10\% \sim 0.25\%$（低碳），钢中加入的合金元素主要有铬、锰、镍、钛、钒、钨、钼、硼等，以提高钢的淬透性、细化晶粒、在渗碳层获得均匀细小的耐磨碳化物，从而改善和提高零件的组织和性能。

合金渗碳钢的预先热处理一般采用正火，以改善毛坯的切削加工性能。渗碳后一般采用淬火、低温回火。

合金渗碳钢按淬透性的高低分为低淬透性合金渗碳钢（常用的牌号为 20Cr、20MnV）、中淬透性合金渗碳钢（常用的牌号为 20CrMnTi）、高淬透性合金渗碳钢（常用的牌号为 18Cr2Ni4WA）三类。工业中常用渗碳钢热处理工艺、力学性能及主要用途见表 3-20。

表 3-20　工业中常用渗碳钢热处理工艺、力学性能及主要用途

牌号	毛坯尺寸/mm	热处理/℃				力学性能					主要用途举例
		渗碳	第一次淬火	第二次淬火	回火	σ_b /MPa	$\sigma_{0.2}$ /MPa	δ /%	Ψ /%	a_K /(J·cm^{-2})	
20Mn2	15	840	850 水、油	—	200	≥785	≥590	≥10	≥40	≥47	小齿轮、小轴柱塞销等
20MnV	15	930	880 水、油	—	200	≥785	≥590	≥10	≥40	≥55	齿轮、小轴柱塞销、锅炉、高压容器管道
20MnV	15	930	880 水、油	—	200	≥785	≥590	≥10	≥40	≥55	齿轮、小轴柱塞销、锅炉、高压容器管道
20CrMn	15	930	850 油	—	200	≥930	≥735	≥10	≥45	≥47	齿轮、轴、蜗杆、活塞销、摩擦轮
20CrMnTi	15	930	880 油	870 油	200	≥1080	≥835	10	45	≥55	汽车、拖拉机上的变速箱齿轮
20Cr	15	930	880 水、油	780~820 水、油	200	≥835	≥540	≥10	≥40	≥47	齿轮、小轴活塞销
18Cr2Ni4WA	15	930	950 空	850 空	200	≥1175	≥835	10	45	≥78	大型渗碳齿轮和轴类

d. 合金弹簧钢。合金弹簧钢主要用来制造机械和仪表中各种弹性元件，如圈簧、板簧等。这类零件要求具有高的弹性极限和屈强比、较高的疲劳强度、足够的塑性和韧性。

合金弹簧钢碳的质量分数在 $w_C = 0.5\% \sim 0.7\%$，钢中加入的合金元素主要有锰、硅、铬、钒、钨、钼、硼等，以提高钢的淬透性、耐回火性、提高弹性极限和屈强比。

根据加工方法不同，弹簧可分为两类。

（a）冷成形弹簧。当弹簧直径或板簧厚度为 8~10mm 时，一般用弹簧钢丝或弹簧钢带在冷态下制成。这种钢丝有很高的强度和足够的韧性，制成弹簧后只进行消除应力的退火。

（b）热成形弹簧。当弹簧钢丝直径或板簧厚度大于 10mm 时，一般采用热轧钢丝或钢板制成，然后淬火、中温回火。具有很高的屈服强度和弹性极限、一定的塑性和韧性，硬度为 40~48HRC。

合金弹簧钢按主加的合金元素分为硅锰系合金弹簧钢（常用的牌号为 60Si2Mn）、硅铬系合金弹簧钢、铬锰系合金弹簧钢和铬钒系合金弹簧钢（常用的牌号为 50CrVA）。

工业中常用弹簧钢热处理工艺、力学性能及主要用途见表 3-21。

表 3-21 工业中常用弹簧钢牌号、化学成分、热处理、力学性能及主要用途

牌号	化学成分 w/%				热处理			力学性能					主要用途
	C	Si	Mn	其他	淬火温度/℃	介质	回火温度/℃	σ_b/MPa	$\sigma_{0.2}$/MPa	δ/%	ψ/%	a_K/(J·cm^{-2})	
								不小于					
65	0.62~0.70	0.17~0.37	0.50~0.80	—	840	油	500	1000	800	—	9	35	截面≤15mm 的一般弹簧
70	0.67~0.75	0.17~0.37	0.50~0.80		830	油	480	1050	850	—	8	30	
65Mn	0.62~0.70	0.17~0.37	0.90~1.20		830	油	540	1000	800	—	8	30	截面≤25mm 的弹簧,工作温度低于230℃
60Si2Mn	0.56~0.64	1.50~2.00	0.60~0.90		870	油	480	1300	1200	—	5	25	
50CrVA	0.46~0.54	0.17~0.37	0.50~0.80	Cr0.80~1.10 V0.10~0.20	850	油	500	1300	1150	10	—	40	截面≤50mm 的弹簧,如小型汽车、载重汽车板簧、扭杆簧
50CrMn	0.46~0.54	0.17~0.37	0.70~1.00	Cr0.90~1.20	840	油	490	1300	1100	—	5	35	
55SiMnMoV	0.52~0.60	0.90~1.20	1.00~1.30	Mo0.20~0.30 V0.08~0.15	880	油	550	1400	1300	—	6	30	截面≤70mm 的弹簧,工作温度低于350℃

e. 滚动轴承钢。滚动轴承钢主要是用来制造各种滚动轴承的元件，如滚珠、滚柱和内外套圈等。滚动轴承是在高速转动时承受较高的交变应力和强烈摩擦，因此轴承钢具有很高的强度、硬度、耐磨性，很高的接触疲劳强度，足够的韧性和耐腐蚀性。

滚动轴承钢碳的质量分数在 $w_C = 0.95\% \sim 1.15\%$，钢中加入的合金元素主要有铬、硅、锰、钼、钒等，以提高钢的淬透性、耐磨性和接触疲劳强度。轴承钢经淬火低温回火后，硬度为 $62 \sim 64$HRC。

滚动轴承钢种类较多，主要有高碳铬轴承钢（GCr15 应用最广）和无铬轴承钢。

工业中常用滚动轴承化学成分、力学性能及主要用途见表 3-22。

表 3-22 常用滚动轴承钢的牌号、化学成分、热处理及用途

牌号	化学成分 w/%						力学性能			用途举例
	C	Si	Mn	Cr	S	P	淬火温度/℃	回火温度/℃	回火后HRC	
GCr9	1.00~1.10	0.15~0.35	0.25~0.45	0.90~1.20	≤0.020	≤0.027	810~830	150~170	62~66	直径 10~20mm 的滚珠、滚柱及滚针
GCr15	0.95~1.05	0.15~0.35	0.25~0.45	1.40~1.65	≤0.020	≤0.027	825~845	150~170	62~66	壁厚<12mm、外径<250mm 的套圈,直径为25~50mm 的钢球

续表

牌号	化学成分 $w/\%$						力学性能			用途举例
	C	Si	Mn	Cr	S	P	淬火温度/℃	回火温度/℃	回火后HRC	
GCr15SiMn	0.95~1.05	0.45~0.75	0.95~1.25	1.40~1.65	≤0.020	≤0.027	830~860 油	150~170	≥62	壁厚≥12mm、外径>250mm 的套圈，直径>50mm 的钢球

② 合金工具钢 合金工具钢按用途可分为合金刃具钢、合金模具钢和合金量具钢。

a. 合金刃具钢。合金刃具钢主要用来制造各种金属切削刃具，如钻头、车刀、丝锥、板牙等。刃具工作时受强烈的摩擦、磨损、冲击和振动。因此合金刃具钢应具有高的硬度、耐磨性、热硬性和足够的强度和韧性。

合金刃具钢的碳质量分数 $w_C=0.8\%\sim1.50\%$，钢中主要加入有铬、硅、锰、钨、钒等合金元素，以提高淬透性、强度、硬度、耐磨性、耐回火性。合金刃具钢经淬火低温回火后，硬度为 60~65HRC，达到使用要求。

常用低合金刃具钢中含有的合金元素总量一般不超过 3%，典型钢种是 9SiCr，广泛用于制造各种低速切削的刀具和一些冷作模具。

工业中常用低合金刃具钢的化学成分、热处理工艺及主要用途见表 3-23。

表 3-23 常用低合金刃具钢的牌号、化学成分、热处理、力学性能及用途

牌号	化学成分 $w/\%$					力学性能				用途举例
	C	Si	Mn	Cr	其他	淬火温度/℃	HRC≥	回火温度/℃	HRC	
9SiCr	0.85~0.95	1.20~1.60	0.30~0.60	0.95~1.25	—	820~860 油	62	180~200	60~62	板牙、丝锥、铰刀、钻头、齿轮铣刀、拉刀
Cr06	1.30~1.45	≤0.40	≤0.40	0.50~0.70	—	780~810 水	64	—		刮刀、锉刀、剃刀、外科手术刀、刻刀等
Cr2	0.95~1.10	≤0.40	≤0.40	1.30~1.65	—	830~860 油	62	—		车刀、插刀、铰刀、钻套、量具、样板
CrWMn	0.90~1.05	0.80~1.10	0.15~0.35	0.90~1.20	W1.20~1.60	820~840 油	62	140~160	62~65	长丝锥、长铰刀、板牙、拉刀、量具、冷冲模

b. 高速钢。高速钢主要用来制作各种复杂刀具，如钻头、拉刀、成形刀具、齿轮刀具等。与合金刃具钢相比应具有更高的红硬性，在切削温度达到 500~600℃时，仍能进行切削加工。

高速钢中碳质量分数 $w_C=0.7\%\sim1.60\%$，钢中需加入大量（≥10%）的合金元素，主要有钨、铬、钼、钒等，以提高钢的淬透性、耐磨性和热硬性。

高速钢必须经过锻造使内部组织均匀。最终热处理采用淬火、三次回火，提高钢的硬度和耐磨性（63~65HRC）。

高速工具钢的典型牌号是 W18Cr4V、W6Mo5Cr4V2。

常用高速钢的化学成分、热处理工艺、主要用途见表 3-24。

表 3-24 常用高速钢的牌号、成分、热处理、硬度及红硬性

牌号	化学成分 $w/\%$					热处理			红硬性 HRC	应用
	C	Cr	W	V	Mo	淬火温度/℃	回火温度/℃	HRC		
W18Cr4V	0.70~0.80	3.80~4.40	17.50~19.00	1.00~1.40	≤0.30	1260~1280 油	550~570 （三次）	63~66	61.5~62	制作中速切削用车刀、刨刀、钻头、铣刀等
W6Mo5Cr4V2	0.80~0.90	3.80~4.40	5.50~6.75	1.75~2.20	4.50~5.50	1220~1240 油	540~560 （三次）	63~66	60~61	耐磨性和韧性相配合的中速切削刀具，如丝锥、钻头等
W9Mo3Cr4V	0.77~0.87	3.80~4.40	8.50~9.50	1.30~1.70	2.70~3.30	1210~1230	540~560 （三次）	≥63	—	通用型高速钢

c. 模具钢。模具钢主要用于制造各种模具的钢。根据工作条件不同，模具钢可分为冷作模具钢和热作模具钢两类。

模具钢的分类、性能、用途见表 3-25。

表 3-25 模具钢的分类、性能、用途

分 类	含 义	性 能	常用材料牌号	应用举例
冷作模具钢	用于制造金属在冷态下成形的模具	具有高的硬度、高的耐磨性以及足够的强度和韧性	Cr12 和 Cr12MoV	冷冲模、冷挤压模、拉丝模等
热作模具钢	用于制造使金属在热态下或液态下成形的模具	具有较高的强度和韧性，良好的导热性、耐热疲劳性、高的热硬性和高温耐磨性	5CrNiMo、5CrMnMo、3Cr2W8V	热锻模、热挤压模、压铸模

d. 合金量具钢。量具用钢主要用来制造各种测量工具，如千分尺、游标卡尺、块规等。量具用钢应具有较高的硬度、耐磨性、尺寸稳定性和足够的韧性。

碳素工具钢、合金刃具钢都可用来制造量具。形状复杂、精度高的量具，可选用 CrWMn 钢、9SiCr 钢、CrMn 钢制造。量具钢在淬火后应进行冷处理，在精磨后或研磨前还要进行一次长时间低温时效处理，以进一步稳定组织，消除残余应力，稳定尺寸。

③ 特殊性能钢　特殊性能钢具有某些特殊的物理、化学、力学性能的钢，工程中常用的特殊性能钢有不锈钢、耐磨钢、耐热钢等。

a. 不锈钢。通常将具有抵抗空气、水、酸、碱或其他介质腐蚀能力的钢称为不锈钢。按合金元素不锈钢分为铬不锈钢和铬镍不锈钢。常用不锈钢的牌号和用途见表 3-26。

表 3-26 常用不锈钢的牌号和用途

分 类	牌 号	性 能	用 途
铬不锈钢	1Cr13、2Cr13	具有良好的抗大气、海水、蒸汽等介质腐蚀能力，塑性和韧性好	用于制造汽轮机叶片、水压机阀、刃具类等
	3Cr13、7Cr17	经淬火后低温回火硬度可达 50HRC 左右	用于制造医疗手术刃具、量具、弹簧、轴承等
铬镍不锈钢	1Cr18Ni9、0Cr19Ni9	由于铬、镍含量较高，耐蚀性高、耐热性较高、无磁性、有较好的塑性、韧性、焊接性	常用作耐蚀性要求高及冷变形成形的受力不大的零件如食品用设备、化工用设备等

　　b. 耐热钢。耐热钢是指在高温下具有较好的抗氧化性和高温强度的钢。钢的耐热性包含高温抗氧化性和高温强度两方面的综合性能。高温抗氧化性是指钢材在高温下对氧化作用的稳定性；高温强度是指钢材在高温下对机械载荷的抗力，即热强性。耐热钢主要用于制造工业加热炉、高压锅炉、内燃机、航空发动机等。

　　常用耐热钢的牌号及应用见表 3-27。

表 3-27　常用耐热钢的牌号及应用

分　类	牌　号	性　能	用　途
抗氧化钢	4Cr9Si2,1Cr13SiAl	钢的表面形成致密氧化膜组织，使钢与高温氧化性气体隔绝	用于制造各种加热炉的炉底板、渗碳处理用的渗碳箱等
	15CrMo	锅炉用钢，可在 300～500℃下长期工作	用于制作锅炉炉管、汽轮机转子、叶轮等
热强钢	4Cr14Ni14W2Mo	可制造 600℃以下的工作零件	制造锅炉和汽轮机零件、内燃机排气阀

　　c. 耐磨钢。耐磨钢是指在强烈冲击载荷作用下才能发生硬化的高锰钢。高锰钢主要用于在工作中受冲击和压力并要求耐磨的零件，如坦克、矿山拖拉机的履带板，铁道道岔、破碎机颚板、掘土机铲斗、防弹板等。

　　高锰钢中碳质量分数 $w_C = 0.9\% \sim 1.50\%$，锰的质量分数 $w_{Mn} = 11\% \sim 14\%$，经热处理后，由于高锰钢极易冷变形强化，切削困难，高锰钢是铸造成形后使用。

　　高锰钢常进行"水韧处理"，即将高锰钢铸件加热到 1000～1100℃时，保温一定时间后，水中淬火。高锰钢经水韧处理后强度、硬度不高，而塑性、韧性良好。但在工作时如受到强烈的冲击、巨大的压力和摩擦，表面因塑性变形而产生冷变形硬化，使表面硬度大大提高（52～56 HRC），从而使表面层金属具有高的耐磨性，而心部具有高的韧性和塑性。

　　常用牌号有 ZGMn13-1，ZGMn13-4。

　　高锰钢铸件的牌号、化学成分、力学性能及用途见表 3-28。

表 3-28　高锰钢铸件的牌号、化学成分、力学性能及用途

牌号	化学成分 $w/\%$					热处理（水韧处理）		力学性能				主要用途举例
	C	Si	Mn	S	P	淬火温度/℃	冷却介质	σ_b/MPa	δ_5/%	A_K/J	HBS	
								不小于			不大于	
ZGMn13-1	1.00～1.50	0.30～1.00	11.00～14.00	≤0.050	≤0.090	1060～1100	水	637	20		229	用于结构简单、要求以耐磨为主的低冲击铸件，如衬板、齿板、滚套、铲齿等
ZGMn13-2	1.00～1.40	0.30～1.00	11.00～14.00	≤0.050	≤0.090	1060～1100	水	637	20	118	229	
ZGMn13-3	0.90～1.30	0.30～1.00	11.00～14.00	≤0.050	≤0.080	1060～1100	水	686	25	118	229	用于结构复杂、要求以韧性为主的高冲击铸件，如腹带板等
ZGMn13-4	0.90～1.20	0.30～1.00	11.00～14.00	≤0.050	≤0.070	1060～1100	水	735	35	118	229	

四、铸铁

　　铸铁是由铁、碳和硅组成的合金总称。铸铁中碳质量分数 $w_C > 2.11\%$，铸铁含有较

多的锰元素及硫、磷等杂质元素。铸铁的强度、塑性和韧性较差，不能锻造；但铸铁具有良好的铸造性、减磨性、切削加工性能。铸件在机床和重型机械制造中的比重较大，应用广泛。

1. 铸铁的分类

（1）按断口色泽分

① 白口铸铁　断口呈银白色，此类铸铁硬而脆，切削加工较困难。除少数用来制造不需加工的硬度高、耐磨零件外，主要用作炼钢原料。

② 灰口铸铁　断口呈灰银白色，碳以石墨形式存在，灰口铸铁是工业上应用最多最广的铸铁。

③ 麻口铸铁　断口呈黑白相间构成麻点，故称为麻口铸铁。该铸铁性能硬而脆、切削加工困难，故工业上使用也较少。

（2）按灰口铸铁中石墨形态分类　根据灰口铸铁中石墨存在的形态不同，可将铸铁分为以下四种。

① 灰铸铁　石墨呈片状存在于铸铁中。这类铸铁力学性能较差，生产工艺简单，价格低廉，工业上应用广。

② 可锻铸铁　铸铁中的石墨呈团絮状。其力学性能好于灰铸铁，但生产工艺较复杂，工期较长，成本高。

③ 球墨铸铁　铸铁中的石墨呈球状。此类铸铁生产工艺比可锻铸铁简单，且力学性能较好，广泛应用。

④ 蠕墨铸铁　铸铁组织中的石墨呈短小的蠕虫状。蠕墨铸铁的强度和塑性介于灰铸铁和球墨铸铁之间。但其铸造性、耐热疲劳性比球墨铸铁好，因此可用来制造大型复杂的铸件，以及在较大温度梯度下工作的铸件。

2. 灰铸铁

（1）灰铸铁的性能　灰铸铁的组织可看成碳素钢的基体加片状石墨。

① 力学性能　灰铸铁的性能主要取决于碳素钢基体组织和石墨形态。因石墨的强度极低且呈片状，破坏了基体的连续性，所以灰铸铁的抗拉强度比相应基体的钢低很多，塑性、韧性极低。石墨片数量越多，尺寸越大、分布越不均匀，灰铸铁的抗拉强度越低。

灰铸铁的抗压强度、硬度主要取决于基体，石墨对其影响不大，故灰铸铁的抗压强度和硬度与相同基体的钢相似。灰铸铁的抗压强度是其抗拉强度的 3～4 倍。

② 其他性能　石墨具有良好的润滑性，它使灰铸铁具有良好的铸造性能，良好的减振性，良好的耐磨性能，良好的切削加工性能和较小的缺口敏感性。

灰铸铁广泛地用来制作机床床身与机架、结构复杂的壳体与箱体、承受摩擦的缸体与导轨等。

为提高灰铸铁的力学性能，对液体灰铸铁进行孕育处理，即浇注前在铸铁液中加入少量的孕育剂（硅铁或硅钙铁合金）作为人工晶核，使片状石墨细化，这种铸铁称为孕育铸铁或变质铸铁。这类铸铁的力学性能比变质前高，它可用来制作压力机的机身、重负荷机床床身等。

（2）灰铸铁的牌号及用途　灰铸铁的牌号是由"HT＋一组数字"组成，数字表示 $\phi 30mm$ 试棒的最低抗拉强度值（MPa）。灰铸铁的牌号、性能及用途见表 3-29。设计铸件时，应根据铸件受力处的主要壁厚或平均壁厚选择铸铁牌号。

表 3-29　灰铸铁的牌号、力学性能和用途（摘自 GB/T 9439—2010）

牌号	铸件厚度/mm		单铸试棒		用途举例
	>	≤	最小抗拉强度 σ_b/MPa	布氏硬度 HBW	
HT100	5	40	100	≤170	适用于载荷小、对摩擦和磨损无特殊要求的不重要零件，如防护罩、盖、油盘、手轮、支架、底板、重锤、小手柄等
HT150	5	10	150	125～205	承受中等载荷的零件，如机座、支架、箱体、刀架、床身、轴承座、工作台、带轮、端盖、泵体、阀体、管路、飞轮、电机座等
	10	20			
	20	40			
	40	80			
	80	150			
	150	300			
HT200	5	10	200	150～230	承受较大载荷和要求一定的气密性或耐蚀性等较重要零件，如汽缸、齿轮、机座、飞轮、床身、气缸体、气缸套、活塞、齿轮箱、刹车轮、联轴器盘、中等压力阀体等
	10	20			
	20	40			
	40	80			
	80	150			
	150	300			
HT250	5	10	250	180～250	
	10	20			
	20	40			
	40	80			
	80	150			
	150	300			
HT300	10	20	300	200～275	承受高载荷、耐磨和高气密性重要零件，如重型机床、剪床、压力机、自动机床的床身、机座、机架、高压液压件、活塞体，受力较大的齿轮、凸轮、衬套、大型发动机的曲轴、汽缸体、缸套、汽缸盖等
	20	40			
	40	80			
	80	150			
	150	300			
HT350	10	20	350	220～290	
	20	40			
	40	80			
	80	150			
	150	300			

3. 球墨铸铁

（1）球墨铸铁的产生　球墨铸铁是通过球化处理获得的。所谓球化处理是指浇注前向铁液中加入球化剂（镁、稀土元素和稀土镁合金），促使石墨呈球状析出。球化处理后，必须进行孕育处理，孕育处理可以使石墨的数量增加、石墨球径变小，分布均匀，可提高铸铁的力学性能。

（2）球墨铸铁的性能

① 力学性能　由于球墨铸铁的石墨呈球状，对基体的割裂作用减小，应力集中小。故球墨铸铁的强度、塑性与韧性都优于灰铸铁，可与相应组织的铸钢媲美。球墨铸铁中石墨球越圆整、球径越小、分布越均匀，其性能就越好。

② 其他性能　球墨铸铁具有良好的铸造性、减振性、减摩性、切削加工性及低的缺口敏感性等，但凝固收缩较大，容易出现缩松与缩孔，熔化工艺要求高。

（3）球墨铸铁的牌号及用途　球墨铸铁的牌号由"QT"（"球铁"两字汉语拼音字首）和其后的两组数字组成，两组数字分别表示最低抗拉强度和最低伸长率。例如 QT600-3 表示 $\sigma_b \geqslant 600\mathrm{MPa}$、$\delta \geqslant 3\%$ 的球墨铸铁。球墨铸铁的牌号、性能及用途见表 3-30。

表 3-30　球墨铸铁的牌号、力学性能及用途（摘自 GB/T 1348—2009）

牌　号	力学性能				用途举例
	σ_b/MPa	$\sigma_{r0.2}/\mathrm{MPa}$	$\delta/\%$	布氏硬度 HBW	
	不小于				
QT400-18	400	250	18	120～175	承受冲击、振动的零件，如汽车、拖拉机的轮毂、驱动桥壳、差速器壳，农机具零件，中、低压阀门，上、下水及输气管道，压缩机上高低压汽缸，电机机壳，齿轮箱，飞轮壳等
QT400-15	400	250	15	120～180	
QT450-10	450	310	10	160～210	
QT500-7	500	320	7	170～230	机器坐架、传动轴、飞轮、电机机架、内燃机的机油泵齿轮、铁路机车车辆轴瓦等
QT600-3	600	370	3	190～270	载荷大、受力复杂的零件，如汽车、拖拉机的曲轴、连杆、凸轮轴、汽缸套、部分磨床、铣床、车床的主轴，机床蜗杆、蜗轮，轧钢机轧辊，大齿轮，小型水轮机主轴、汽缸体，桥式起重机大小滚轮等
QT700-2	700	420	2	225～305	
QT800-2	800	480	2	245～335	
QT900-2	900	600	2	280～360	高强度齿轮，如汽车后桥螺旋锥齿轮，大减速齿轮，内燃机曲轴、凸轮轴等

4. 可锻铸铁

（1）可锻铸铁的产生　可锻铸铁是由白口铸铁经石墨化退火而获得团絮状石墨的铸铁。根据石墨化退火的工艺不同可得到黑心可锻铸铁和珠光体可锻铸铁。

（2）可锻铸铁的组织和性能　可锻铸铁由于石墨呈团絮状，减弱了对基体的割裂作用，与灰铸铁相比，具有较高的力学性能，尤其具有较高的塑性和韧性，因此被称为"可锻铸铁"，但实际上可锻铸铁并不能锻造。

（3）可锻铸铁的牌号及用途　可锻铸铁的牌号、性能及用途见表 3-31。牌号中"KT"

是"可铁"二字的汉语拼音字首，后面的"H"表示"黑心"、"Z"表示"珠光体"，两组数字分别表示最低抗拉强度和最低伸长率。

表 3-31　可锻铸铁的牌号、力学性能及用途（摘自 GB/T 9440—2010）

牌　号	试样直径 /mm	力学性能				用途举例
		σ_b/MPa	$\sigma_{r0.2}$/MPa	δ/%	布氏硬度 HBW	
		不小于				
KTH300-06	12 或 15	300	—	6		弯头、三通管件、中低压阀门
KTH330-08	12 或 15	330	—	8	≤150	扳手、犁刀、犁柱、车轮壳等
KTH350-10	12 或 15	350	200	10		汽车、拖拉机前后轮壳、减速器壳、转向节壳、制动器及铁道零件等
KTH370-12	12 或 15	370	—	12		
KTZ450-06	12 或 15	450	270	6	150～200	载荷较高和耐磨损零件，如曲轴、凸轮轴、连杆、齿轮、活塞环、轴套、耙片、万向接头、棘轮、扳手、传动链条等
KTZ550-04	12 或 15	550	340	4	180～230	
KTZ650-02	12 或 15	650	430	2	210～260	
KTZ700-02	12 或 15	700	530	2	240～290	

5. 蠕墨铸铁

（1）蠕墨铸铁的产生　蠕墨铸铁通过铁液的蠕化处理获得的。蠕化处理是指浇注前向铁液中加入蠕化剂（稀土镁钛合金、稀土硅铁合金、稀土钙镁铁合金），促使石墨呈蠕虫状析出，就得到了蠕墨铸铁。

（2）蠕墨铸铁的组织和性能　蠕墨铸铁石墨形态介于片状与球状之间，石墨的形态决定了蠕墨铸铁的力学性能介于相同基本组织的灰铸铁和球墨铸铁之间，其铸造性能、减振性和导热性都优于球墨铸铁，与灰铸铁相近。

（3）蠕墨铸铁的牌号及用途　蠕墨铸铁的牌号由"RuT"（"蠕铁"二字的汉语拼音字首）和其后一组数字组成，数字表示最低抗拉强度。例如牌号 RuT260 表示最低抗拉强度为 260MPa 的蠕墨铸铁。蠕墨铸铁的牌号、性能和用途见表 3-32。

表 3-32　蠕墨铸铁的牌号、力学性能及用途（摘自 JB/T 4403—1999）

牌　号	力　学　性　能				用途举例
	σ_b/MPa	σ_S/MPa	δ/%	HBS	
	不小于				
RuT260	260	195	3	121～197	增压气废气进气壳体，汽车底盘零件等
RuT300	300	240	1.5	140～217	排气管，变速箱体，汽缸盖，液压件，纺织机零件，钢锭模等
RuT340	340	270	1.0	170～249	重型机车件，大型齿轮箱体、盖、座、飞轮，起重机卷筒等
RuT380	380	300	0.75	193～274	活塞环，汽缸套，制动盘，钢珠研磨盘，吸淤泵体等

计划决策

表 3-33　常用黑色金属材料计划决策表

情　境	学习情境三　机械零件的材料分析				
学习任务	任务二　常用黑色金属材料			完成时间	
任务完成人	学习小组		组长	成员	
学习的知识和技能					
小组任务分配（以四人为一小组单位）	小组任务	任务准备	管理学习	管理出勤、纪律	监督检查
	个人职责	制定小组学习计划,确定学习目标	组织小组成员进行分析讨论,进行计划决策	记录考勤并管理小组成员纪律	检查并督促小组成员按时完成学习任务
	小组成员				
完成工作任务所需的知识点					
完成工作任务的计划					
完成工作任务的初步方案					

任务实施

表 3-34　常用黑色金属材料任务实施表

情　境	学习情境三　机械零件的材料分析				
学习任务	任务二　常用黑色金属材料			完成时间	
任务完成人	学习小组		组长	成员	
解决思路	牌号含义	碳质量分数及所属种类	材料的性能特点	应用场合	
解决方法与步骤					

 **分析评价**

表 3-35 常用黑色金属材料学习评价表

情 境	学习情境三 机械零件的材料分析				
学习任务	任务二 常用黑色金属材料			完成时间	
任务完成人	学习小组		组长	成员	
评价项目	评价内容	评 价 标 准			得分
专业能力 (55%)	知识的理解和 掌握能力	对知识的理解、掌握及接受新知识的能力 □优(12)□良(9)□中(6)□差(4)			
	知识的综合应 用能力	根据工作任务,应用相关知识进行分析解决问题 □优(13)□良(10)□中(7)□差(5)			
	方案制定与实 施能力	在教师的指导下,能够制定工作方案并能够进行优化实施,完成计划 决策表、实施表、检查表的填写 □优(15)□良(12)□中(9)□差(7)			
	实践动手操作 能力	根据任务要求完成任务载体 □优(15)□良(12)□中(9)□差(7)			
方法能力 (25%)	独立学习能力	在教师的指导下,借助学习资料,能够独立学习新知识和新技能,完成 工作任务 □优(8)□良(7)□中(5)□差(3)			
	分析解决问题 的能力	在教师的指导下,独立解决工作中出现的各种问题,顺利完成工作 任务 □优(7)□良(5)□中(3)□差(2)			
	获取信息能力	通过教材、网络、期刊、专业书籍、技术手册等获取信息,整理资料,获 取所需知识 □优(5)□良(3)□中(2)□差(1)			
	整体工作能力	根据工作任务,制定、实施工作计划 □优(5)□良(3)□中(2)□差(1)			
社会能力 (20%)	团队协作和 沟通能力	工作过程中,团队成员之间相互沟通、交流、协作、互帮互学,具备良好 的群体意识 □优(5)□良(3)□中(2)□差(1)			
	工作任务的 组织管理能力	具有批评、自我管理和工作任务的组织管理能力 □优(5)□良(3)□中(2)□差(1)			
	工作责任心与 职业道德	具有良好的工作责任心、社会责任心、团队责任心(学习、纪律、出勤、 卫生)、职业道德和吃苦能力 □优(10)□良(8)□中(6)□差(4)			
总 分					

任务三 其他材料

 **情境导入**

铝是地壳中储量最多的一种金属元素,约占地表总重量的 8.2%。银是导电性、导热性

最好的金属，钨、钼、铌是制造在1300℃以上使用的高温零件及电真空元件的理想材料。有色金属以独特的性能为现代工业中不可缺少的材料。它主要应用于机械制造、航空、航天、航海、化工、电器等部门。分析图3-18中不同材料制品的性能。

图3-18 不同材料制品

 **任务描述**

学习目标	学习内容
1. 掌握常用铝及铝合金的分类、牌号，了解其性能	1. 铝及铝合金分类、牌号，及其性能
2. 掌握铜及铜合金的分类、牌号，了解其性能	2. 铜及铜合金分类、牌号，及其性能
3. 了解非金属材料的分类及性能	3. 非金属材料的分类及性能
4. 熟悉硬质合金的分类及性能	4. 硬质合金的分类及性能

 知识链接

有色金属是指除黑色金属以外的金属，如铝及其合金、铜及其合金、滑动轴承合金等。有色金属分为轻有色金属和重有色金属。其中密度小于$3.5×10^3 kg/m^3$的金属称为轻有色金属，如铝、镁等。密度大于$3.5×10^3 kg/m^3$的金属称为重有色金属，如铜、镍、铅等。

一、铜及铜合金的认识

1. 铜

（1）工业纯铜的性能　纯铜呈紫红色，具有许多优良的性能：

① 铜的熔点为1083℃，密度为$8.96×10^3 kg/m^3$，比铁的密度高（$7.9×10^3 kg/m^3$）。

② 好的加工工艺性能。纯铜的强度、硬度不高（$\sigma_b=200\sim250MPa$，40HBS），塑性韧性很好（$\delta=45\%\sim50\%$），易于冷、热压力加工。纯铜经冷变形强化后，抗拉强度$\sigma_b=400\sim500MPa$。可制成铜棒、铜管、铜线、铜板等。

③ 具有良好的导电性和导热性。用于制造电线、电缆、电刷等。

④ 良好的耐蚀性。纯铜具有良好的抗大气和海水腐蚀的能力。

⑤ 具有抗磁性。

（2）铜的牌号　铜产品按化学成分可分为工业纯铜和无氧铜两类。

工业纯铜的纯度为99.90%～99.50%，其代号用"铜"字的汉语拼音字首"T"加顺序号表示，共有T1、T2、T3、T4四个牌号。序号越大，纯度越低。

无氧铜是从纯铜中去除氧杂质，使含氧量极低（<0.003%）。无氧铜牌号有TU1、TU2两种。铜的牌号、化学成分及用途见表3-36。

2. 铜合金

工业上广泛采用的是铜合金，常用的铜合金包括黄铜、青铜、白铜三种。

表 3-36　铜的牌号、化学成分及用途

组别	牌号	铜的质量分数/%（不小于）	杂质总质量分数/%	用　途
工业纯铜	T1	99.95	0.05	用于导电、导热、耐腐蚀器具材料、如电线、蒸发器、雷管、储藏器
	T2	99.90	0.1	
	T3	99.70	0.3	一般用铜材，如电气开关、管道、铆钉
	T4	99.50	0.5	
无氧铜	TU1	99.97	0.03	用于制造电真空器件、高导电性导线，有很好的抗氢能力
	TU2	99.95	0.05	

（1）黄铜　黄铜是以锌为主加元素的铜合金。按化学成分不同分为普通黄铜和特殊黄铜。按加工方法不同，分为压力加工黄铜和铸造黄铜。

① 普通黄铜　普通黄铜是铜锌二元合金。普通黄铜的牌号、性能及用途见表 3-37。

表 3-37　普通黄铜的牌号、性能及用途

分　类	牌　号	性　能	用　途
压力加工黄铜	用"H＋数字"表示。字母"H"是"黄"字的汉语拼音字首，数字代表铜的百分含量，H68 表示 $w_{Cu}=68\%$ 的压力加工普通黄铜	当 $w_{Zn}<32\%$ 时为单相黄铜，随锌含量的增加，强度和塑性都升高，适宜于冷、热压力加工；当 $32\%<w_{Zn}<45\%$ 时为双相黄铜，强度继续升高，塑性急剧下降，可进行热压力加工；当 $w_{Zn}>45\%$ 时，无使用价值	H68 是单相黄铜，具有较高的强度，冷、热变形能力，较好的耐蚀性，可用于制造形状复杂、耐蚀的零件，如弹壳、冷凝器等
			H62 是双相黄铜，具有较高的强度，广泛用于制作热轧、热压零件或由棒材经机加工制造各种零件，如销钉、螺母等
铸造黄铜	用"ZCu＋主加元素符号＋数字"表示，数字表示合金元素平均质量分数百分数。如果平均含量小于 1，一般不标数字，必要时可用一位小数表示	铸造性能好	ZCuZn38 是常用的铸造普通黄铜，具有铸造性能好，组织致密，主要用于一般的结构件和耐蚀零件，如法兰、阀座、支架等

② 特殊黄铜　为了提高黄铜的力学性能、耐蚀性、铸造性能以及改善切削加工性，在普通黄铜中加入铅、锡、铝、硅、锰、铁、镍等元素而形成特殊的黄铜。特殊黄铜的名称相应为铅黄铜、锡黄铜、铝黄铜等。

特殊黄铜的牌号用"H＋主加合金元素符号＋铜的百分含量－合金元素的百分含量"表示，例如 HPb59-1 表示平均 $w_{Cu}=59\%$、$w_{Pb}=1\%$，其余为锌的铅黄铜。铸造特殊黄铜的牌号用"ZCu＋主加元素符号＋主加元素的质量分数＋其他元素符号＋其他元素质量分数"构成。例如 ZCuZn16Si4 表示平均 $w_{Zn}=16\%$、$w_{Si}=4\%$，其余为铜的铸造硅黄铜。

（2）白铜　白铜是铜镍合金，主要用来制作精密机械和仪表中的耐蚀零件、热电偶等，由于价格高，很少用于一般机械零件。

（3）青铜　青铜是除黄铜和白铜以外的其他铜合金。青铜按主加元素分为锡青铜和铝青铜、硅青铜、铍青铜。按加工方法不同，分为压力加工青铜和铸造青铜。

压力加工青铜的牌号用"Q＋主加元素符号及其质量分数＋其他元素质量分数"表示，字母"Q"是"青"字的汉语拼音字首。例如 QSn4-3 表示 $w_{Sn}=4\%$、其他元素 $w_{Zn}=3\%$、余量为铜的锡青铜。

铸造青铜的牌号表示方法与铸造铜合金相同。常用青铜的化学成分、力学性能及用途见表 3-38。

表 3-38 常用青铜的化学成分、力学性能及用途

类别	牌号	化学成分/%		力学性能			用途举例
		主加元素	其他	σ_b/MPa	δ/%	HBS	
锡青铜	QSn4-3	$w_{Sn}=3.5\sim4.5$	$w_{Zn}=2.7\sim3.3$ 其余为 Cu	550	4	160	弹性元件、化工耐磨零件、抗磁零件
	QSn4-4-4	$w_{Sn}=3.0\sim5.0$	$w_{Pb}=3.5\sim4.5$ $w_{Zn}=2.7\sim3.3$ 其余为 Cu	600	$2\sim4$	$160\sim180$	重要的减摩零件，如轴承、轴套、丝杆等
铝青铜	QAl7	$w_{Al}=6.0\sim8.0$	其余为 Cu	980	3	154	弹性元件
	QAl10-3-1.5	$w_{Al}=8.5\sim10.0$	$w_{Fe}=2.0\sim4.0$ $w_{Mn}=1.0\sim2.0$ 其余为 Cu	800	$9\sim12$	$160\sim200$	高强度抗蚀零件，如齿轮、轴承等
硅青铜	QSi3-1	$w_{Si}=2.7\sim3.5$	$w_{Mn}=1.0\sim1.5$ 其余为 Cu	700		180	弹簧、涡轮、蜗杆、齿轮、制动杆等
	QSi1-3	$w_{Si}=0.6\sim1.1$	$w_{Ni}=2.4\sim3.4$ $w_{Mn}=0.1\sim0.4$ 其余为 Cu	600	8	$150\sim200$	发动机、300℃以下工作的摩擦零件
铍青铜	QBe2	$w_{Be}=1.8\sim2.1$	$w_{Ni}=0.2\sim0.5$ 其余为 Cu	1250	$2\sim4$	330	重要的弹簧和弹性元件，耐磨零件、高压、高速高温轴承
铸造锡青铜	ZCuSn10Pb1	$w_{Sn}=9.0\sim11.5$	$w_{Pb}=0.5\sim1.0$ 其余为 Cu	220 (310)	3 2	90 115	高负荷、高速的耐磨零件，如轴瓦、衬套、齿轮
铸造铅青铜	ZCuPb20Sn5	$w_{Pb}=18.0\sim23.0$	$w_{Sn}=4.0\sim6.0$ 其余为 Cu	150 150	5 6	50 60	高速轴承、抗腐蚀零件、负荷达 70MPa 的活塞等
铸造铝青铜	ZCuAl9Mn2	$w_{Al}=8.0\sim10.0$	$w_{Mn}=1.5\sim2.5$ 其余为 Cu	390 440	20 20	85 95	管路配件和要求不高的耐磨件

二、铝及铝合金的认识

1. 铝

铝及其合金是我国优先发展的重要有色金属，铝及其合金是航空工业中的主要结构材料，是有色金属中应用最广泛的结构材料。

（1）工业纯铝的性能　纯铝呈银白色，是地壳中蕴藏量最丰富的元素之一，约占全部金属元素的 1/3。铝是一种轻金属，具有许多优良的性能。

① 熔点（660℃）低、密度（$2.7\times10^3\,\text{kg/m}^3$）小。铝的密度约为铁的 1/3，强度高于铁。

② 优良的加工工艺性能。纯铝的强度、硬度低（$\sigma_b=80\sim100\text{MPa}$，20HBS），塑性、韧性很好（$\delta=50\%$、$\Psi=80\%$），可以进行冷、热变形加工。可通过热处理强化，提高

强度。

③ 纯铝是无磁性、无火花材料，而且反射性能好，既可反射可见光，也可反射紫外线。

④ 良好的导电性和导热性。铝的导电性仅次于银、铜。

⑤ 纯铝和氧的亲和力很大，在空气中会生成致密的氧化薄膜，具有良好的抗大气腐蚀能力。

（2）工业纯铝分类和牌号　工业纯铝分为纯铝（$99\% < w_{Al} < 99.85\%$）和高纯铝（$w_{Al} > 99.85\%$）两类。纯铝分为未压力加工产品（铸造纯铝）及压力加工产品（变形铝）两种。按 GB/T8063-1994 规定，铸造纯铝牌号由"Z"和铝的化学元素符号及表明铝含量的数字组成，例如 ZA199.5 表示 $w_{Al} = 99.5\%$ 的铸造纯铝；变形铝按 GB/T16474—2011 规定，其牌号用四位字符体系的方法命名，即用 $1 \times \times \times$ 表示，牌号的最后两位数字表示最低铝百分含量中小数点后面两位数字，牌号第二位的字母表示原始纯铝的改型情况，如果字母为 A，则表示为原始纯铝。例如，牌号 1A30 的变形铝表示 $w_{Al} = 99.30\%$ 的原始纯铝，若为其他字母，则表示为原始纯铝的改型。按 GB/T 3190—2008 规定，我国变形铝的牌号有 1A50、1A30 等，高纯铝的牌号有 1A99、1A97、1A93、1A90、1A85 等。

工业纯铝主要用来代替贵重的铜合金，制作导线、电缆、散热片、配置合金等。

2. 铝合金

纯铝的强度和硬度低，不适合作受力结构件。在工业纯铝中加入适量的铜、镁、硅、锌、锰等合金元素强化后，可提高强度。铝合金还可以通过冷变形和热处理后，进一步提高强度。铝合金可用于承受较大载荷的机械零件，是应用广泛的有色金属材料。

铝合金可分为变形铝合金和铸造铝合金两大类。变形铝合金是将合金熔融铸成锭子后，再通过压力加工（轧制、挤压、模锻等）制成半成品或模锻件，故要求合金应有良好的塑性变形能力。铸造铝合金则是将熔融的合金直接铸成复杂的甚至是薄壁的成形件，故要求合金应具有良好的塑性变形能力。铸造铝合金则是将熔融的合金直接铸成形状复杂的甚至是薄壁的成形体，故要求合金应具有良好的铸造流动性。

（1）铸造铝合金

① 铸造铝合金　铸造铝合金要求具有良好的铸造性能。常用的铸造铝合金中，合金元素总量为 8%～25%。铸造铝合金有铝硅系、铝铜系、铝镁系、铝锌系四种，其中以铝硅系合金应用最广。

铸造铝合金牌号由 Z（铸）Al、主要合金元素的化学符号及其平均质量分数（%）组成。如果平均含量小于 1，一般不标数字，必要时可用一位小数表示。常用铸造铝合金的牌号（代号）、化学成分、力学性能与用途见表 3-39 所示。

表 3-39　常用铸造铝合金的牌号（代号）、主要特点和用途

类别	牌号（代号）	主要特点	典型应用
铝硅合金	ZAlSi12 ZL102	铸造性能好，有集中缩孔，吸气性大，需变质处理，耐蚀性、焊接性好，可切削性差，不能热处理强化，强度不高，耐热性较低	适于铸造形状复杂，耐蚀性和气密性高，承受较低载荷，≤200℃的薄壁零件，如仪表壳罩、盖，船舶零件等
	ZAlSi5Cu1Mg ZL105	铸造工艺性能和气密性良好，无热裂倾向，熔炼工艺简单，不需变质处理，可热处理强化，强度高，塑性、韧性低，焊接性能和切削性能良好，耐热性、耐蚀性一般	可铸造形状复杂，承受较高静载荷，<225℃的零件，如汽缸体、盖，发动机曲轴箱等

类别	牌号(代号)	主要特点	典型应用
铝铜合金	ZAlCu5Mn ZL201	铸造性能不好,热裂,缩孔倾向大,气密性低,可热处理强化,室温强度高,韧性好,耐热性能高,焊接快,切削性能好,耐蚀性能差	工作温度在500℃以下承受中等负载,中等复杂程度的飞机受力铸件,亦可用于低温承力件,用途广泛
	ZAlCu34 ZL203	典型Al-Cu二元合金,铸造工艺性能差,热裂倾向大,不需变质处理,可热处理强化,有较高的强度和塑性,切削性好,耐热性一般,人工时效状态耐蚀性差	形状简单,中等静载荷或冲击载荷,工作温度低于200℃的小零件,如支架、曲轴等
铝镁合金	ZAlMg10 ZL301	典型Al-Mg二元合金,铸造工艺性能差,气密性低,熔炼工艺复杂,可热处理强化,耐热性不高,有应力腐蚀倾向,焊接性差,可切削性能好,其最大优点是耐大气和海水腐蚀	承受高静载荷或冲击载荷,工作温度低于200℃、长期在大气或海水中工作的零件,如船舶零件等
	ZAlMg5Si1 ZL303	铸造工艺性能较ZL301好,耐蚀性能良好,可切削性为最佳者,焊接性能好,热处理不能明显强化,室温力学性能较低,耐热性能一般	低于200℃承受中等载荷的耐蚀零件,如海轮配件,航空货内燃机车零件
铝锌合金	ZAlZn11Si7 ZL401	铸造工艺性优良,需进行变质处理,在铸态下具有自然时效能力,不经热处理可达到高的强度,耐热、焊接性和切削性能优良,耐蚀性低,可采用阳极化处理以提高耐蚀性能	适于大型、形状复杂、承受高静载荷、工作温度不超过200℃的铸件,如汽车零件,仪表零件,医疗器械、日用品等

② 铸造铝合金的热处理 铸造铝合金一般有7种热处理方式,见表3-40。

表3-40 铸造铝合金的热处理种类和应用

热处理类别	表示符号	工艺特点	目的和应用
人工时效	T1	铸件快冷(金属型铸造、压铸或精密铸造)后进行时效。时效前并不淬火	改善切削加工性能,降低表面粗糙度
退火	T2	退火温度一般为290℃±10℃。保温2~4h	消除铸造内应力或加工硬化,提高合金的塑性
淬火+自然时效	T4	淬火后在室温长时间放置(时效)	提高零件强度和耐蚀性
淬火+不完全时效	T5	淬火后进行短时间时效(时效温度较低或时间较短)	得到一定的强度、保持较好的塑性
淬火+人工时效	T6	时效温度较高(约180℃),时间较长	得到高强度
淬火+稳定回火	T7	时效温度比T5、T6高,接近零件的工作温度	保持较高的组织稳定性和尺寸稳定性
淬火+软化回火	T8	回火温度高于T7	降低硬度,提高塑性

铝合金淬火:把铝合金加热到一定温度,经保温后将其投入水中快速冷却的热处理方式。

(2) 变形铝合金 变形铝合金根据性能特点和用途可分为防锈铝合金、硬铝合金、超硬铝合金、锻铝合金四种。主要用于制成各种规格的板、带、线、管等型材。

按GB/T 16474—2011规定,变形铝合金牌号用四位字符体系表示,牌号的第一、二、四位为数字,第二位为"A"字母。牌号中第一位数字是依主要合金元素Cu、Mn、Si、Mg、Mg_2Si、Zn的顺序来表示变形铝合金的组别。例如2A××表示以铜为主要合金元素的变形铝合金。最后两位数字用以标识同一组别中的不同铝合金。

常用变形铝合金的牌号、化学成分、力学性能及用途如表 3-41 所示。

表 3-41 常用变形铝合金的牌号、化学成分、处理状态、力学性能和用途

类别	代号(牌号)	化学成分 w/%					处理状态	力学性能			主要用途举例
		Cu	Mg	Mn	Zn	其他		σ_b/MPa	δ/%	HBS	
防锈铝合金	LF5(5A05)	0.10	4.8~5.5	0.3~0.6	0.20		T2	280	20	70	焊接油箱、油管、焊条、铆钉以及中载零件及制品
	LF21(3A21)	0.20	0.05	1.0~1.6	0.10	Ti0.15	T2	130	20	30	焊接油箱、油管、焊条、铆钉、液体容器、饮料罐
硬铝合金	LY11(2A11)	3.8~4.8	0.4~0.8	0.4~0.8	0.30	Ni0.10 Ti0.15	T4	420	18	100	用作各种要求中等强度的零件和构件,冲压的连接部件,空气螺旋桨叶片,局部墩粗的零件(如螺栓、铆钉)
	LY12(2A12)	3.8~4.9	1.2~1.8	0.3~0.9	0.30	Ti0.15	T4	480	11	131	高载荷的零件和构件及150℃以下工作的零件如飞机上的骨架零件、蒙皮、翼梁、铆钉
超硬铝合金	LC4(7A04)	1.4~2.0	1.8~2.8	0.2~0.6	5.0~7.0	Cr0.1~0.25	T6	600	12	150	用作承力构件和高载荷零件,如飞机上的大梁、加强框、蒙皮、翼肋、起落架零件等
	LC9(7A09)	1.2~2.0	2.0~3.0	0.15	7.6~8.6	Cr0.16~0.30	T6	680	7	190	
锻铝合金	LD5(2A50)	1.8~2.6	0.4~0.8	0.4~0.8		Si0.7~1.2	T6	420	13	105	形状复杂中等强度的锻件和模锻件
	LD10(2A14)	3.9~4.8	0.4~0.8	0.4~1.0		Si0.5~1.2	T6	480	19	135	高负荷和形状简单的锻件和模锻件

非金属材料是指除金属材料以外的其他一切材料的总称。它主要包括高分子材料、陶瓷及复合材料等。非金属材料具有一些特有的性能,被广泛使用。非金属原料来源广泛,自然资源丰富,成形工艺简便,故在生产中的应用得到了迅速发展。

三、塑料

由高分子量(一般在 1000 以上)有机化合物为主要组分组成的材料,称为高分子材料。高分子材料有塑料、合成橡胶、合成纤维、胶黏剂等。

塑料是以树脂为主要成分,加入一些能改善使用性能和工艺性能的添加剂而制成的一种高分子材料。

树脂是具有可塑性的高分子化合物的总称,这些添加剂有填充剂、增塑剂、着色剂、稳定剂、润滑剂等。

1. 塑料的分类

(1) 按树脂在加热和冷却时所表现的性能分

① 热塑性塑料 这类塑料是指在加热时变软,可塑成形,冷却后变硬,再受热再变软,冷却变硬。可重复变化成形。如聚乙烯、聚氯乙烯、聚酰胺、ABS、聚甲醛。其特点是成形加工简单,但是刚度和耐热性差。

② 热固性塑料 这类塑料是指在加热时变软,可塑成形,固化后再受热不会变软。不可重复使用。如酚醛塑料、环氧塑料、氨基塑料等。其特点是耐热性高、受压不易变形,但

强度不高、韧性差、成形加工复杂、生产率低。

（2）按使用范围分

① 通用塑料　主要是指产量大、用途广、价格低，受力不大的一类塑料，如聚乙烯、聚氯乙烯、聚苯乙烯、聚丙烯、酚醛塑料和氨基塑料等。这类塑料主要用于制作生活用品、包装材料和一般零件。

② 工程塑料　主要是指强度高、耐热、耐寒、耐腐蚀、绝缘性好的塑料。可用于做机械零件和工程构件的塑料，如聚碳酸酯、聚酰胺、ABS、聚甲醛等。

③ 耐高温塑料　主要是指耐高温，大多能在150℃以上条件下工作的塑料，如氟塑料、有机硅树脂、聚酰亚胺、聚苯硫醚等。这类塑料价格贵、产量小，适用于特殊用途，特别是在国防工业和尖端技术中有着重要的作用。

2. 塑料的性能特点

与金属相比，塑料具有以下优点：

① 质轻、强度高。一般塑料的密度只有 $1.0\sim2.0\times10^3\,kg/m^3$，强度比金属高。

② 化学稳定性好。塑料对一般的酸、碱、油、海水等具有良好的耐腐蚀能力，特别是塑料王能耐"王水"的腐蚀。这种性能特别适用于在腐蚀性介质中工作的零件、管道。

③ 良好的电绝缘性。塑料的电绝缘性能与陶瓷、橡胶相近，这对于有绝缘性能要求的机械零件和电器开关十分重要。

④ 优良的减摩性、耐磨性和自润滑性。

⑤ 消声、减振性好。工程塑料的这种性能可以降低机械振动，减少噪声。

⑥ 成形加工性好、方法简单、成本低、生产率高。

⑦ 塑料的硬度不及金属材料高，耐热性和热导性差、膨胀变形大、蠕变大、易老化等。

3. 常用塑料

常用塑料的名称、性能与用途见表3-42。

表 3-42　常用塑料的名称、性能与用途

类别	名称	代号	主要特点	用途
热塑性塑料	聚乙烯	PE	具有良好的耐腐蚀性和电绝缘性,高压聚乙烯柔软,透明性好;低压聚乙烯强度高、耐磨、耐腐蚀、绝缘性好	高压聚乙烯用于制造薄膜、软管、日用品
	聚酰胺（尼龙）	PA	具有韧性好,耐磨、耐疲劳、耐油、耐水等综合性能,但吸水性强,成型收缩不稳定,影响零件的尺寸精度	制造一般机械零件,轴承、齿轮、涡轮,不适于制作精密零件
	ABS塑料	ABS	综合力学性能好,尺寸稳定,耐腐蚀性、耐热、易成形	制造机械耐磨零件,如齿轮、电视机外壳、转向盘等
热固性塑料	环氧塑料	EP	强度高、耐热、耐蚀、化学稳定性好、绝缘性好	制造塑料模具、精密量具、电子、电工元件
	酚醛塑料（电木）	PF	用木屑作为填料的酚醛塑料称为"电木"。具有优良的耐热性、绝缘性、化学稳定性	制造一般机械零件、绝缘件、耐腐蚀件
	氨基塑料（电玉）	UF	具有良好的绝缘性和耐电弧性。硬度高、耐磨、耐油、着色好	制造一般机器零件、绝缘件和装饰件如电器开关、装饰件

四、橡胶

橡胶是一种天然的或人工合成的高分子材料弹性体。橡胶的主要成分是生橡胶（天然的或合成的）。由于生橡胶受热发黏、遇冷变硬，弹性差，强度差、不耐磨，也不耐溶剂腐蚀，工业上使用的橡胶制品是在生橡胶中加入各种添加剂（填料、增塑剂、硫化剂、硫化促进剂、防老化剂等），经过硫化处理后得到的产品。使其力学性能得到提升，改善橡胶因受热变软发黏的缺点。

1. 橡胶的分类

（1）橡胶按原料来源

① 天然橡胶是一种从天然植物中采集到的高分子化合物。这种橡胶弹性、耐磨性、加工性能都很好，其综合力学性能优于多数合成橡胶，但耐氧、耐油、耐热性差，抗酸、碱的腐蚀能力低，容易老化变质，主要用于制造轮胎及通用制品。

② 合成橡胶是从石油、天然气或农副产品中提炼出原料，经化学反应聚合而成的高分子化合物，故有人造橡胶之称。它通常具有比天然橡胶更优异的性能，原料充沛，价格便宜，在生产中应用更为广泛。合成橡胶的品种很多，如丁苯橡胶、顺丁橡胶、异戊橡胶等。

（2）根据橡胶应用范围不同

① 通用橡胶是指产量大、应用广的一般性橡胶。它主要用于制造轮胎、工业用品及日用品，如天然橡胶、丁苯橡胶、顺丁橡胶等。

② 特种橡胶是指用于在高温、低温、酸、碱、油、辐射等特殊条件下使用的橡胶。如乙丙橡胶、硅橡胶、氟橡胶等。

2. 橡胶的性能

（1）弹性高。

（2）伸缩性能好，故橡胶常做密封材料、减振防振材料及传动材料。

（3）良好的耐磨性，隔音性及阻尼特性。

（4）橡胶的耐寒性、耐臭氧性及耐辐射性等较差。

3. 常用橡胶

常用橡胶名称、特性、用途见表 3-43。

表 3-43　常用橡胶名称、特性、用途

种类	名称	代号	力学性能		使用温度/℃	主要特点	用　　途
			σ_b /MPa	δ /%			
通用橡胶	天然橡胶	NR	17～35	650～900	−70～110	回弹性好,耐磨、抗撕裂、加工性能良好、耐油和耐溶剂性差,易老化	轮胎、胶带、胶管及通用橡胶制品
	丁苯橡胶	SBR	15～20	500～600	50～140	耐磨性、耐老化和耐热性良好,但加工性能较差	轮胎、胶斑、胶布、胶带、胶管
	顺丁橡胶	BR	18～25	450～800	−70～120	回弹性好,耐磨、耐碱、耐老化性好,耐酸、耐碱性较差	轮胎、V 带、绝缘件、耐寒运输带
	氯丁橡胶	CR	25～27	800~1000	−35～130	力学性能、耐腐蚀、耐油性较好,但密度大、电绝缘性差,加工时粘模	电线包皮、耐燃胶带、胶管、汽车门窗嵌条

种类	名称	代号	力学性能		使用温度/℃	主要特点	用　途
			σ_b/MPa	δ/%			
特种橡胶	聚氨酯橡胶	UR	20～35	300～800	−30～80	耐磨和耐油性良好,耐酸、耐碱性较差	耐磨件、实心轮胎、胶辊
	氟橡胶	FPM	20～22	100～500	−50～300	耐油,耐酸,耐碱性、耐老化性良好,耐磨和回弹性一般	高级密封件、高耐蚀性、高真空橡胶件
	硅橡胶		4～10	50～500	−100～300	耐碱性、耐老化性较好,回弹性差、不耐磨、耐油性差	耐高温、低温制品和绝缘件

4. 橡胶的应用、维护及保养

（1）橡胶的应用

密封件：旋转周密性，管道接口密封。

减振防振件：汽车底盘橡胶弹簧，机座减振垫片。

传动件：三角胶带、特制 O 形圈；运输胶带和管道。

电线、电缆和电工绝缘材料。

滚动件：轮胎。

（2）橡胶的维护和保养

① 在运输和储存过程中，避免日晒雨淋，保持干燥清洁，不要与碱、汽油、有机溶剂等物质接触。

② 不使用时，尽可能使橡胶件处于松弛状态。

③ 在存放或使用时，要远离热源。

④ 橡胶件如断裂，可用室温硫化胶浆胶结。

五、陶瓷

陶瓷是一种无机非金属固体材料，大体上可分为传统陶瓷和特种陶瓷两大类。传统陶瓷是以黏土、长石和石英等天然原料，经粉碎、成形和烧结而制成，因此，这类陶瓷又称为硅酸盐陶瓷。主要用于日用、建筑、卫生陶瓷用品，以及工业上应用的低压和高压陶瓷、耐酸陶瓷、过虑陶瓷等。特种陶瓷则是以纯度较高的人工化合物为原料（如氧化物、氮化物、硼化物等），经配料、成形、烧结而制得的陶瓷。它具有独特的机械、物理、化学、电、磁、光学性能，因而又被称为现代陶瓷或新型陶瓷。

陶瓷材料具有熔点高、硬度高、化学稳定性好、耐高温、耐腐蚀、耐磨损、绝缘等优点；陶瓷脆性大、韧性低、不能承受冲击载荷，抗急冷、急热性能差。常用陶瓷的品种、性能与用途见表 3-44。

表 3-44　常用陶瓷的品种、性能与用途

种类	名　称	性能特点	用　途
普通陶瓷	日用陶瓷	硬度高、耐腐蚀、不导电、成本低、加工成形性好	用于电气、化工、建筑、纺织等行业，如电器工业中作为绝缘和机械支承的构件，如绝缘子等

续表

种类	名称	性能特点	用途
氧化铝陶瓷	刚玉瓷、刚玉-莫来瓷	强度高于普通陶瓷,硬度高,耐高温,优良的电绝缘性和耐腐蚀性,但脆性大、抗急冷急热性差	制造高温试验的容器、热电偶套管、内燃机火花塞等
氮化硅陶瓷	赛纶陶瓷	化学稳定性好,硬度高,耐磨性好,摩擦系数小并能自润滑;具有良好的耐蚀、耐高温、抗热震性和耐疲劳性能	制造形状复杂、尺寸精确的零件,且成本较低,耐蚀,如泵密封环、热电偶套管、阀芯
碳化硅陶瓷		热导率高,热稳定性好,同时耐磨、耐蚀、抗蠕变形能好,其综合性能不低于氮化硅陶瓷	用于制造高温强度要求高的结构零件,如火箭尾部喷嘴、热电偶套管、炉管等;以及要求热传导能力高的零件,如高温下的热交换器、核燃料的包封材料等
氮化硼陶瓷	六方氮化硼	具有很好的耐热性,有良好的化学稳定性、抗热震性和电绝缘性,还具有较好的机械加工性能	主要用于制造高频电绝缘材料、半导体的散热绝缘零件、高温轴衬耐磨零件、熔炼特种金属材料的坩埚和热电偶套管等

六、硬质合金

硬质合金是采用高熔点、高硬度碳化物（WC 或 TiC）粉末为基体,加入黏结剂烧结而成的一种粉末冶金材料。

1. 硬质合金的性能

（1）硬度高、红硬性高、耐磨性好　硬度在常温下可达 86～93HRA（相当于 69～81HRC）,红硬性可达 900～1000℃,耐磨性好。故硬质合金刀具在使用时,其切削速度比高速钢高 4～7 倍,刀具寿命高 5～80 倍。

（2）抗压强度高　抗压强度可达 6000MPa,但抗弯强度较低,只有高速钢的 1/3～1/2 左右。硬质合金弹性模量很高,约为高速钢的 2～3 倍。但它的韧性很差,$A_K = 2～4.8J$,约为淬火钢的 30%～50%。

（3）有良好的耐蚀性（抗大气、酸、碱等）与抗氧化性　硬质合金的硬度高,脆性大,常将其制成一定形状的刀片,镶焊在刀体上。硬质合金主要用来制造高速切削刃具和切削硬而韧的材料的刃具。

2. 常用的硬质合金分类

按成分与性能特点可分为三类,其代号、成分与性能见表 3-45。

表 3-45　常用硬质合金的代号、成分和性能

类别	代号[①]	化学成分				物理、力学性能		
		$w_{WC} \times 100$	$w_{TiC} \times 100$	$w_{TaC} \times 100$	$w_{Co} \times 100$	密度/(g/cm^{-3})	硬度 HRA（不低于）	抗弯强度/MPa（不低于）
钨钴类合金	YG3X	96.5	—	<0.5	3	15.0～15.3	91.5	1100
	YG6	94	—	—	6	14.6～15.0	89.5	1450
	YG6X	93.5	—	<0.5	6	14.6～15.0	91	1400
	YG8	92	—	—	8	14.5～14.9	89	1500
	YG8C	92	—	—	8	14.5～14.9	88	1750
	YG11C	89	—	—	11	14.0～14.4	86.5	2100

续表

类别	代号①	化学成分				物理、力学性能		
		$w_{WC} \times 100$	$w_{TiC} \times 100$	$w_{TaC} \times 100$	$w_{Co} \times 100$	密度 /(g/cm^{-3})	硬度 HRA (不低于)	抗弯强度/MPa (不低于)
钨钴类合金	YG15	85	—	—	15	13.9～14.2	87	2100
	YG20C	80	—	—	20	13.4～13.8	82～84	2200
	YG6A	91	—	3	6	14.6～15.0	91.5	1400
	YG8A	91	—	<1.0	8	14.5～14.9	89.5	1500
钨钴钛类合金	YT5	85	5	—	10	12.5～13.2	89	1400
	YT15	79	15	—	6	11.0～11.7	91	1150
	YT30	66	30	—	4	9.3～9.7	92.5	900
通用合金	YW1	84	6	4	6	12.8～13.3	91.5	1200
	YW2	82	6	4	8	12.6～13.0	90.5	1300

（1）钨钴类硬质合金　它的主要化学成分为碳化钨及钴。其代号用"硬"、"钴"两字汉语拼音的字首"YG"加数字表示。数字表示钴的质量分数。例如 YG6，表示钨钴类硬质合金，$w_{Co}=6\%$，余量为碳化钨。

（2）钨钴钛类硬质合金　它的主要化学成分为碳化钨、碳化钛及钴。其代号用"硬"、"钛"两字的汉语拼音的字首"YT"加数字表示。数字表示碳化钛的质量分数。例如 YT15，表示钨钴钛类硬质合金，$w_{TiC}=15\%$，余量为碳化钨及钴。

硬质合金中，碳化物的含量越多，钴含量越少，则合金的硬度、红硬性及耐磨性越高，但强度及韧性越低。当含钴量相同时，YT 类合金由于碳化钛的加入，具有较高的硬度与耐磨性。同时，由于这类合金表面会形成一层氧化钛薄膜，切削时不易粘刀，故具有较高的红硬性。但其强度和韧性比 YG 类合金低。因此，YG 类合金适宜加工脆性材料（如铸铁等），而 YT 类合金则适宜于加工塑性材料（如钢等）。同一类合金中，含钴量较高者适宜制造粗加工刀具，反之，则适宜制造精加工刀具。

（3）通用硬质合金　它是以碳化钽（TaC）或碳化铌（NbC）取代 YT 类合金中的一部分 TiC。它适用于切削各种钢材，特别对于不锈钢、耐热钢、高锰钢等难于加工的钢材，切削效果更好。它也可代替 YG 类合金加工铸铁等脆性材料，但韧性较差，效果并不比 YG 类合金好。通用硬质合金又称"万能硬质合金"，其代号用"硬"、"万"两字的汉语拼音的字首"YW"加顺序号表示。

 计划决策

表 3-46　其他材料计划决策表

情　境	学习情境三　机械零件的材料分析				
学习任务	任务三　其他材料			完成时间	
任务完成人	学习小组		组长		成员
学习的知识 和技能					

续表

小组任务分配 （以四人为一 小组单位）	小组任务	任务准备	管理学习	管理出勤、纪律	监督检查
	个人职责	制定小组学习计划，确定学习目标	组织小组成员进行分析讨论，进行计划决策	记录考勤并管理小组成员纪律	检查并督促小组成员按时完成学习任务
	小组成员				

完成工作任务 所需的知识点	
完成工作任务 的计划	
完成工作任务 的初步方案	

 任务实施

表 3-47 其他材料任务实施表

情 境	学习情境三 机械零件的材料分析				
学习任务	任务三 其他材料			完成时间	
任务完成人	学习小组		组长	成员	
解决思路					
解决方法与步骤					

 分析评价

表 3-48 其他材料学习评价表

情　境		学习情境三　机械零件的材料分析			
学习任务		任务三　其他材料		完成时间	
任务完成人	学习小组		组长	成员	
评价项目	评价内容	评价标准			得分
专业能力 （55%）	知识的理解和 掌握能力	对知识的理解、掌握及接受新知识的能力 □优(12)□良(9)□中(6)□差(4)			
	知识的综合应 用能力	根据工作任务，应用相关知识进行分析解决问题 □优(13)□良(10)□中(7)□差(5)			
	方案制定与实 施能力	在教师的指导下，能够制定工作方案并能够进行优化实施，完成计划 决策表、实施表、检查表的填写 □优(15)□良(12)□中(9)□差(7)			
	实践动手操作 能力	根据任务要求完成任务载体 □优(15)□良(12)□中(9)□差(7)			
方法能力 （25%）	独立学习能力	在教师的指导下，借助学习资料，能够独立学习新知识和新技能，完成 工作任务 □优(8)□良(7)□中(5)□差(3)			
	分析解决问题 的能力	在教师的指导下，独立解决工作中出现的各种问题，顺利完成工作 任务 □优(7)□良(5)□中(3)□差(2)			
	获取信息能力	通过教材、网络、期刊、专业书籍、技术手册等获取信息，整理资料，获 取所需知识 □优(5)□良(3)□中(2)□差(1)			
	整体工作能力	根据工作任务，制定、实施工作计划 □优(5)□良(3)□中(2)□差(1)			
社会能力 （20%）	团队协作和 沟通能力	工作过程中，团队成员之间相互沟通、交流、协作、互帮互学，具备良好 的群体意识 □优(5)□良(3)□中(2)□差(1)			
	工作任务的 组织管理能力	具有批评、自我管理和工作任务的组织管理能力 □优(5)□良(3)□中(2)□差(1)			
	工作责任心与 职业道德	具有良好的工作责任心、社会责任心、团队责任心(学习、纪律、出勤、 卫生)、职业道德和吃苦能力 □优(10)□良(8)□中(6)□差(4)			
总　　分					

课后习题

3-1　填空题

(1) 维氏硬度的符号是＿＿＿＿＿。

(2) 金属材料的力学性能包括＿＿＿＿、＿＿＿＿、＿＿＿＿、＿＿＿＿、
＿＿＿＿。

（3）常用的塑性指标有＿＿＿＿＿＿和＿＿＿＿＿＿＿。

（4）＿＿＿＿是指金属表面抵抗局部塑性变形或破坏的能力。

（5）布氏硬度的符号是＿＿＿＿＿＿＿＿＿。

（6）碳质量分数大于0.0218％且小于＿＿＿＿的＿＿＿＿合金称为碳素钢。

（7）碳素钢中除含有铁和碳两种元素外，还有少量的＿＿＿、＿＿＿、＿＿＿、＿＿＿等元素，其中＿＿＿和＿＿＿是钢中的有益元素，＿＿＿＿和＿＿＿＿是钢中的有害元素。

（8）碳素钢按碳质量分数可分为＿＿＿＿＿、＿＿＿＿＿和＿＿＿＿＿。

（9）T8A为＿＿＿＿＿＿＿＿钢。

（10）工业上使用的碳素钢，它的碳的质量分数一般不超过＿＿＿＿＿＿。

（11）将钢加热到适当的温度，保持一定的时间，然后＿＿＿＿＿＿的热处理工艺称为正火。

（12）常用的冷却方式有＿＿＿＿＿和＿＿＿＿＿。

（13）淬火加高温回火的复合热处理工艺被称为＿＿＿＿＿。

（14）普通热处理也叫整体热处理，分为＿＿＿、＿＿＿、＿＿＿和＿＿＿。属于预先热处理的是＿＿＿、＿＿＿，属于最终热处理的是＿＿＿、＿＿＿。

（15）表面淬火和化学热处理都属于钢的＿＿＿＿＿热处理，共同点是处理后的零件＿＿＿具有较高的强度、硬度、耐磨性和疲劳极限，且＿＿＿具有足够的塑性和韧性。

（16）45钢为＿＿＿＿＿钢；W18Cr4V是＿＿＿＿＿钢。

（17）合金钢是在＿＿＿基础上有目的地加入一定量的＿种或＿种元素而获得的钢。

（18）GCr15钢中的"G"表示的是"＿＿＿＿＿"字的汉语拼音字母字头。

（19）球墨铸铁是将铁水进行＿＿＿＿＿后得到的。

（20）铸铁的组织主要由＿＿＿和＿＿＿组成，按＿＿＿的形态，铸铁可分为灰口铸铁、球墨铸铁、可锻铸铁和蠕墨铸铁。

（21）按断口的色泽来分，铸铁可分为＿＿＿、＿＿＿和＿＿＿。

（22）金属材料钢和铸铁称为＿＿＿色金属，而铝、镁、铜、锌、锡……及其合金称为＿＿＿色金属。

（23）T2是＿＿＿的牌号，T8是＿＿＿＿的牌号。

（24）在室温下进行的时效称为＿＿＿＿，在加热条件下进行的时效称为＿＿＿。

（25）橡胶最重要的特性是＿＿＿＿。＿＿＿＿和＿＿＿＿均会使橡胶老化、龟裂、变脆。

（26）塑料按树脂在加热和冷却时所表现的性能分＿＿＿＿＿和＿＿＿＿。

（27）陶瓷的共同特点是硬度＿＿＿、抗压强度＿＿＿，但经不起＿＿＿和急冷急热。

3-2 选择题

（1）当碳素钢中＿＿＿的质量分数过高时，易形成热脆现象。

A. 硅   B. 硫   C. 磷

（2）$w_C = 0.35\%$ 的钢属于＿＿＿碳钢。

A. 低   B. 中   C. 高

（3）T10钢表示碳质量分数为＿＿＿碳素工具钢。

A. 0.1％   B. 1％   C. 10％

(4) _____钢的焊接性能较好。

A. 低碳钢　　　　　　　　B. 中碳钢　　　　　　　　C. 高碳钢

(5) 碳素钢按（　　）分为低碳钢、中碳钢、高碳钢；按（　　）分为普通质量钢、高级质量钢、特级质量钢；按（　　）分为结构钢、工具钢。

A. 碳的质量分数　　　　B. 用途　　　　　　C. 冶金质量　　　　　D. 钢中有害杂质

(6) 碳钢中，除（　）和（　）两个基本组元外，还有少量的（　　　　），这些元素称为常存杂质，其中有益的是（　　　　　），有害的是（　　　　　）。

A. Fe　　B. C　　C. Mn　　D. Si　　E. S　　F. P　　G. H　　H. O　　I. N

(7) 正火的冷却方式是_____

A. 炉冷　　　　　　　　B. 空冷　　　　　　　　C. 水冷

(8) 退火的主要目的是_____。

A. 提高硬度，提高塑性　　B. 降低硬度，提高塑性　　C. 降低硬度，降低塑性

(9) 渗碳处理一般适用于_____碳钢。

A. 高　　　　　　　　　B. 中　　　　　　　　　C. 低

(10) 将钢锭或铸件加热到熔点以下100～200℃，长时间保温，然后缓慢冷却的热处理工艺称为_____。

A. 完全退火　　　　　B. 等温退火　　　　　C. 均匀化退火　　　　　D. 去应力退火

(11) 下列热处理工艺中，属于表面淬火的是_____，属于化学热处理的是_____，不属于表面热处理的是_____。

A. 淬火　　B. 渗碳　　C. 火焰加热淬火　　D. 感应加热淬火　　E. 渗氮　　F. 碳氮共渗

(12) 牌号为9SiCr的钢是_____。

A. 合金结构钢　　　　B. 优质碳素结构钢　　　C. 合金工具钢　　　D. 碳素工具钢

(13) 40Cr属于_____。

A. 合金调质钢　　　　B. 合金渗碳钢　　　　C. 优质碳素钢　　　D. 合金刃具钢

(14) 下列钢种中切削加工性能较好的是_____。

A. 合金钢　　　　　　　B. 低碳钢　　　　　　C. 高碳钢　　　　　D. 中碳钢

(15) 角钢、槽钢、工字钢、钢筋等用_____制造；机械中的重要零件用_____制造；切削刀具、量具、模具等用_____制造；桥梁、船舶、车辆、锅炉、高压容器等用_____制造。

A. 碳素结构钢　　B. 优质碳素结构钢　　C. 碳素工具钢　　D. 低合金结构钢

E. 合金渗碳钢　　F. 合金调质钢　　　　G. 合金工具钢

(16) 高锰钢是典型的_____。

A. 合金钢　　　　　　　B. 不锈钢　　　　　　C. 耐磨钢　　　　　D. 高速钢

(17) 球墨铸铁中石墨的存在形式是_____。

A. 片状形式　　　　　B. 团絮状形式　　　　C. 蠕虫状形式　　　D. 球状形式

(18) 由于铸铁中石墨的存在会造成_____。

A. 基体相被割裂　　　B. 基体相产生裂纹　　C. 整体降低强度　　D. 可以吸收震动

(19) 曲轴采用_____铸铁制造。

A. 灰　　　　　　　　　B. 可锻　　　　　　　C. 球墨　　　　　　D. 蠕墨

(20) 工业生产中应用最广的铸铁是_____铸铁。

A. 白口　　　　　　　　B. 灰口　　　　　　　　C. 麻口

(21) 黄铜是指_____。

A. Cu-Zn　　　　　　　B. Cu-Sn　　　　　　　C. Cu-Pb　　　　　　　D. 以上都是

(22) 纯铜又被称为_____。

A. 青铜　　　　　　　　B. 白铜　　　　　　　　C. 黄铜　　　　　　　　D. 紫铜

(23) 2A14 是_____。

A. 防锈铝　　　　　　　B. 硬铝　　　　　　　　C. 铸造铝合金　　　　　D. 锻铝

(24) 淬火加时效处理是_____强化的主要途径。

A. 硬铝　　　　　　　　B. 铸造铝合金　　　　　C. 防锈铝　　　　　　　D. 锻铝

(25) 下列材料中_____不是高分子材料。

A. 塑料　　　　　　　　B. 橡胶　　　　　　　　C. 陶瓷　　　　　　　　D. 以上都是

(26) 通过加热和冷却能使塑料反复软硬变化的塑料属于_____。

A. 热塑塑料　　　　　　B. 通用塑料　　　　　　C. 热固塑料

(27) 工业中用来制造 O 形密封圈的材料是_____。

A. 橡胶　　　　　　　　B. 塑料　　　　　　　　C. 陶瓷

3-3　综合练习

(1) 指出下列钢的类别、主要特点及用途：

Q215A-F　Q255-B　10 钢　45 钢　65 钢　T12A

(2) 用 T12 钢制造要求高硬度的工具，工艺路线如下：

下料→锻造→热处理 1→切削加工→热处理 2→磨削

根据工艺路线回答下列问题：

① 写出各热处理工序的名称和作用；

② 制定最终热处理工艺规范（加热温度、冷却介质）。

(3) 9SiCr 钢和 W18Cr4V 钢在性能方面有何区别？生产中能否将它们相互代用？

(4) 解释下列钢的牌号含义、类别：

20CrMnTi、40Cr、4Cr13、16Mn、T10A、1Cr18Ni9Ti、Cr12MoV、W6Mo5Cr4V2、38CrMoAlA、5CrMnMo、GCr15、55Si2Mn、YT5、YW2、YG8

(5) 请回答高速工具钢"W18Cr4V"从原料到成品的过程中，各个工序的目的。

原料→铸造成形→反复锻打→退火→机加工→淬火→多次回火
　　　　　　①　　　②　　　③　　　　　　　　④

→精加工→成品

① 铸造成形后，高速工具钢"W18Cr4V"的组织特点是：

② 反复锻打的目的是：

③ 退火的目的是：

④ 多次回火的目的是：

(6) 机器的底座、支架等部位常用灰铸铁来制造，解释用灰铸铁制造的优点有哪些？

学习情境四

平面机构的认识

机械是机器和机构的统称，是人类在长期生产实践中创造出来的重要生产工具，最一般意义上的机器是由原动部分、执行部分、传动部分和控制部分组成的。机器具备以下三个共同特征：

① 人为的诸个实物的组合体；

② 各个实物之间具有确定的相对运动；

③ 代替或减轻人类的劳动去完成机械功或转换机械能。

并不是所有的机器都具有四个组成部分。有的机器比较简单，如电风扇没有传动部分，但同样具备机器的三个特征，仍然称为机器。大多数机器都具有传动部分，不涉及其具体用途，从传递运动和动力的角度出发，只具备机器的前两个特征，而不具备机器的第三个特征的共性部分称为机构。机构在机器中起着改变运动形式、改变速度大小或方向以及传递动力的作用，是具有确定的相对运动的实体。

任务一　分析太阳伞支撑机构运动确定性

炎热的夏天，在路边、风景区、小区或报刊亭经常可以看到太阳伞。太阳伞支承机构主要由伞座、伞柱及伞骨组成，它们的结构和材质决定了太阳伞的抗风能力，其中伞骨分为长骨和短骨。已知北京某公司生产的某型号太阳伞，伞柱高度为 2250mm，长骨长度为 1500mm（900mm＋600mm），短骨长度为 750mm，试绘制出太阳伞支承机构的机构运动简图。

根据绘出的太阳伞支承机构的运动简图，分析太阳伞支承机构的运动情况可知，太阳伞支承机构完成张开和收拢这一确定的运动，那么，判别机构是否有确定的运动的依据是什么呢？

学习目标	学习内容
1. 能够绘制常用机构的运动简图 2. 能够根据机构运动简图描述机构的运动传递过程 3. 能够计算平面机构的自由度并分析其运动确定性	1. 机械、机器、机构、构件、零件等基本概念 2. 运动副的类型及表示方法 3. 绘制机构运动简图的方法 4. 平面机构自由度的计算方法 5. 平面机构具有确定运动的条件

知识链接

机械是人类在长期生产实践中创造出来的重要生产工具，可用来减轻人的劳动强度、改善劳动条件、提高产品质量、提高劳动生产率等，以帮助人们创造更多的社会财富。常见的机械有内燃机、机床、汽车、自行车、洗衣机、手机、伞等，如图 4-1 所示。

(a) 太阳伞　　　　　　　　　　　　(b) 汽车

图 4-1　常见的机械

一、平面机构概述

1. 认识机械及机构

工程上将机器与机构统称为机械。机器是执行机械运动的装置，用来交换或传递能量、物料和信息。由日常生产和生活中的机器可以看出：各类机器的功用不同，由此产生的工作原理和结构特点也不相同，但是，各类机器都有着以下共同的特征：

（1）均是人为的实物组合；

（2）各实物之间具有确定的相对运动；

（3）能实现能量转换或做机械功。

只具备前两个特征的实物组合通常称为机构。机构是由若干个构件组成的，各构件之间通过运动副连接而成，且具有一定的相对运动关系。构件是机构运动的基本单元。图 4-1(a) 所示太阳伞的支承部分就是机构。

具备上述三个特征的实物组合称为机器。机器是由若干个机构组成的。图 4-1(b) 所示轿车是由多个机构组成的具有多个系统的机器。

机器组成中不可拆的基本单元称为机械零件（简称零件），如螺栓、键、销、齿轮、轴等。各种机器中普遍使用的零件称为通用零件，只在一定类型的机器中使用的零件称为专用零件。

为了完成同一使命，在结构上组合在一起的并协同工作的部分称为部件，如联轴器、轴承、减速器等。

机构是由两个以上有确定相对运动的构件组成。若组成机构的所有构件都在同一平面中运动，则该机构称为平面机构，如图 4-2 所示。

机架是机构中视作固定不动的构件，它用来支承其他可动构件，如图 4-2 所示，A、D 固定构件均为机架。在机构简

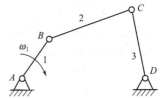

图 4-2　平面四杆机构

图中，将机架标上斜线。

驱动力或力矩所作用的构件称为原动件或主动件，它是按已给定运动规律作独立运动的活动构件，如图 4-2 中的 AB 活动构件。在机构简图中，将原动件标上箭头。

机构中随原动件的运动而运动的其他活动构件称为从动件，如图 4-2 中的活动构件 2 和 3。当从动件输出运动或实现机构的功能时，便称其为执行件。

2. 运动副及其分类

机构是具有确定相对运动的若干构件组成的，组成机构的构件必然相互约束，相邻两构件之间必定以一定的方式连接起来，并实现确定的相对运动。这种两个构件之间的可动连接称为运动副。

构成运动副的点、线或面称为运动副元素。根据运动副元素的不同，平面运动副可分为低副和高副。

（1）低副 两构件之间通过面与面接触而组成的运动副称为低副。根据两个构件的相对运动形式，低副又可分为转动副和移动副。

如果组成运动副的两构件只能绕某一轴在同一平面内作相对转动，则将此运动副称为转动副，又称为回转副或铰链，如图 4-3(a)、(b) 所示。

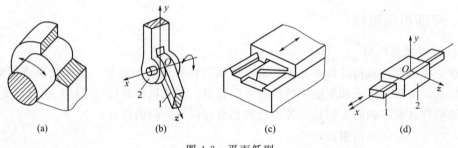

图 4-3 平面低副

如果组成运动副的两构件只能沿某一轴线作相对移动，则将此运动副称为移动副，如图 4-3(c)、(d) 所示。

日常生活中的门窗活叶、折叠椅等均为转动副，推拉门、导轨式抽屉等为移动副。

（2）高副 两构件以点或线的形式相接触而组成的运动副称为高副。例如，图 4-4(a) 所示的火车车轮 1 与钢轨 2，图 4-4(b) 所示的凸轮机构的凸轮 1 与从动件 2，图 4-4(c) 所

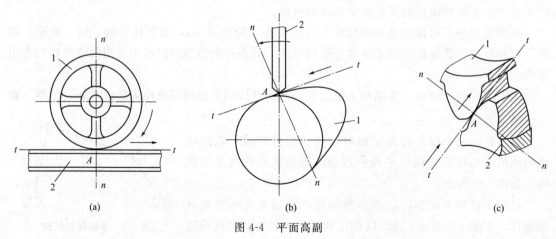

图 4-4 平面高副

示的两相互啮合的轮齿等组成的运动副均为高副。

高副承受的压强高，易磨损。

3．运动副和构件的表达方法

（1）运动副的表示方法

① 转动副　两构件组成转动副的表示方法如图 4-5 所示，小圆圈表示转动副。

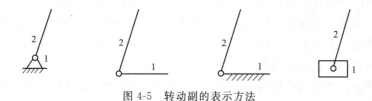

图 4-5　转动副的表示方法

② 移动副　两构件组成移动副的表达方法如图 4-6 所示，移动副的导路必须与相对移动方向一致。

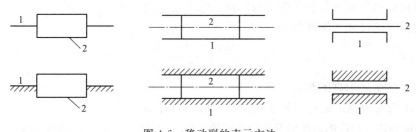

图 4-6　移动副的表示方法

③ 高副　高副是以直接画出两构件在接触处的曲线轮廓来表示的，如图 4-7 所示。

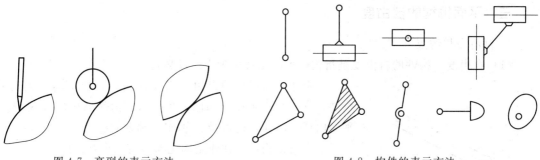

图 4-7　高副的表示方法　　　　　　　　　图 4-8　构件的表示方法

（2）构件的表示方法　不论构件形状多么复杂，在机构运动简图中，只需将构件上的所有运动副元素，按照它们在构件上的位置用规定的符号表示出来，再用直线连接即可。构件通常用直线、三角形或方块表示，如图 4-8 所示。

二、平面机构运动简图

1．平面机构运动简图的概念

在研究机构运动时，为了使问题简化，只考虑与运动有关的运动副的数目、类型及相对位置，不考虑构件、运动副的实际结构和材料等与运动无关的因素。用简单线条和规定符号表示构件和运动副的类型，并按一定的比例确定运动副的相对位置及与运动有关的尺寸，这种表示机构组成和各构件间运动关系的简单图形称为机构运动简图。

只是为了表示机构的结构组成及运动原理，而不严格按比例绘制的机构运动简图，这种简图称为机构示意图。

2. 平面机构运动简图的绘制

（1）分析机构的具体组成，确定机架、主动件和从动件。

观察机构的运动情况，机架即固定件，任何一个机构中必定只有一个构件为机架；主动件也称原动件，即运动规律为已知的构件，通常是驱动力所作用的构件；从动件中有工作构件和其他构件之分，工作构件是指直接执行生产任务或最后输出运动的构件。

（2）确定运动副的类型及数量。

由主动件开始，顺着运动传递的顺序，根据相连两构件间的相对运动性质和接触情况，确定运动副的类型和数目。

（3）选择合适的投影面和比例尺。

根据机构实际尺寸和图样大小确定适当的长度比例尺，按照各运动副间的距离和相对位置，以与机构运动平面平行的平面为投影面，用规定的线条和符号绘图。

根据构件实际尺寸和图样幅面，按下式确定比例尺。

$$\mu_1 = \frac{\text{实际尺寸(m)}}{\text{图样尺寸(mm)}}$$

（4）测量各个运动副的相对位置尺寸。

（5）按比例尺用规定的符号和线条绘制机构运动简图。

为了清晰表达各构件的运动情况和相互连接关系，用数字 1、2、3……及字母 A、B、C……分别标注相应的构件和运动副，并用箭头表示原动件的运动方向和运动形式，在机架上画短斜线。

三、平面机构的自由度

1. 自由度与约束

（1）自由度　构件的自由度是指构件可能出现的独立运动数目。

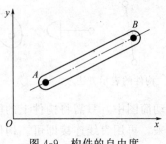

图 4-9　构件的自由度

一个作平面运动的自由（当构件间没有构成运动副时）构件，有三个自由度，如图 4-9 所示，构件 AB 可以在 O_{xy} 平面内任意转动，也可沿 x 轴或 y 轴方向移动。

一个自由构件，在作空间运动时有六个自由度。

机构的自由度是指机构相对于机架所具有的独立运动数目。

（2）约束　对独立运动所加的限制称为约束，增加约束条件时，构件自由度就会减少。不同类型的运动副引入的约束数不同，每引入一个约束，构件就减少一个自由度。

转动副限制两个自由度，约束了 x、y 两个方向的移动，只保留转动；移动副限制两个自由度，约束了沿 y 轴方向的移动和在 O_{xy} 平面内的转动，只保留沿 x 轴方向的移动；高副限制一个自由度，只约束了沿接触处公法线 n—n 方向的移动。如图 4-10 所示。

2. 平面机构自由度的计算

设平面机构有 N 个构件，其中只有一个机架，则机构中的活动构件数为：$n = N - 1$。

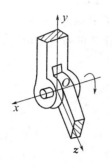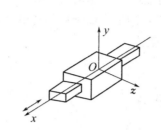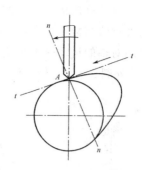

图 4-10　约束与自由度

当各构件尚未通过运动副相连时，显然，活动构件的自由度总数为 $3n$。当运动副将构件连接起来组成机构之后，机构中各构件具有的自由度就减少了，且自由度减少的数目将等于运动副引入的约束数。设机构中有 P_L 个低副，P_H 个高副，由于在平面机构中每个低副限制两个自由度，每个高副限制一个自由度，所以，所有运动副总共引入约束数为 $2P_L + P_H$。因此，将活动构件的自由度总数减去运动副引入的约束总数就是该机构的自由度，以 F 表示，故平面机构的自由度为

$$F = 3n - 2P_L - P_H \tag{4-1}$$

式(4-1) 就是计算平面机构自由度的公式。由式(4-1) 可知，机构的自由度 F 取决于活动的构件数目及运动副的性质（低副或者高副）和个数。

3. 计算平面机构自由度时应注意的问题

在计算平面机构的自由度时，应注意如下三种特殊情况。

（1）复合铰链　两个以上的构件在同一处以转动副连接时，就构成了复合铰链。

若有 m 个构件在同一处构成复合铰链，则该处的实际转动副数目为 $m-1$。在计算机构自由度时，应注意分析是否存在复合铰链。

图 4-11（a）所示为一个六构件机构，其中构件 6 为机架，构件 1 为原动件。注意：B 点处是由 2、3、4 三构件构成的两个转动副，计算自由度时应按 2 个转动副计算。

如图 4-11（b）所示，构件 4 与构件 2 铰接构成转动副 Z_{42}、与构件 3 铰接构成转动副 Z_{43}，两转动副均绕轴线 B 转动，在计算这个复合铰链的自由度时，应按两个转动副计算。

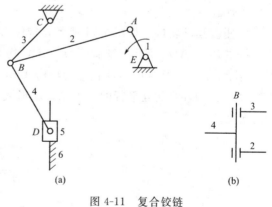

图 4-11　复合铰链

（2）局部自由度　在有的机构中，由于一些非运动的原因，设置了附加构件，这种附加构件的运动是完全独立的，对整个构件的运动毫无影响，把这种独立运动称为局部自由度。在计算机构自由度时，局部自由度应略去不计。

例如，图 4-12（a）所示为凸轮机构，随着主动件凸轮 1 的顺时针转动，从动件 2 作上下往复运动，为了减少摩擦和磨损，在凸轮 1 和从动杆 2 之间加入滚子 3。应该注意到，无论滚子 3 是否绕 A 点转动，都不改变从动杆 2 的运动，因而，滚子 3 绕 A 点的转动属于局部

自由度，在计算机构自由度时，应将滚子和从动杆看成一个构件。又如，图 4-12（b）所示为滚动轴承的结构示意图，为减少摩擦，在轴承的内外圈之间加入了滚动体 3，但是滚动体是否滚动对轴的运动毫无影响，滚动体的滚动属于局部自由度，在计算机构自由度时，可将内圈 1、外圈 2、滚动体 3 看成一个整体。

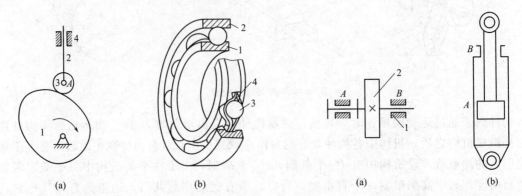

图 4-12　局部自由度　　　　图 4-13　两构件间形成多处运动副的虚约束

（3）虚约束　在特殊的几何条件下，机构中与其他约束重复，对机构不产生新的约束作用的约束，即不起独立限制作用的约束称为虚约束。计算机构自由度时应将虚约束除去不计。虚约束可增加机构系统的刚度、改善机构受力状况、保持机构传动的可靠性等。通常，虚约束应用在以下场合。

①　重复相同作用的运动副　如图 4-13（a）所示，轮轴 2 与机架 1 在 A、B 两处形成转动副，但这里的两个构件只能构成一个运动副，故应按一个运动副计算自由度。如图 4-13（b）所示，机构在液压缸的缸筒与活塞、缸盖与活塞杆两处形成移动副，但缸筒与缸盖、活塞与活塞杆是两两固连的，只有两个构件而并非四个构件，因此，此两个构件也只能构成一个移动副。

②　重复运动轨迹　如图 4-14 所示，构件 EF 存在与否并不影响平行四边形 $ABCD$ 的运动，构件 BC、AD、EF 中缺省任意一个，均对余下的机构运动不产生影响，形成了虚约束，实际上，此三构件的运动轨迹均与构件 BC 上对应点的运动轨迹重合。应该指出，BC、AD、EF 三构件是相互平行的，否则，就形成不了虚约束，机构就会出现过约束而不能运动的现象。

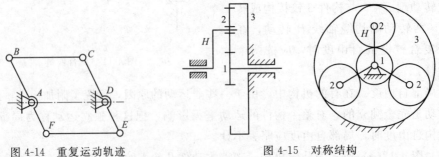

图 4-14　重复运动轨迹　　　　图 4-15　对称结构

③　对称结构　如图 4-15 所示，为了使机构受力均衡，采取了三个齿轮对称布置的结构，其中齿轮 2 中有两个齿轮是对运动不起独立作用的对称部分，即为虚约束。

机构中的虚约束都是在一些特定的几何条件下出现的，如果不能满足这些几何条件，则原本是虚约束的约束，就会变成实际有效的约束，而使机构的自由度减少。故从机构运动的灵活性和便于加工装配等方面考虑，应尽量减少虚约束。但在各种实际机械中，为了改善构件的受力情况，增加机构的刚度，或保证机械运动的顺利完成等，虚约束却往往又是经常采用的。

四、机构具有确定运动的条件

机构具有确定运动的条件就是机构的原动件数目（W）等于机构自由度的数目 F，即

$$F = W > 0 \tag{4-2}$$

当机构不满足式（4-2）时，如果原动件数目小于机构的自由度，则机构的运动不确定；若原动件数目大于机构的自由度，则会导致机构最薄弱环节的破坏，即

（1）若 $F \leqslant 0$，则构件间无相对运动，不成为机构。

（2）若 $F > 0$，当原动件数 $= F$ 时，运动确定；当原动件数 $< F$ 时，运动不确定；当原动件数 $> F$ 时，机构破坏。

 **计划决策**

表 4-1　分析太阳伞支承机构运动确定性计划决策表

情　境	学习情境四　平面机构的认识				
学习任务	任务一　分析太阳伞支承机构运动确定性			完成时间	
任务完成人	学习小组		组长		成员
学习的知识和技能					
小组任务分配（以四人为一小组单位）		小组任务	任务准备	管理学习	管理出勤、纪律	监督检查
	个人职责	制定小组学习计划,确定学习目标	组织小组成员进行分析讨论,进行计划决策	记录考勤并管理小组成员纪律	检查并督促小组成员按时完成学习任务
	小组成员				
完成工作任务所需的知识点					
完成工作任务的计划					
完成工作任务的初步方案					

任务实施

表 4-2　分析太阳伞支承机构运动确定性任务实施表

情　境	学习情境四　平面机构的认识			
学习任务	任务一　分析太阳伞支承机构运动确定性		完成时间	
任务完成人	学习小组	组长	成员	
解决思路				
解决方法与步骤				

分析评价

表 4-3　分析太阳伞支承机构运动确定性学习评价表

情　境	学习情境四　平面机构的认识			
学习任务	任务一　分析太阳伞支承机构运动确定性		完成时间	
任务完成人	学习小组	组长	成员	

评价项目	评价内容	评价标准	得分
专业能力 （55%）	知识的理解和掌握能力	对知识的理解、掌握及接受新知识的能力 □优(12)□良(9)□中(6)□差(4)	
	知识的综合应用能力	根据工作任务,应用相关知识进行分析解决问题 □优(13)□良(10)□中(7)□差(5)	
	方案制定与实施能力	在教师的指导下,能够制定工作方案并能够进行优化实施,完成计划决策表、实施表、检查表的填写 □优(15)□良(12)□中(9)□差(7)	
	实践动手操作能力	根据任务要求完成任务载体 □优(15)□良(12)□中(9)□差(7)	
方法能力 （25%）	独立学习能力	在教师的指导下,借助学习资料,能够独立学习新知识和新技能,完成工作任务 □优(8)□良(7)□中(5)□差(3)	
	分析解决问题的能力	在教师的指导下,独立解决工作中出现的各种问题,顺利完成工作任务 □优(7)□良(5)□中(3)□差(2)	
	获取信息能力	通过教材、网络、期刊、专业书籍、技术手册等获取信息,整理资料,获取所需知识 □优(5)□良(3)□中(2)□差(1)	
	整体工作能力	根据工作任务,制定、实施工作计划 □优(5)□良(3)□中(2)□差(1)	

续表

评价项目	评价内容	评价标准	得分
社会能力 （20%）	团队协作和沟通能力	工作过程中,团队成员之间相互沟通、交流、协作、互帮互学,具备良好的群体意识 □优(5)□良(3)□中(2)□差(1)	
	工作任务的组织管理能力	具有批评、自我管理和工作任务的组织管理能力 □优(5)□良(3)□中(2)□差(1)	
	工作责任心与职业道德	具有良好的工作责任心、社会责任心、团队责任心(学习、纪律、出勤、卫生)、职业道德和吃苦能力 □优(10)□良(8)□中(6)□差(4)	
总　　分			

任务二　缝纫机脚踏机构的分析

 情境导入

如图 4-16 所示为生活中常见的脚踏缝纫机简图,其工作原理是通过踩动踏板而带动带轮驱动缝纫机运动。试问这种脚踏机构是平面四杆机构中的哪种类型? 当你踩缝纫机踏板时,由于操作不当,遇到过踏板踩不动或使缝纫机飞轮反转的情况么? 踩缝纫机之前,要用手转动小带轮,稍加动力,才能踩动踏板,这是什么原因呢?

缝纫机踏板

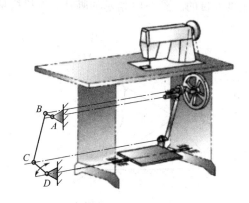

图 4-16　缝纫机脚踏机构

任务描述

学习目标	学习内容
1. 掌握曲柄摇杆机构、双曲柄机构、双摇杆机构的判别方法 2. 了解出现死点位置的条件、死点对机构的影响和死点位置的应用	1. 平面连杆机构的基本类型及应用 2. 铰链四杆机构的演化形式 3. 平面连杆机构的基本特性

一、平面连杆机构的基本类型及应用

1. 铰链四杆机构的组成

平面四杆机构种类繁多，可包含一个或多个转动副和移动副。全部用转动副相连的平面四杆机构称为铰链四杆机构，它是四杆机构中最常见、最基础的类型，如图 4-17 所示。

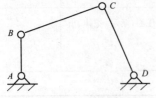

图 4-17　铰链四杆机构

铰链四杆机构主要由以下部分组成。

（1）机架　机构中固定不动的构件，如 A、D。

（2）连架杆　与机架相连的构件，如杆 AB 和 CD。

（3）连杆　不与机架直接相连，与机架相对的构件，如杆 BC。

（4）摇杆　在连架杆中，只能在一定角度内（小于 360°）作往复摆动的杆件称为摇杆。

（5）曲柄　在连架杆中，只能绕机架上的转动副中心作整周回转的杆件称为曲柄。

2. 铰链四杆机构的基本类型及应用

根据两连架杆中曲柄（或摇杆）的数目，铰链四杆机构可分为曲柄摇杆机构、双曲柄机构和双摇杆机构。

（1）曲柄摇杆（C−R）机构　在铰链四杆机构的两个连架杆中，若一杆为曲柄，另一杆为摇杆，则此机构为曲柄摇杆机构。图 4-18 所示的雷达天线机构就是以曲柄为原动件的曲柄摇杆机构。当主动曲柄 1 作整周回转时，带动与天线固接的从动摇杆 3 作往复摆动，从而达到调节天线角度的目的。图 4-19 所示的脚踏砂轮机构是以摇杆为原动件的曲柄摇杆机构。

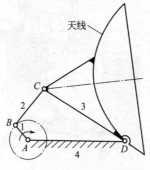

图 4-18　雷达天线机构

图 4-19　脚踏砂轮机构

（2）双曲柄（D−C）机构　若铰链四杆机构中的两个连架杆均为曲柄，则该机构称为双曲柄机构。在双曲柄机构中，通常主动曲柄作等角速连续转动，而从动曲柄作等角速或变角速连续转动。

图 4-20 所示的惯性筛中的四杆机构 ABCD 即为双曲柄机构。当主动曲柄 1 作等角速转动时，从动曲柄 3 作变角速转动，通过连杆 5 带动滑块 6 上的筛子，使其具有所要求的加速度，使被筛的物料因惯性作用而被筛选。

在双曲柄机构中，若连杆与机架的长度相等，两曲柄的长度也相等，则称为平行双曲柄机构，或称为平行四边形机构，如图 4-21(a) 所示。由于运动中该机构两曲柄的角速度始终

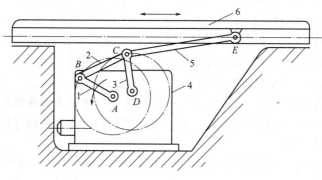

图 4-20 惯性筛机构

相等，且连杆在运动中始终作平移运动，故应用较广。如图 4-22 所示的摄影车升降机构，其升降高度的变化是采用两组平行四边形机构来实现的，同时利用连杆 7 始终作平动的特点，使与连杆固接的座椅始终保持水平位置，以保证摄影人员安全工作。

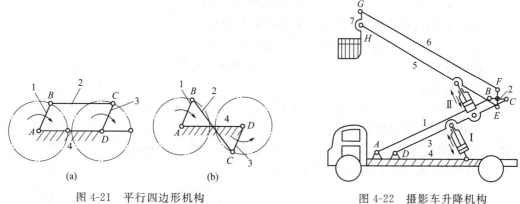

图 4-21 平行四边形机构

图 4-22 摄影车升降机构

在平行四边形机构中，当主动曲柄转一周时，将出现两次与从动曲柄、连杆及机架共线的情况。这时可能出现从动曲柄与主动曲柄的转向相同或相反的运动不确定现象，若转向相反则形成逆平行四边形机构 $ABCD$，如图 4-21(b) 所示。对于逆平行四边形机构，两曲柄转向相反，且角速度不相等。为了防止平行四边形机构转化为逆平行四边形机构，通常可利用从动曲柄本身或附加质量的惯性来导向，也可采用机构并联（增加虚约束）的方法来克服。图 4-23 所示机车车轮联动机构就是应用虚约束使机构始终保持平行四边形的实例。

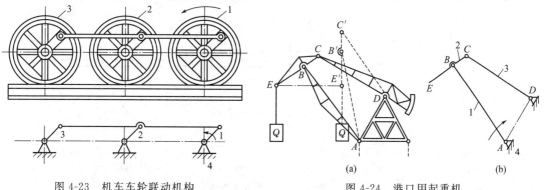

图 4-23 机车车轮联动机构

图 4-24 港口用起重机

（3）双摇杆（$D-R$）机构　当铰链四杆机构的两个连架杆均为摇杆时，称为双摇杆机构。图 4-24（a）所示为港口用起重机示意图，图 4-24（b）为起重机中的双摇杆机构运动简图。当摇杆 1 摆动时，摇杆 3 也随之摆动，连杆 2 上的 E 点作近似于水平直线的运动，使其在起吊重物时，避免由于不必要的升降而增加的能量的损耗。

3. 铰链四杆机构基本类型的判断

（1）铰链四杆机构中曲柄存在的条件　铰链四杆机构中是否有曲柄存在，主要与机构中各构件的尺寸和最短杆在机构中的位置有关。可以证明，平面铰链四杆机构中，曲柄存在的条件（格拉霍夫定理）为：

① 最短杆和最长杆之和等于或小于另外两杆长度之和（杆长和条件或必要条件）即 $l_{max}+l_{min}\leqslant l'+l''$。

$$(4-3)$$

② 连架杆和机架中必有一杆为最短杆（最短杆条件或充分条件）。

（2）铰链四杆机构基本类型的判断方法

① 在铰链四杆机构中，最短构件与最长构件长度之和小于或等于其余两构件长度之和时，取不同构件为机架，则得到不同的机构。

a. 若取最短构件为连架杆，则该机构为曲柄摇杆机构。

b. 若取最短构件作为机架，则该机构为双曲柄机构。

c. 若取最短构件作为连杆，则该机构为双摇杆机构。

② 当最短构件与最长构件长度之和大于其余两构件长度之和 $l_{max}+l_{min}>l'+l''$ 时，则该机构为双摇杆机构。

例 4-1　已知图 4-18 所示雷达天线机构，$l_1=40$mm，$l_2=110$mm，$l_3=l_4=150$mm，请判别该机构是否是曲柄摇杆机构。

解　① 由图中得知　$l_1=40$mm，$l_2=110$mm，$l_3=l_4=150$mm

② 按式（4-3）检查各构件长度间的关系：

$$l_{max}+l_{min}=150+40=190\text{mm}$$

$$l_4+l_2=150+110=260\text{mm}$$

满足式（4-3）要求

③ 构件 1 最短，它在机构中作连架杆，所以图示雷达天线机构是曲柄摇杆机构。

二、铰链四杆机构的演化形式

1. 曲柄滑块机构

图 4-25（a）所示的曲柄摇杆机构，摇杆上 C 点的运动轨迹是以 D 点为圆心，以 CD 为

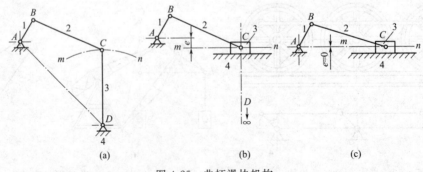

(a)　　　　　　　(b)　　　　　　　(c)

图 4-25　曲柄滑块机构

半径的圆弧 $m-n$。若转动副 D 趋于无限远，即 CD 的杆长无限长时，转动副 C 的轨迹 $m-n$ 演化为直线。构件 3 与 4 之间的转动副 D 演化为移动副，机构演化为曲柄滑块机构，如图 4-25(b) 所示。在曲柄滑块机构中，若转动副 C 的移动轨迹 $m-n$ 和曲柄的回转中心 A 在一条直线上时，称为对心曲柄滑块机构，如图 4-25(c) 所示。对心曲柄滑块机构简称曲柄滑块机构。若转动副 C 的移动轨迹 $m-n$ 和曲柄的回转中心 A 不在一条直线上时，则称为偏置曲柄滑块机构，如图 4-25(b) 所示。曲柄回转中心 A 到 $m-n$ 的垂直距离称为偏距，以 e 表示。

2. 转动导杆机构和摆动导杆机构

取图 4-26(a) 中的构件 1 为机架，如图 4-26(b) 和图 4-26(c) 所示，当 $a<b$ 时，构件 2 和 4 分别绕固定轴 B 和 A 作整周回转，称该机构为转动导杆机构。图 4-27(a) 所示的插床主传动机构 ABC 就是转动导杆机构。当 $a>b$ 时，导杆 4 只能绕转动副 A 相对于机架 1 作往复摆动，称该机构为摆动导杆机构。图 4-27(b) 所示的牛头刨床主传动机构 ABC 就是摆动导机构的应用实例。

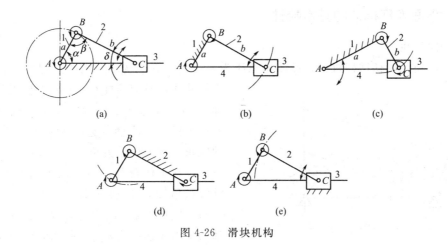

图 4-26　滑块机构

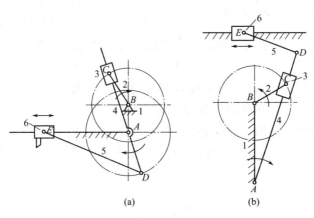

图 4-27　转动导杆与摆动导杆机构

3. 曲柄摇块机构和移动导杆机构

若取图 4-26(a) 所示机构中的构件 2 为机架，如图 4-26(d) 所示，则滑块 3 只能是绕固定轴 C 作往复摆动的摇块，称该机构为曲柄摇块机构。如图 4-28 所示的汽车自动卸料机构就是曲柄摇块机构。

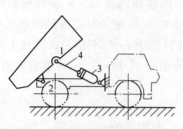

图 4-28　汽车自动卸料机构

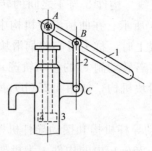

图 4-29　手摇唧筒

若将图 4-26(a) 所示机构中的构件 3 作为机架，如图 4-26(e) 所示，则导杆只能在固定滑块 3 中往复移动，称该机构为移动导杆机构。如图 4-29 所示的手摇唧筒就是移动导杆机构的应用实例。

三、平面连杆机构的基本特性

1. 急回特性

图 4-30 所示曲柄摇杆机构，设曲柄 AB 为原动件，它在转动一周的过程中，有两次与连杆共线，对应摇杆 CD 有两个极限位置 C_1D 和 C_2D，称这两个位置为极位。对应于摇杆的两个极位，曲柄与连杆两次共线位置所夹的锐角 θ 称为极位夹角。

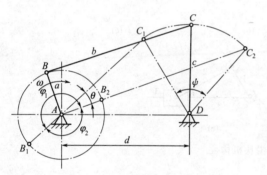

图 4-30　曲柄摇杆机构的急回特性

设在工作行程，曲柄以等角速度 ω 顺时针转过角度 φ_1，摇杆由位置 C_1D 摆到位置 C_2D，摆角为 ψ，所用时间为 t_1，摇杆 CD 摆动的平均角速度为 ω_{m1}。曲柄继续转动为空回行程，转过角度时 φ_2，摇杆从 C_2D 位置摆回到 C_1D 位置，摆角仍为 ψ，所用时间为 t_2。

摇杆的平均角速度为 ω_{m2}。由图可知，对应曲柄的两个转角 φ_1 和 φ_2 分别为：

$$\varphi_1 = 180°+\theta, \ \varphi_2 = 180°-\theta$$

由于 $\varphi_1 > \varphi_2$，所以曲柄以等角速度 ω 转过这两个角度时，对应的时间为 $t_1 > t_2$，且 $\varphi_1/\varphi_2 = t_1/t_2$。而摇杆 CD 的平均角速度为 $\omega_{m1} = \psi/t_1$ 和 $\omega_{m2} = \psi/t_2$，显然 $\omega_{m1} < \omega_{m2}$。可见，当曲柄作等角速度转动时，作往复摆动的摇杆在回程的平均角速度大于工作行程的平均角速度，连杆机构的这一性质称为急回特性。工程中，常用 ω_{m2} 与 ω_{m1} 的比值 K 来衡量机构急回的程度，即

$$K = \frac{\omega_{m2}}{\omega_{m1}} = \frac{t_1}{t_2} = \frac{\varphi_1}{\varphi_2} = \frac{180°+\theta}{180°-\theta} \tag{4-4}$$

称 K 为行程速比系数。若已知 K 则可求出极位夹角为

$$\theta = 180° \times \frac{K-1}{K+1} \tag{4-5}$$

由上式可知，机构的急回程度与极位夹角 θ 有关，θ 角越大，K 值越大，机构的急回特

性越明显。一般情况下：如果 $\theta > 0$ 时，$K > 1$，称为正偏置曲柄摇杆机构，其具有急回特性；如果 $\theta = 0$ 时，$K = 1$，机构没有急回特性，称为无偏置曲柄摇杆机构；如果 $\theta < 0$ 时，$K < 1$，称为负偏置曲柄摇杆机构，其具有慢回特性。

根据式(4-4)，读者可自行求出图 4-31(a) 所示的曲柄滑块机构、图 4-31(b) 所示的偏置曲柄滑块机构和图 4-31(c) 所示的摆动导杆机构的行程速比系数 K。

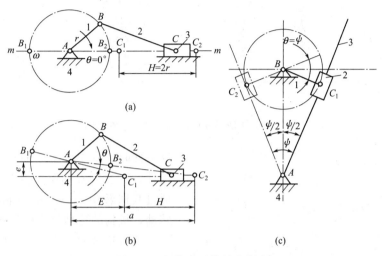

图 4-31　机构急回特性的判定

2. 传力特性

(1) 压力角和传动角　图 4-32 所示铰链四杆机构，不计杆的重力、惯性力和摩擦力，连杆 2 是二力杆。由原动件 1 经过连杆 2 作用在从动件 3 上的驱动力 F 的方向，是沿着连杆 BC 方向的。力 F 可分解为沿 C 点的速度 v_c 方向和垂直于 v_c 方向的两个分力

$$\begin{cases} F_t = F\cos\alpha \\ F_n = F\sin\alpha \end{cases}$$

其中，沿 v_c 方向的分力 F_t 是使从动件运动的有效分力，而垂直于 v_c 方向的分力 F_n 使转动副 D 中产生附加径向力和摩擦阻力，是有害分力。

在上式中若 α 越小，则 F_t 越大、F_n 越小，越有益于传动。所以，在曲柄摇杆机构中把作用于从动摇杆上的力 F 的作用线，与其作用点 C 的速度 v_c 的方向线之间所夹的锐角 α，称为从动连杆在此位置时的压力角或称为连杆机构的压力角。称压力角 α 的余角为连杆机构的传动角，用 γ 表示，如图 4-32 所示。显然，γ 越大，对传动越有利。因此工程中常用传动角 γ 的大小衡量连杆机构传力性能的好坏。由图中的几何关系可知，连杆 BC 和摇杆 CD 所夹锐角 δ 就等于传动角 γ，故可用测量 δ 的方法测量 γ。

在运动过程中，机构的传动角 γ 是变化的，当曲柄 AB 转到与连架杆 AD 共线的两个极限位置 AB_1、AB_2 时，传动角分别有两个极值 γ' 和 γ''，如图 4-31 所示，这两个值的大小可用几何方法求出，比较两者的大小，即可得出最小传动角 γ_{min}。为使机构具有良好的传力性能，设计时一般要求 $\gamma_{min} \geq [\gamma^\circ]$。通常取 $[\gamma^\circ] = 40^\circ$，对于高速和大功率的传动机械可取 $[\gamma^\circ] = 50^\circ$。

(2) 死点位置　如图 4-33 所示，在曲柄摇杆机构中，若摇杆 CD 为主动件，则当机构处于两个极限位置 C_1D 和 C_2D 时，连杆与曲柄在一条直线上，出现了传动角 $\gamma = 0^\circ$ 的情

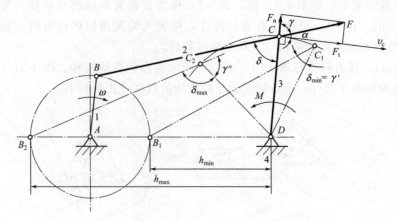

图 4-32 曲柄摇杆机构的压力角和传动角

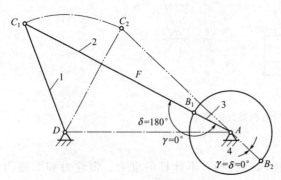

图 4-33 曲柄摇杆机构的死点位置

况。此时，主动件 CD 通过连杆作用于从动件 AB 上 B 点的驱动力 F 的作用线正好通过其回转中心 A，将不能驱动构件 AB 转动，机构的这种位置称为死点位置。

死点位置对于传动机构是不利的。对于有死点位置的机构，为克服死点，在连续运转状态下可利用从动件的惯性使其通过死点位置，如图 4-34 所示的缝纫机踏板机构利用飞轮的惯性使曲柄通过死点。对于平行四边形机构，可采用机构联动错位

排列的方法将死点位置错开，如图 4-35 所示的蒸汽机车车轮联动机构，利用两组机构错位排列，把两个曲柄的位置相互错开 $90°$，以克服机构的死点位置。

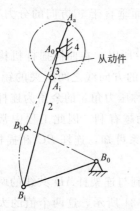

图 4-34 缝纫机踏板机构

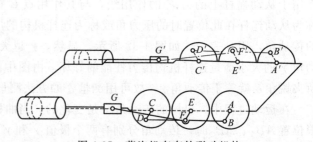

图 4-35 蒸汽机车车轮联动机构

在工程实际中，经常利用死点位置来满足一定的工作要求，如图 4-36 所示的工件夹紧机构，当用力 F 按下手柄 2 时，工件 5 即被夹紧在图示位置，然后撤去力 F。此时，由于机构的传动角为零，工件 5 给构件 1 的反作用力不会使机构自动松开。只有在手柄上加一个反方向的力，才能松开工件。又如图 4-37 所示的飞机起落架机构，当飞机着陆时，连杆 2

与从动连架杆 3 处于同一直线，使机构处于死点位置。降落时，在地面对轮子的巨大冲击力作用下，从动件 3 不会摆动，总保持支承状态，从而保证了着陆安全可靠。只有当飞机起飞时，油缸工作在回程，才能收起机轮。

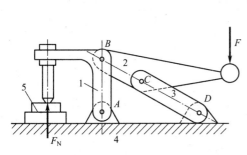

图 4-36 工件夹紧机构

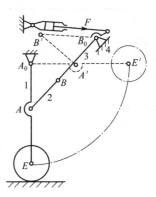

图 4-37 飞机起落架机构

表 4-4 缝纫机脚踏机构分析计划决策表

情 境	学习情境四 平面机构的认识			
学习任务	任务二 缝纫机脚踏机构的分析		完成时间	
任务完成人	学习小组	组长		成员
学习的知识和技能				
小组任务分配（以四人为一小组单位）	小组任务	任务准备	管理学习	管理出勤、纪律	监督检查
	个人职责	制定小组学习计划,确定学习目标	组织小组成员进行分析讨论,进行计划决策	记录考勤并管理小组成员纪律	检查并督促小组成员按时完成学习任务
	小组成员				
完成工作任务所需的知识点				
完成工作任务的计划				
完成工作任务的初步方案				

任务实施

表 4-5　缝纫机脚踏机构分析任务实施表

情　境	学习情境四　平面机构的认识				
学习任务	任务二　缝纫机脚踏机构的分析			完成时间	
任务完成人	学习小组		组长		成员
解决思路					
解决方法与步骤					

 **分析评价**

表 4-6　缝纫机脚踏机构分析学习评价表

情　境	学习情境四　平面机构的认识				
学习任务	任务二　缝纫机脚踏机构的分析			完成时间	
任务完成人	学习小组		组长		成员

评价项目	评价内容	评价标准	得分
专业能力 （55%）	知识的理解和掌握能力	对知识的理解、掌握及接受新知识的能力 □优(12)□良(9)□中(6)□差(4)	
	知识的综合应用能力	根据工作任务,应用相关知识进行分析解决问题 □优(13)□良(10)□中(7)□差(5)	
	方案制定与实施能力	在教师的指导下,能够制定工作方案并能够进行优化实施,完成计划决策表、实施表、检查表的填写 □优(15)□良(12)□中(9)□差(7)	
	实践动手操作能力	根据任务要求完成任务载体 □优(15)□良(12)□中(9)□差(7)	
方法能力 （25%）	独立学习能力	在教师的指导下,借助学习资料,能够独立学习新知识和新技能,完成工作任务 □优(8)□良(7)□中(5)□差(3)	
	分析解决问题的能力	在教师的指导下,独立解决工作中出现的各种问题,顺利完成工作任务 □优(7)□良(5)□中(3)□差(2)	
	获取信息能力	通过教材、网络、期刊、专业书籍、技术手册等获取信息,整理资料,获取所需知识 □优(5)□良(3)□中(2)□差(1)	
	整体工作能力	根据工作任务,制定、实施工作计划 □优(5)□良(3)□中(2)□差(1)	

续表

评价项目	评价内容	评价标准	得分
社会能力 （20%）	团队协作和沟通能力	工作过程中,团队成员之间相互沟通、交流、协作、互帮互学,具备良好的群体意识 □优(5)□良(3)□中(2)□差(1)	
	工作任务的组织管理能力	具有批评、自我管理和工作任务的组织管理能力 □优(5)□良(3)□中(2)□差(1)	
	工作责任心与职业道德	具有良好的工作责任心、社会责任心、团队责任心(学习、纪律、出勤、卫生)、职业道德和吃苦能力 □优(10)□良(8)□中(6)□差(4)	
总　　分			

任务三　自动车床走刀机构的分析

 情境导入

如图 4-38 所示为走刀式自动车床，它是通过凸轮来控制加工过程的自动加工机床。

走刀式自动车床使用两种凸轮：一种为圆筒状形态凸轮，将其端面加工成某种形态后，通过传动连杆和摇臂连接，将凸轮的回转运动变为刀架的直线运动，主要用于加工件的轴向方向切削；另一种为圆板状形态将其外周加工成所需的形状，然后通过与刀架连接的传动杆，将凸轮的回转运动变成刀具的直线运动，主要用于加工件的径向方向切削。将这两种凸轮的左右、前后运动合成，就能使道具以倾斜或曲线方向运动。

图 4-38　走刀式自动车床

那么，圆筒状形态和圆板状形态的机构是哪种凸轮机构呢？其运动有什么规律呢？

 **任务描述**

学习目标	学习内容
1. 熟悉凸轮机构的组成、分类、特点 2. 掌握从动件的等加等减速、简谐运动规律的应用及作图方法 3. 尖顶、滚子从动件凸轮轮廓线的设计方法步骤	1. 凸轮机构的组成、分类、特点 2. 从动件的等加等减速、简谐运动规律的应用及作图方法 3. 尖顶、滚子从动件凸轮轮廓线的设计方法步骤

 知识链接

凸轮机构是由凸轮、从动件和机架三个基本构件所组成的一种高副机构。凸轮是一个具有曲线轮廓或凹槽的构件，当它运动时，通过其上的曲线轮廓与从动件的高副接触，使从动件获得预期的运动。凸轮机构在各种机械，尤其是在自动化生产设备中得到广泛的应用。

图 4-39 所示为一内燃机的配气机构。凸轮 1 是一个具有变化向径的盘形构件，当它回转时，迫使推杆 2 在固定导路 3 内作往复运动，以控制燃气在适当的时间进入汽缸或排出废气。

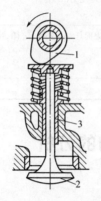

图 4-39　内燃机配气机构

1—凸轮；2—推杆；3—固定导路

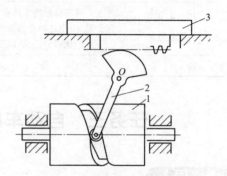

图 4-40　自动机床进刀机构

1—凸轮；2—从动件；3—齿条

图 4-40 所示为自动机床的进刀机构。当具有凹槽的凸轮 1 回转时，其凹槽的侧面迫使从动件 2 绕 O 点作往复摆动，通过扇形齿轮和刀架上的齿条 3 控制刀架作进刀和退刀运动。

一、凸轮机构的基本类型及应用

根据凸轮和从动件的不同形状和形式，凸轮机构可按如下方法分类。

1. 按凸轮的形状分类

（1）盘形凸轮机构（图 4-39）　凸轮是绕固定轴转动且具有变化向径的盘形构件，当凸轮绕其固定轴转动时，从动件在垂直于凸轮轴的平面内运动。它是凸轮的基本形式，结构简单，应用广泛。

（2）移动凸轮机构（图 4-41）　凸轮是具有曲线轮廓且只能作相对往复直线移动的构件，它可看作是轴心在无穷远处的盘行凸轮。

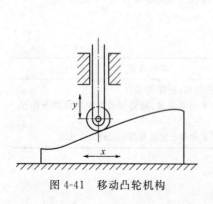

图 4-41　移动凸轮机构

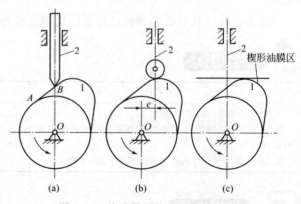

图 4-42　从动件形状不同的凸轮机构

（3）圆柱凸轮机构（图 4-40）　凸轮的轮廓曲线位于圆柱面上，它可以看作是把移动凸轮卷成圆柱体而得。

2. 按从动件的形状分类

（1）尖底从动件［图 4-42(a)］　从动件的尖底能够与任意复杂的凸轮轮廓保持接触，使从动件实现任意的运动规律。这种从动件结构最简单，但易于磨损，故仅适用于速度较底和作用力不大的场合。

（2）滚子从动件［图 4-42(b)］　从动件的底部有可自由转动的滚子，凸轮与从动件之间的摩擦为滚动摩擦，减小了摩擦磨损，可用来传递较大的动力，故应用较广。

（3）平底从动件［图 4-42(c)］　从动件与凸轮之间为线接触，接触处易形成油膜，润滑状况好，传动效率高，常用于高速场合，但仅能与轮廓全部外凸的凸轮相配合。

各种型式的从动件中，既有作直线往复移动的从动件，也有绕定轴摆动的从动件，前者称为直动从动件（图 4-39、图 4-41），后者称为摆动从动件（图 4-40）。在直动从动件中，若尖底或滚子中心的轨迹通过凸轮的轴心，成为对心直动从动件［图 4-42(a)］，否则称为偏置直动从动件［图 4-42(b)］。

3. 按从动件与凸轮的锁合方式分类

（1）力封闭（图 4-39）　利用从动件的重力、弹簧力或其他外力使从动件与凸轮保持接触。

（2）形封闭（图 4-40）　依靠凸轮与从动件的特殊结构来保持从动件与凸轮接触。图 4-43列出了常用的形封闭凸轮机构，其中图 4-43(a) 为沟槽凸轮机构，图 4-43(b) 为宽凸轮结构，图 4-43(c) 为等径凸轮机构，图 4-43(d) 为共轭凸轮机构。

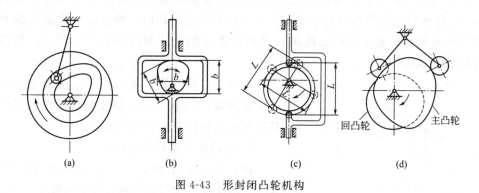

图 4-43　形封闭凸轮机构

二、凸轮的运动分析及从动件常见运动规律

1. 运动分析

如图 4-44(a) 所示，以凸轮轮廓的最小向径 r_{min} 为半径所绘的圆称为基圆，基圆与凸轮轮廓线有两个连接点，即 A 和 D。

A 点为从动件处于上升的起始位置。当凸轮以等角速度 ω_1 绕 O 点逆时针回转时，从动件从 A 点开始被凸轮轮廓以一定的运动规律推动，最终到达距 O 点最远的位置 B 点、从动件由位置 A 运动到位置 B 的过程称为推程。从动件在推程中所走过的距离 h 称为升程，而与推程对应的凸轮转角 φ_0 称为推程运动角。

当凸轮继续以 O 点为中心转过圆弧 $\overset{\frown}{BC}$ 时，从动件因与 O 点的距离保持不变而在最远位置停留不动，圆弧 $\overset{\frown}{BC}$ 对应的圆心角 φ_s 称为远休止角。

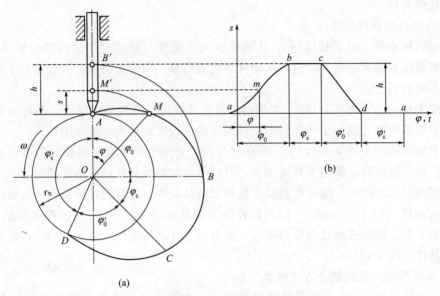

图 4-44　从动件位移线图

凸轮继续回转，从动件在弹簧力或重力作用下，沿曲线 $\overset{\frown}{BD}$ 以一定的运动规律回到距 O 点最近的位置 D，此过程称为回程。曲线 $\overset{\frown}{BD}$ 对应的转角 φ_0' 称为回程运动角。在凸轮基圆段，从动件保持最近的位置不动，基圆段对应的转角 φ_s' 称为近休止角。

当凸轮连续回转时，从动件重复上述运动。如果以直角坐标系的纵坐标代表从动件的位移 s，横坐标代表凸轮转角 φ（通常当凸轮等角速转动时，横坐标也代表时间 t），则可以画出从动件的位移 s 与凸轮转角 φ 之间的关系曲线，如图 4-44（b）所示，它简称为从动件位移曲线图。

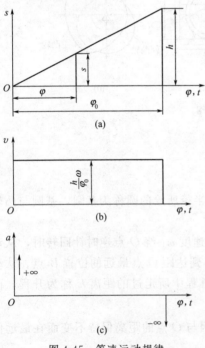

图 4-45　等速运动规律

由以上分析可知，从动件的位移线图取决于凸轮轮廓曲线的形状，也就是说，从动件的不同运动规律要求凸轮具有不同的轮廓曲线。

2. 从动件常见运动规律

所谓从动件的运动规律，是从动件的位移 s、速度 v、加速度 a 与凸轮转角 φ 变化的规律。它们全面地反映了从动件的运动特性及其变化的规律性。从动件的运动规律很多，本书以直动从动件盘形凸轮机构为例介绍几种常用的运动规律。

（1）等速运动规律　从动件运动的速度为常数时的运动规律，称为等速运动规律。这种运动规律，从动件的位移 s 与凸轮的转角 φ 成正比。其推程运动的位移线图如图 4-45（a）所示。从动件运动时速度保持常数，但在行程始末两端速度有突变，如图 4-45（b）所示，加速度在理论上应有从 $+\infty$ 到 $-\infty$ 的突变，如图 4-45（c）所示，因而会产生非常大的惯性力，导致机构的剧烈冲击，这种冲击称为刚性冲击。因此，若单独采用此运动规律时，仅适用于低速轻载的场合。

（2）等加速等减速运动规律 从动件在一个行程中，先作等加速运动，后作等减速运动，且通常加速度与减速度的绝对值相等，这样的运动规律，称为等加速度等减速运动规律。其推程运动线是连续的，不会产生刚性冲击。但在图 4-46(c) 的加速度曲线中 A、B、C 三处加速度存在有限突变，使从动件的惯性力也随之发生突变，从而与凸轮轮廓间产生一定的冲击，这种冲击称为柔性冲击，它比刚性冲击要小得多。因此，此运动规律一般可用于中速轻载的场合。

当用图解设计凸轮轮廓时，通常需要绘制从动件的位移曲线。其作图方法如下：

① 角度比例尺 μ_φ（单位为°/mm）和长度比例尺 μ_1。在 φ 轴上截取段 $O4$ 代表 $\varphi_0/2$，过点 4 作 φ 轴的垂线，并在该垂线上截取 44 代表 $h/2$（先作前半部分抛物线）。过 4 点作 φ 轴的平行线。

② 将左下方矩形的 $\varphi_0/2$ 和 $h/2$ 等分成相同的份数，得 1、2、3、4 和 $1'$、$2'$、$3'$、$4'$（图中为 4 等分）。

③ 将坐标原点 O 分为与点 $1'$、$2'$、$3'$、$4'$ 相连，得连线 $O1'$、$O2'$、$O3'$ 和 $O4'$。再过分点 1、2、3、4 分别作纵坐标（s 轴）的平行线，它们与连线 $O1'$、$O2'$、$O3'$ 和 $O4'$ 分别相交于 $1''$、$2''$、$3''$ 和 $4''$。

④ 将点 O、$1''$、$2''$、$3''$、$4''$ 连成光滑的曲线，即为等加速运动的位移曲线。可以证明，该曲线为一条抛物线。后半段等速运动规律位移曲线的画法与上述相类似，只是弯曲方向反过来，参见图 4-46(a)。

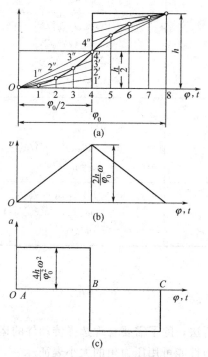

图 4-46 等加速等减速运动规律

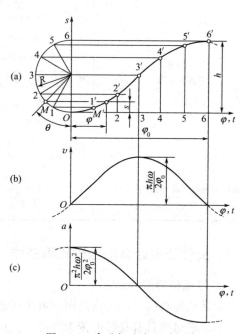

图 4-47 余弦加速度运动规律

（3）余弦加速度运动规律 从动件运动时，其加速度是按余弦规律变化的，这种规律称为余弦加速度运动规律，也称为简谐运动规律。其推程运动线图 4-47 所示。这种运动规律在行程的始末两点加速度发生有限突变如图 4-47(c)，故也会引起柔性冲击，因此，在一般情况下，它也仅适用于中速中载的场合。当从动件作升——降——升运动循环时，若在推程和回程中，均采用此运动规律，则可获得包括始末点的全程光滑连续的加速度曲线。在此情况下，不会产生冲击，故可用于高速凸轮机构。

这种运动规律的位移曲线的作法如图 4-47(a)：

① 选取角度比例尺，在横坐标轴上作出推程运动角，并将它分成若干等分（图中为 6 等分），过各分点作铅垂线。

② 选取长度比例尺，在纵坐标轴上截取 $O6$ 代表从动件行程 h。以 $O6$ 为直径作半圆，将半圆周分成与推程运动角相同的等分数（图中为 6 等分）。

③ 过半圆周上各等分点作水平线，这些与步骤①中所作的对应铅垂线分别交于点 1、2、…、6。

④ 将点 1、2、…、6 连成光滑的曲线，此曲线即为所要求的余弦加速度运动规律的位移曲线。

以上三种常用运动规律的运动方程见表 4-7。

表 4-7　三种常用运动规律的运动方程

运动规律	运动方程	
	推程 $0° \leqslant \varphi \leqslant \varphi_0$	回程 $0° \leqslant \varphi' \leqslant \varphi_0'$
等速运动	$s=(h/\varphi_0)\varphi$ $v=h\omega/\varphi_0$ $a=0$	$s=h-(h/\varphi_0')\varphi'$ $v=-h\omega/\varphi_0'$ $a=0$
等加速 等减速运动	$0 \leqslant \varphi \leqslant \varphi_0/2$ $s=(2h/\varphi_0^2)\varphi^2$ $v=(4h\omega/\varphi_0^2)\varphi$ $a=4h\omega^2/\varphi_0^2$	$0 \leqslant \varphi' \leqslant \varphi_0'/2$ $s=h-(2h/\varphi_0'^2)\varphi_2'$ $v=-(4h\omega/\varphi_0'^2)\varphi'$ $a=-4h\omega^2/\varphi_0'^2$
	$\varphi_0/2 < \varphi \leqslant \varphi_0$ $s=h-2h(\varphi_0-\varphi)^2/\varphi_0^2$ $v=4h\omega(\varphi_0-\varphi)/\varphi_0^2$ $a=-4h\omega^2/\varphi_0^2$	$\varphi_0'/2 < \varphi' \leqslant \varphi_0'$ $s=2h(\varphi_0'-\varphi')^2/\varphi_0'^2$ $v=-4h\omega(\varphi_0'-\varphi')/\varphi_0'^2$ $a=4h\omega^2/\varphi_0'^2$
余弦加速度运动（简谐运动）	$s=h/2[1-\cos(\pi\varphi/\varphi_0)]$ $v=(\pi h\omega/2\varphi_0)\sin(\pi\varphi/\varphi_0)$ $a=(\pi^2 h\omega^2/2\varphi_0^2)\cos(\pi\varphi/\varphi_0)$	$s=h/2[1+\cos(\pi\varphi'/\varphi_0')]$ $v=-(\pi h\omega/2\varphi_0')\sin(\pi\varphi'/\varphi_0')$ $a=-(\pi^2 h\omega^2/2\varphi_0'^2)\cos(\pi\varphi'/\varphi_0')$

三、反转法设计盘形凸轮轮廓曲线

1. 凸轮机构的传力性能

在设计凸轮机构时，无论是用图解法还是用解析法，除了需要合理选择传动件的运动规律外，还要求机构具有良好的传力性能。机构的传力性能可用压力角的大小表征。

（1）压力角　凸轮机构也和连杆机构一样，从动件运动方向和接触轮廓法线方向之间所夹的锐角称为压力角。

如图 4-48 所示为尖顶直动从动件凸轮机构，当不考虑摩擦时，凸轮对从动件的作用力

F 是沿接触轮廓的法线方向，从动件运动方向与 F 方向之间所夹的锐角 α 即为压力角。

F 可分解为沿从动件运动方向的轴向分力 F_1 和与轴向分力垂直的侧向分力 F_2。

压力角 α 越大，侧向分力 F_2 就越大，机构的效率就越低。当 α 增大到一定程度，使 F_2 所引起的摩擦阻力大于轴向分力 F_1 时，无论凸轮对从动件的作用力多大，从动件都不能运动，这种现象称为自锁。由以上分析可以看出，为了保证凸轮机构正常工作并具有一定的传动效率，必须对压力角加以限制。

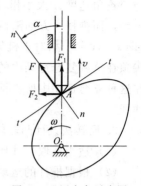

图 4-48 压力角示意图

（2）影响压力角的因素 影响压力角的因素主要有凸轮的基圆半径和偏距。

研究表明，从动件运动规律相同时，对应点的压力角 α 与基圆半径 r_b 等因素有关。如图 4-48 所示：基圆半径较大的凸轮对应点的压力角较小，传力性能好些，但结构尺寸较大；基圆半径小时，压力角较大，容易引起自锁，但凸轮的结构比较紧凑。

对于直动从动件凸轮机构，其许用压力角为 $[\alpha] = 30° \sim 38°$。

对于摆动从动件凸轮机构，其许用压力角为：$[\alpha] = 40° \sim 50°$，工作行程；$[\alpha] = 70° \sim 80°$，回程。

压力角的大小可简便地用量角器测取。最大压力角 α_{max} 一般出现在从动件上升的起始位置、从动件具有最大速度 v_{max} 的位置或在凸轮轮廓上比较陡的地方。

因此，压力角的大小可反映机构传力性能的好坏，压力角是机构设计的一个要参数。在设计凸轮机构时，应保证机构在工作过程中的最大压力角 α_{max} 不得超过其许用压力角 $[\alpha]$，即

$$\alpha_{max} \leqslant [\alpha]$$

偏距是从动件的中心线偏离凸轮转动中心的距离，偏距的大小受从动件的偏置方式影响，包括凸轮的转动方向、从动件相对凸轮的偏置方向及推程或回程等因素。

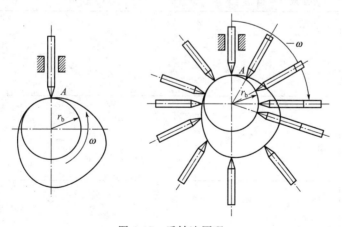

图 4-49 反转法原理

2. 反转法设计原理

凸轮轮廓曲线设计的基本方法是反转法，其依据的是相对运动的原理。以对心直动尖顶推杆盘形凸轮机构为例，如图 4-49 所示，在设计凸轮轮廓线时，设想整个凸轮机构以一个

与凸轮角速度 ω 大小相等而方向相反（即 $-\omega$）的角速度，绕轴心 O 转动，这时凸轮将静止不动，而推杆一方面随机架相对凸轮以 ω 角速度反向转动，另一方面又以原有的运动规律［即 $s=s(\varphi)$］相对于机架运动。由于推杆的尖顶始终与凸轮的轮廓保持接触，所以，推杆尖顶在这种复合运动中的运动轨迹即为凸轮轮廓曲线。根据这一方法，求出推杆尖顶在推杆作这种复合运动中所占据的一系列位置点，并将它们连接成光滑曲线，即得所求的凸轮轮廓曲线。

3. 反转法设计凸轮轮廓曲线

（1）适当选取尺寸比例尺，作出基圆及推杆的初始位置。

（2）根据推杆的运动规律，按选定的分度值（通常在 $1°\sim15°$ 之间选取，当凸轮精度要求高时取小值）计算出推杆各分点的位移值。

（3）求出推杆在反转运动中依次占据的各个位置。

（4）用反转法求出推杆尖顶在复合运动中依次占据的位置。

（5）将推杆尖顶的各位置点连成一条光滑曲线，即为所要设计的凸轮轮廓曲线。

 计划决策

表 4-8　自动车床走刀机构的分析计划决策表

情　境	学习情境四　平面机构的认识				
学习任务	任务三　自动车床走刀机构的分析			完成时间	
任务完成人	学习小组		组长	成员	
学习的知识和技能					
小组任务分配（以四人为一小组单位）	小组任务	任务准备	管理学习	管理出勤、纪律	监督检查
	个人职责	制定小组学习计划,确定学习目标	组织小组成员进行分析讨论,进行计划决策	记录考勤并管理小组成员纪律	检查并督促小组成员按时完成学习任务
	小组成员				
完成工作任务所需的知识点					
完成工作任务的计划					
完成工作任务的初步方案					

任务实施

表 4-9　自动车床走刀机构的分析任务实施表

情　境	学习情境四　平面机构的认识				
学习任务	任务三　自动车床走刀机构的分析			完成时间	
任务完成人	学习小组		组长		成员
解决思路					
解决方法与步骤					

 分析评价

表 4-10　自动车床走刀机构的分析学习评价表

情　境	学习情境四　平面机构的认识			
学习任务	任务三　自动车床走刀机构的分析		完成时间	
任务完成人	学习小组	组长		成员

评价项目	评价内容	评价标准	得分
专业能力 (55%)	知识的理解和掌握能力	对知识的理解、掌握及接受新知识的能力 □优(12)□良(9)□中(6)□差(4)	
	知识的综合应用能力	根据工作任务,应用相关知识进行分析解决问题 □优(13)□良(10)□中(7)□差(5)	
	方案制定与实施能力	在教师的指导下,能够制定工作方案并能够进行优化实施,完成计划决策表、实施表、检查表的填写 □优(15)□良(12)□中(9)□差(7)	
	实践动手操作能力	根据任务要求完成任务载体 □优(15)□良(12)□中(9)□差(7)	
方法能力 (25%)	独立学习能力	在教师的指导下,借助学习资料,能够独立学习新知识和新技能,完成工作任务 □优(8)□良(7)□中(5)□差(3)	
	分析解决问题的能力	在教师的指导下,独立解决工作中出现的各种问题,顺利完成工作任务 □优(7)□良(5)□中(3)□差(2)	

续表

评价项目	评价内容	评价标准	得分
方法能力 (25%)	获取信息能力	通过教材、网络、期刊、专业书籍、技术手册等获取信息,整理资料,获取所需知识 □优(5)□良(3)□中(2)□差(1)	
	整体工作能力	根据工作任务,制定、实施工作计划 □优(5)□良(3)□中(2)□差(1)	
社会能力 (20%)	团队协作和沟通能力	工作过程中,团队成员之间相互沟通、交流、协作、互帮互学,具备良好的群体意识 □优(5)□良(3)□中(2)□差(1)	
	工作任务的组织管理能力	具有批评、自我管理和工作任务的组织管理能力 □优(5)□良(3)□中(2)□差(1)	
	工作责任心与职业道德	具有良好的工作责任心、社会责任心、团队责任心(学习、纪律、出勤、卫生)、职业道德和吃苦能力 □优(10)□良(8)□中(6)□差(4)	
总　　分			

课后习题

4-1　绘出如题 4-1(a)、4-1(b) 图所示机构的机构运动简图。

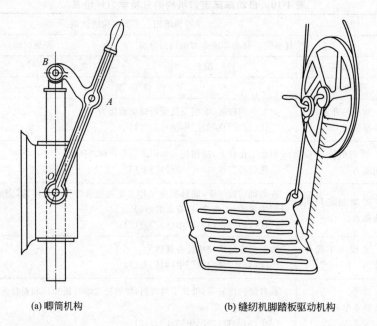

(a)唧筒机构　　　　　　　(b)缝纫机脚踏板驱动机构

题 4-1 图

4-2　计算题 4-2(a)～4-2(f) 图所示各机构的自由度,指出其中是否含有复合铰链、局部自由度或虚约束,并说明在计算自由度时应该如何处理。

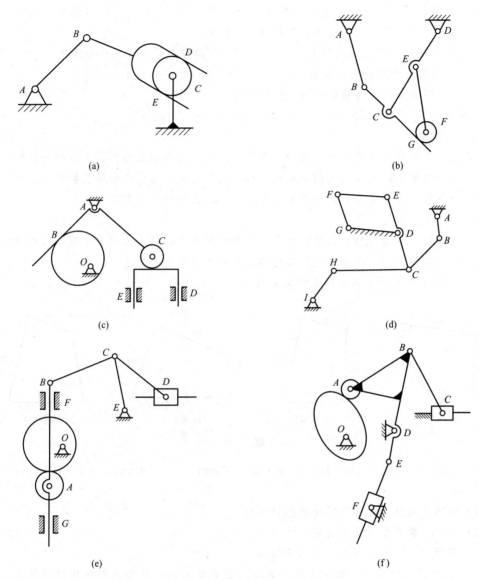

题 4-2 图

4-3　选择题

（1）如图所示的曲柄滑块机构，选（　　）为机架，则变为直动滑杆机构。

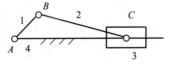

A. 滑块 3　　　　　　　B. 杆 AB　　　　　　C. 杆 BC　　　　　　D. 都不行

（2）如图所示的曲柄滑块机构，若选 AB 杆为机架，则变为（　　）。

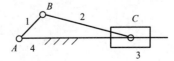

A. 直动滑块机构　　　B. 曲柄摇杆机构　　　C. 摆动导杆机构　　　D. 双摇杆机构

（3）机构具有确定的相对运动条件是（　　）。

A. 原动件数小于机构自由度数　　　　　B. 原动件数等于机构自由度数

C. 原动件数大于机构自由度数　　　　　D. 与原动件数无关

（4）凸轮机构中最易磨损的是（　　）从动件。

A. 尖顶　　　　　　　　B. 滚子　　　　　　　　C. 平底

4-4　问答题

（1）为什么要绘制机构运动简图？它有何用处？它能表示机构哪些方面的特征？

（2）课外观察不同类型的太阳伞支承机构，绘制其运动简图或拍摄实物图片。

（3）分析轿车的组成部分，并观察绘制其雨刮器的机构运动简图。

（4）什么是自由度和约束？

（5）怎样计算平面机构自由度？如何识别和处理复合铰链、局部自由度、虚约束？

（6）铰链四杆机构有几种类型？如何判别？各类型功能是什么？

4-5　判断题 4-5 图示各铰链四杆机构的类型。

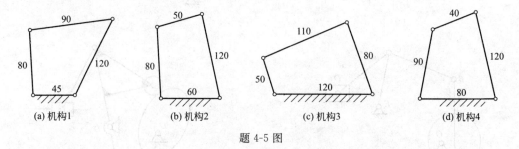

(a) 机构1　　　　　(b) 机构2　　　　　(c) 机构3　　　　　(d) 机构4

题 4-5 图

4-6　铰链四杆机构 $ABCD$，已知 $l_{AB}=55\text{mm}$，$l_{BC}=40\text{mm}$，$l_{CD}=50\text{mm}$，$l_{AD}=25\text{mm}$。试求：

（1）取哪个构件为机架可得曲柄摇杆机构。

（2）取哪个构件为机架可得双曲柄机构。

（3）取哪个构件为机架可得双摇杆机构。

4-7　试用图解法设计一对心尖底从动件盘形凸轮机构。已知凸轮机构以等角速度顺时针转动，当凸轮转过120°时，从动件以等速运动规律上升30mm，再转过150°时，从动件以等加速等减速运动规律回到原位，凸轮转过其余90°时，从动件静止不动，选基圆半径 $r_b=40\text{mm}$。

学习情境五

CA6140A型车床传动系统的分析

在机器中，通常工作部分的转速或速度不等于动力部分的转速或速度，运动形式往往也不同。将机器中动力部分的动力和运动按预定的要求传递到工作部分的中间环节，称为传动。根据传动的原理不同，可分为机械传动、液压传动、气压传动和电传动四种传动方式，在金属切削机床上最常用的是机械传动。

机械传动是利用带轮、齿轮、链轮、轴、蜗杆与蜗轮、螺母与螺杆等机械零件作为介质来进行功率和运动的传递，即采用带传动、链传动、齿轮传动、蜗杆传动和螺旋传动等装置来进行功率和运动的传递。它具有传动准确可靠、操纵简单、容易掌握、受环境影响小等优点，但也存在传动装置笨重、效率低、远距离布置和操纵困难、安装位置自由度小等缺点。

在一台机床中常可用到多种传动，如图 5-1 所示为车床的传动装置。

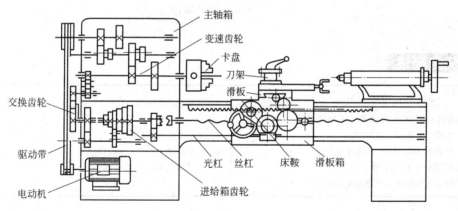

图 5-1　车床的传动装置

车床的传动路线如图 5-2 所示。

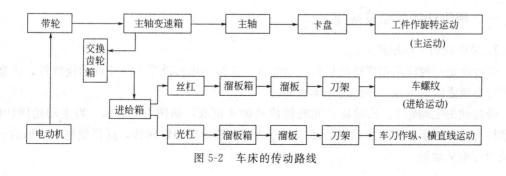

图 5-2　车床的传动路线

任务一 CA6140A型车床带传动的认识

情境导入

观察机床的传动部分，电动机启动后，试判断运动和动力传递的第一级是由谁来承担的，实际上，与电动机相连的传动装置的高速级绝大多数都是带传动，如图5-3所示为车床上的V带传动。

图 5-3 车床上的 V 带传动

 任务描述

学习目标	学习内容
1. 理解带传动的特点、组成及工作原理等 2. 熟悉带传动的类型及应用特点 3. 掌握 V 带传动的特点、形式及应用 4. 掌握 V 带的结构及主要参数 5. 能够根据实际情况合理选择带传动的类型及形式	1. 带传动的特点、组成及工作原理 2. V 带传动的特点、形式及应用 3. V 带的结构及主要参数

知识链接

一、带传动的类型及应用

1. 带传动的工作原理

带传动是一种应用很广泛的机械传动装置，它是利用传动带作为中间的挠性件，依靠传动带与带轮之间的摩擦力来传递运动和动力。

带传动由主动轮1、从动轮2和挠性传动带3组成，如图5-4所示。当主动轮回转时，在摩擦力的作用下，带动传动带运动，而传动带又带动从动轮回转，这样就把主动轴的运动和动力传给从动轴。

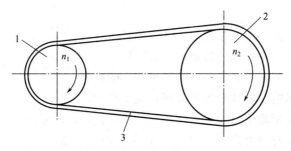

图 5-4　带传动的工作原理
1—主动轮；2—从动轮；3—传动带

2. 带传动的类型及应用

车床中我们认识了 V 带传动，带传动还有哪些形式呢？它们分别用在什么场合呢？根据传动原理，带传动可分为摩擦型带传动和啮合型带传动两类，见表 5-1 带传动的类型及应用。

表 5-1　带传动的类型及应用

传动方式	带传动类型		应用场合
摩擦传动	平带传动		传动能力一般，常用于较远距离的传动，如农业机械、输送机械等
	V 带传动		具有较强的传动能力，常用于各种机械的高速级传动中，在金属切削机床中应用最广
	多楔带传动		传动能力高于普通 V 带，适用于传递功率较大而要求结构紧凑的场合，也可用于载荷变动较大或有冲击载荷的传动，如发动机、电机等动力设备传动
	圆带传动		传动能力较弱，常用于传递动力较小的场合，如缝纫机等
啮合传动	同步带传动		传动能力强，用于传力较大且要求传动比恒定的场合，如数控机床、磨床、镗床等

3. 带传动的特点

金属切削机床几乎都离不开带传动，其主要特点有：

（1）适用于两轴中心距较大的传动，中心距最大可达 10m。

（2）带是弹性体，可缓冲、吸振，传动平稳，噪声小。

（3）结构简单，制造、安装和维护方便，成本低廉。

（4）过载时，带在带轮上打滑，可防止其他零件损坏，起安全保护作用。

但由于带在带轮上有弹性滑动，所以不能保持恒定的传动比；且传动效率低，寿命较短；也不适宜用在高温、易燃、易爆或经常与油水接触的场合。

二、V 带传动

V 带有普通 V 带、窄 V 带和宽 V 带等多种类型。一般多使用普通 V 带，现在使用窄 V 带的也日渐广泛。

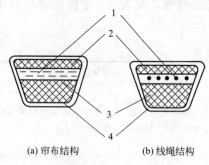

(a) 帘布结构　　(b) 线绳结构

图 5-5　V 带的构造

1—包布层；2—顶胶；3—抗拉体；4—底胶

1. 普通 V 带的结构

普通 V 带都制成无接头的环形，由顶胶、抗拉体（承载层）、底胶和包布层组成，见图 5-5。承载层是胶帘布或胶绳芯。帘布芯制造方便；而绳芯结构柔韧性好，适用于转速较高，带轮直径较小的场合。顶胶和底胶分别承受带在运行时的拉伸和压缩。包布层材料为橡胶帆布。

2. V 带的型号及主要参数

普通 V 带截面尺寸已标准化，按截面由小到大分为 Y、Z、A、B、C、D、E 七种型号，见表 5-2。楔角为 40°，相对高度 $h/b_p \approx 0.7$。在相同条件下，截面尺寸越大，传递的功率也越大。

表 5-2　普通 V 带截面尺寸

型别	Y	Z	A	B	C	D	E
节宽 b_p/mm	5.3	8.5	11	14	19	27	32
顶宽 b/mm	6	10	13	17	22	32	38
高度 h/mm	4	6	8	11	14	19	25
单位长度质量 q/(kg/m)	0.04	0.06	0.1	0.17	0.3	0.62	0.90

V 带运行时周长不变的圆周称为节线，全部节线组成带的节面，节面的宽度称为节宽，用 b_p 表示。V 带装在 V 带轮上，和节宽相对应的带轮直径称为基准直径，用 d_d 表示，基准直径系列见表 5-3。

表 5-3　普通 V 带带轮的最小基准直径（摘自 GB/T 13575.1—2008）

型号	Y	Z	A	B	C	D	E
d_{min}	20	50	75	125	200	355	500
d_d 的范围	20～125	50～630	75～800	125～1120	200～2000	355～2000	500～2500
d_d 的标准系列值	22 22.4 25 28 31.5 40 45 50 56 63 67 71 75 80 85 90 95 100 106 112 118 125 132 140 150 160 170 180 200 212 224 236 250 265 280 300 315 355 375 400 425						

V 带在规定的张紧力下，带与带轮基准直径上的周线长度称为基准长度，用 L_d 表示。V 带的基准长度已标准化，见表 5-4。

表 5-4　普通 V 带基准长度 L_d 及长度系数 K_L（摘自 GB/T 13575.1—2008）

Z L_d	K_L	A L_d	K_L	B L_d	K_L	C L_d	K_L	D L_d	K_L	E L_d	K_L
405	0.87	630	0.81	930	0.83	1565	0.82	2740	0.82	4660	0.91
475	0.90	700	0.83	1000	0.84	1760	0.85	3100	0.86	5040	0.92
530	0.93	790	0.85	1100	0.86	1950	0.87	3330	0.87	5420	0.94
625	0.96	890	0.87	1210	0.87	2195	0.90	3730	0.90	6100	0.96
700	0.99	990	0.89	1370	0.90	2420	0.92	4080	0.91	6850	0.99
780	1.00	1100	0.91	1560	0.92	2715	0.94	4620	0.94	7650	1.01
920	1.04	1250	0.93	1760	0.94	2880	0.95	5400	0.97	9150	1.05
1080	1.07	1430	0.96	1950	0.97	3080	0.97	6100	0.99		
1330	1.13	1550	0.98	2180	0.99	3520	0.99	6840	1.02		
1420	1.14	1640	0.99	2300	1.01	4060	1.02	7620	1.05		
1250	1.11	1750	1.00	2500	1.03	4600	1.05	9140	1.08		
1540	1.54	1940	1.02	2700	1.04	5380	1.08				
		2050	1.04	2870	1.05	6100	1.11				
		2200	1.06	3200	1.07	6815	1.14				
		2300	1.07	3600	1.09	7600	1.17				
				4060	1.13	9100	1.21				
				4430	1.15						

国家标准规定在 V 带的外表面上标明 V 带的型号和 V 带的基准长度，其标记形式为：

| 型号 | 基准长度 | ── | GB/T 1171—2006 |

例如：Z1400-GB/T 1171—2006 表示带型为 Z 型，基准长度为 1400mm 的 V 带。

3. 带传动的受力分析

带传动失去正常工作能力的现象称为失效。带传动的失效形式主要是打滑和带的疲劳断裂。带传动在静止时，即以一定的初拉力 F_0 紧套在两个带轮上，因而在带和带轮间产生了正压力。这时，传递带两边的拉力相等，都等于 F_0。如图 5-6(a) 所示。

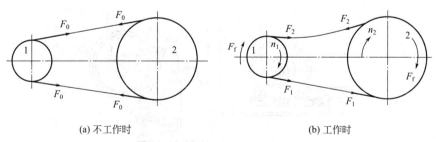

(a) 不工作时　　　　　　(b) 工作时

图 5-6　带传动的工作原理图

带传动工作时如图 5-6(b) 所示，由于摩擦力的作用，两边的拉力不再相等。设主动轮以转速 n_1 旋转，绕入主动轮一边的带被拉紧，拉力增为 F_1，称紧边；绕出主动轮一边的带被放松，拉力减小为 F_2，称松边。如果近似地认为带工作时的总长度不变，则带紧边拉力

的增加量应等于松边拉力的减少量，即

$$F_1 - F_0 = F_0 - F_2$$

$$\text{或} \quad F_1 + F_2 = 2F_0 \tag{5-1}$$

带传动的有效拉力 $F = F_1 - F_2$，也等于带与带轮间摩擦力的总和。有效拉力 F（N）、带速 v（m/s）和带所传递的功率 P（kW）间的关系为

$$P = \frac{Fv}{1000} \tag{5-2}$$

在其他条件不变且初拉力一定时，带与带轮间的摩擦力有一定的极限值，这个极限值就限制着带传动的传动能力。在一定条件下，如果工作阻力超过摩擦力的极限值，带就在轮面上发生全面滑动——打滑，传动不能正常工作。当摩擦力达到极限时，带就有打滑趋势，这时带传动的有效拉力也达到最大，带的有效拉力与下列因素有关：

（1）初拉力 F_0 F_0 与 F 成正比，所以安装带时，要保持一定的初拉力。但 F_0 过大，会加快带的磨损。

（2）包角 α 带与带轮接触弧所对的中心角（rad），F 随包角增大而增大。这是因为包角越大，带和带轮的接触面上所产生的总摩擦力就越大，传动能力也就越高。水平装置的带传动，通常将松边放在上边，以增大包角。由于大带轮的包角大于小带轮的包角，打滑首先会在小带轮上发生，所以只需考虑小带轮的包角。V 带传动一般要求小带轮的包角大于或等于 120°，平带传动时小带轮的包角不得小于 150°。

（3）摩擦因数 f F 随 f 增大而增大。这是因为 f 越大，摩擦力就越大，传动能力也就越高。而 f 与带及带轮的材料和表面状况、工作环境条件等有关。

三、V 带传动的张紧和使用维护

1. V 带的张紧

由于传动带不是完全的弹性体，带工作一段时间后，会因伸长变形而产生松弛现象，使初拉力降低，带的工作能力也随之下降。因此，为保证必需的初拉力，应经常检查并及时重新张紧。常用的张紧方法是：

（1）改变带传动的中心距

① 定期张紧 如把装有带轮的电动机安装在滑道上并用螺钉调整 ［见图 5-7（a）］ 或摆动电机底座并调整螺栓使底座转动 ［见图 5-7（b）］，即可达到张紧的目的。

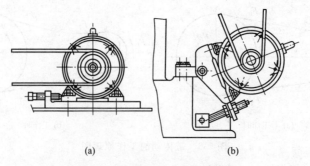

(a)   (b)

图 5-7 带传动的定期张紧装置

② 自动张紧 将装有带轮的电动机安装在浮动的摆架上，利用电动机的自重使带轮随同电动机绕固定轴摆动，以自动保持张紧力。见图 5-8。

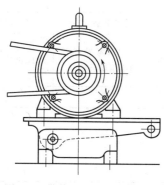

图 5-8　带传动的自动张紧装置

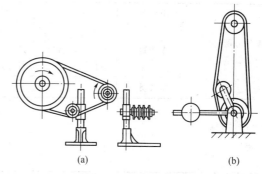

(a)　　　　　　　　　(b)

图 5-9　张紧轮装置

（2）张紧轮方式　如果带传动的中心距是不可调整的，则可采用张紧轮装置，见图5-9。张紧轮一般放置在带的松边。V 带传动常将张紧轮压在松边的内侧并靠近大带轮，以免使带承受反向弯曲，降低带的寿命，且不使小带轮上的包角减小过多。

2．V 带传动的使用维护

（1）V 带张紧程度要合适。安装 V 带时，应先将两带轮中心距缩小，将带套入，然后慢慢调整中心距，用大拇指按下带中间部位 15mm 左右，带的张紧程度为合适。

（2）两带轮轴线应平行，两轮槽对称中心面应重合，若有偏差，偏角误差要小于 $20'$。否则，带易发生偏磨，影响传动能力，降低带的使用寿命。

（3）V 带在轮槽中要有正确的位置。V 带顶面要与轮槽外缘表面相平齐或略高出一些，底面与轮槽底部留一定间隙，以保证带两侧面与轮槽良好接触，增加带传动的工作能力。如果带顶面高出轮槽外缘表面过多，带与轮槽接触面积减小，摩擦力减小，带传动能力下降，如果带顶面过低，底部与轮槽底面接触，则摩擦力锐减，甚至丧失。

（4）使用过程中应定期检查、及时调整。若发现 V 带中有一根出现疲劳裂纹而损坏，要及时全部更换所有 V 带。不同型号、不同新旧的 V 带不能同组使用，也不能随意减少 V 带根数。

（5）V 带传动要安装防护装置。为了避免 V 带接触酸、碱、油等腐蚀性物质，防止日光曝晒，使 V 带老化，延长带的使用寿命，V 带传动应安装防护装置。

（6）要定期检查带的张紧程度。V 带传动需要一定的初拉力，工作一段时间后，带会因为塑性变形和磨损而松弛，从而影响带的正常工作，所以带传动要设张紧装置。一是增大两轮中心距，二是加设张紧轮，V 带的张紧轮要安装在松边内侧靠近大带轮的地方。

 计划决策

表 5-5　CA6140A 型车床带传动的认识计划决策表

情　境	学习情境五　CA6140A 型车床传动系统的分析				
学习任务	任务一　CA6140A 型车床带传动的认识			完成时间	
任务完成人	学习小组		组长		成员
学习的知识和技能					

续表

小组任务分配（以四人为一小组单位）	小组任务	任务准备	管理学习	管理出勤、纪律	监督检查
	个人职责	制定小组学习计划，确定学习目标	组织小组成员进行分析讨论，进行计划决策	记录考勤并管理小组成员纪律	检查并督促小组成员按时完成学习任务
	小组成员				

完成工作任务所需的知识点	
完成工作任务的计划	
完成工作任务的初步方案	

 任务实施

表 5-6　CA6140A 型车床带传动的认识任务实施表

情　境	学习情境五　CA6140A 型车床传动系统的分析				
学习任务	任务一　CA6140A 型车床带传动的认识			完成时间	
任务完成人	学习小组		组长		成员
解决思路					
解决方法与步骤					

分析评价

表 5-7　CA6140A型车床带传动的认识学习评价表

情　境		学习情境五　CA6140A型车床传动系统的分析		
学习任务		任务一　CA6140A型车床带传动的认识	完成时间	
任务完成人	学习小组	组长	成员	
评价项目	评价内容	评价标准		得分
专业能力 (55%)	知识的理解和掌握能力	对知识的理解、掌握及接受新知识的能力 □优(12)□良(9)□中(6)□差(4)		
	知识的综合应用能力	根据工作任务,应用相关知识进行分析解决问题 □优(13)□良(10)□中(7)□差(5)		
	方案制定与实施能力	在教师的指导下,能够制定工作方案并能够进行优化实施,完成计划决策表、实施表、检查表的填写 □优(15)□良(12)□中(9)□差(7)		
	实践动手操作能力	根据任务要求完成任务载体 □优(15)□良(12)□中(9)□差(7)		
方法能力 (25%)	独立学习能力	在教师的指导下,借助学习资料,能够独立学习新知识和新技能,完成工作任务 □优(8)□良(7)□中(5)□差(3)		
	分析解决问题的能力	在教师的指导下,独立解决工作中出现的各种问题,顺利完成工作任务 □优(7)□良(5)□中(3)□差(2)		
	获取信息能力	通过教材、网络、期刊、专业书籍、技术手册等获取信息,整理资料,获取所需知识 □优(5)□良(3)□中(2)□差(1)		
	整体工作能力	根据工作任务,制定、实施工作计划 □优(5)□良(3)□中(2)□差(1)		
社会能力 (20%)	团队协作和沟通能力	工作过程中,团队成员之间相互沟通、交流、协作、互帮互学,具备良好的群体意识 □优(5)□良(3)□中(2)□差(1)		
	工作任务的组织管理能力	具有批评、自我管理和工作任务的组织管理能力 □优(5)□良(3)□中(2)□差(1)		
	工作责任心与职业道德	具有良好的工作责任心、社会责任心、团队责任心(学习、纪律、出勤、卫生)、职业道德和吃苦能力 □优(10)□良(8)□中(6)□差(4)		
总　　分				

任务二　CA6140A型车床主轴箱传动系统分析

情境导入

　　如图 5-10 所示为 CA6140A 型卧式车床主传动系统,打开车床的主轴箱,仔细观察箱内的结构。试分析主传动系统的传动路线中各轴间的运动和动力的传递是由谁来实现的。

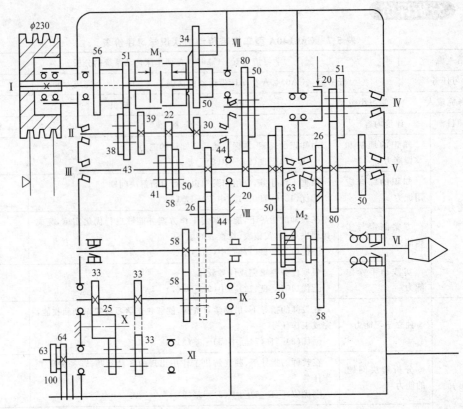

图 5-10　CA6140A 型卧式车床主传动系统

 **任务描述**

学习目标	学习内容
1. 了解齿轮传动的类型特点及应用 2. 掌握渐开线直齿圆柱齿轮传动 3. 了解其他形式的齿轮传动 4. 掌握轮系的类型及传动比计算 5. 掌握轴的类型、功用及结构特点	1. 齿轮传动的类型特点及应用 2. 渐开线直齿圆柱齿轮传动 3. 轮系的类型及传动比计算 4. 轴的类型、功用及结构特点

 知识链接

一、齿轮传动系统

由两个相互啮合的齿轮组成的用于传递运动和动力的一套装置称为齿轮传动。如图5-11为齿轮传动简图。

齿轮传动的传动比是主动齿轮和从动齿轮角速度（或转速）的比值，也等于两齿轮齿数的反比。

1. 齿轮传动的类型及特点

齿轮传动的种类很多，可以按不同方法进行分类。

（1）根据轴的相对位置，分为两大类，即平面齿轮传动（两轴平行）与空间齿轮传动（两轴不平行）。平面齿轮传动见图5-12中（a）～（e）；空间齿轮传动见图5-12中（f）、（g）。

（2）按工作时圆周速度的不同，分低速（$v=3\mathrm{m/s}$）、中速（$v=3\sim5\mathrm{m/s}$）、高速（$v>15\mathrm{m/s}$）三种。

（3）按工作条件不同，分闭式齿轮传动（封闭在箱体内，并能保证良好润滑的齿轮传动）、半开式齿轮传动（齿

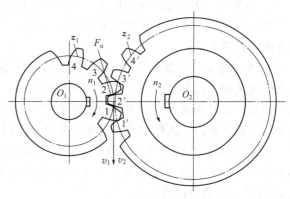

图 5-11　齿轮传动简图

轮浸入油池，有护罩，但不封闭）和开式齿轮传动（齿轮暴露在外，不能保证良好润滑）三种。

（4）按齿轮的啮合方式，分为外啮合齿轮传动、内啮合齿轮传动和齿条传动。

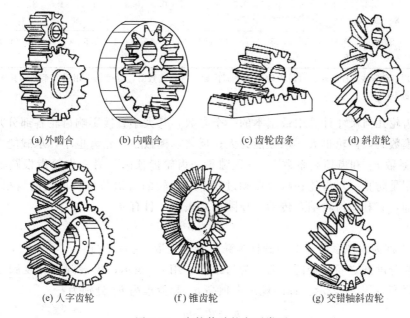

(a) 外啮合　　(b) 内啮合　　(c) 齿轮齿条　　(d) 斜齿轮

(e) 人字齿轮　　(f) 锥齿轮　　(g) 交错轴斜齿轮

图 5-12　齿轮传动的主要类型

齿轮传动是现代机械中广泛应用的一种机械传动。与其他形式的传动相比较，齿轮传动的优点是：传递功率大、速度范围广、效率高、结构紧凑、工作可靠、寿命长，且能实现恒定的传动比。其缺点是：制造和安装精度要求高、成本高，且不适宜用于中心距较大的传动。

2. 渐开线直齿圆柱齿轮的基本参数及各部分几何尺寸

目前常用的齿轮齿廓线有渐开线、摆线和圆弧。其中以渐开线齿廓应用最广，因此本部分内容只讨论渐开线齿轮传动。

（1）渐开线直齿圆柱齿轮的基本参数　在一个齿轮上，齿数、齿形角、模数、顶隙系数和齿顶高系数是几何尺寸计算的主要参数和依据。

① 齿数 z 在齿轮整个圆周上，均匀分布的轮齿总数，称为齿数，用 z 表示。

当齿轮模数一定时，齿数越多，齿轮的几何尺寸越大，轮齿渐开线的曲率半径也越大，齿廓曲线越趋平直。

② 齿形角 α 在端平面上，通过端面齿廓上任意一点的径向直线与齿廓在该点的切线所夹的锐角称为齿形角，用 α 表示。渐开线齿廓上各点的齿形角不相等，离基圆越远，越靠近齿顶处，齿形角越大，基圆上的齿形角 $\alpha = 0°$。对于渐开线齿轮，通常所说的齿形角是指分度圆上的齿形角。国标规定：渐开线齿轮分度圆上的齿形角 $\alpha = 20°$。

③ 模数 m 模数是齿轮几何尺寸计算中最基本的一个参数。齿距除以圆周率所得的商，称为模数，由于 π 为一无理数，为了计算和制造上的方便，人为地把 p/π 规定为有理数，用 m 表示，模数单位为 mm，即

$$m = \frac{p}{\pi} \tag{5-3}$$

我国规定的标准模数系列见表 5-8。

表 5-8　渐开线齿轮模数 m　　　　　　　　　　　　　　　　　　mm

第一系列	0.1　0.1　2　0.15　0.2　0.25　0.3　0.4　0.5　0.6　0.8　1　1.25　1.5　2　2.5　3　4　5
	6　8　10　12　16　20　25　32　40　50
第二系列	0.35　0.7　0.9　1.75　2.25　2.75　(3.25)　3.5　(3.75)　4.5 5.5　(6.5)　7　(11)　14　18
	22　28　36　45

注：本表适用于渐开线圆柱齿轮，对斜齿轮是指法面模数；选用模数时，应优先采用第一系列，其次是第二系列，括号内的模数尽量不用。

模数是齿轮几何尺寸计算中最基本的一个参数，其大小直接影响齿轮各部分几何尺寸和承载能力。模数大，齿轮也大，承载能力大；反之，模数小，轮齿也小，承载能力小。

④ 顶隙系数 c^* 和齿顶高系数 h_a^* 顶隙是一齿轮齿顶圆与另一齿轮齿根圆之间的径向距离，其作用是防止一对齿轮在啮合传动过程中一齿轮的齿顶与另一齿轮的齿根发生顶撞，并储存润滑油，有利于齿轮啮合传动。顶隙用 c 表示，且有

$$c = c^* m$$

式中，c^* 称为顶隙系数，对于圆柱齿轮标准规定取 $c^* = 0.25$。

齿顶圆与分度圆之间的径向距离称为齿顶高，用 h_a 表示；齿根圆与分度圆之间的径向距离称为齿根高，用 h_f 表示。标准规定齿顶高 h_a 和齿根高 h_f 分别为：

$$h_a = h_a^* m$$
$$h_f = (h_a^* + c^*)m = h_a + c \tag{5-4}$$

式中，h_a^* 称为齿顶高系数，对于圆柱齿轮标准规定取 $h_a^* = 1$。

由上述可见，在齿轮各参数中，模数是一个重要参数。模数越大，轮齿的厚度和高度也越大，从而轮齿的抗弯能力也越强。

(2) 渐开线直齿圆柱齿轮的各部分几何尺寸 图 5-13 为渐开线直齿圆柱齿轮的一部分，图中标出了齿轮各部分的名称及其常用代号。

① 齿顶圆 在圆柱齿轮上，其齿顶所在的圆称齿顶圆，其直径用 d_a 表示，半径用 r_a 表示。

② 齿根圆 在圆柱齿轮上，齿槽底所在的圆称齿根圆，其直径用 d_f 表示，半径用 r_f 表示。

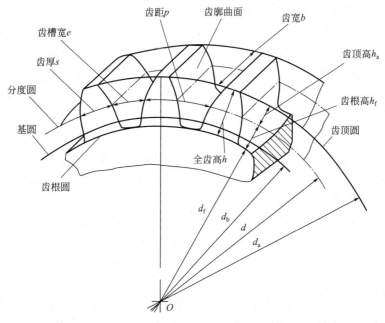

图 5-13　齿轮各部分名称

③ **分度圆**　齿轮上作为齿轮尺寸基准的圆称分度圆，其直径 d 用表示，半径用 r 表示。对于标准齿轮，分度圆上的齿厚和槽宽相等。

④ **齿距**　在齿轮上，两个相邻而同侧的端面齿廓之间的分度圆弧长，称为齿距，用 p 表示。

⑤ **齿厚**　在圆柱齿轮上，一个齿的两侧端面齿廓之间的分度圆弧长称齿厚，用 s 表示。

⑥ **槽宽**　齿轮上两相邻轮齿之间的空间叫齿槽，一个齿槽的两侧齿廓之间的分度圆弧长，称槽宽。并用 e 表示。

⑦ **齿顶高**　齿顶圆与分度圆之间的径向距离称为齿顶高，用 h_a 表示。

⑧ **齿根高**　齿根圆与分度圆之间的径向距离称为齿根高，用 h_f 表示。

⑨ **齿高**　齿顶圆和齿根圆之间的径向距离称为齿高，用 h 表示，$h = h_a + h_f$。

⑩ **齿宽**　齿轮的有齿部位沿分度圆柱面的直线方向量度的宽度，用 b 表示。

标准直齿圆柱齿轮的几何尺寸计算公式见表 5-9。

表 5-9　渐开线标准直齿圆柱齿轮几何尺寸计算公式

名称	代号	计算公式	名称	代号	计算公式
模数	m	通过计算定出	齿顶圆直径	d_a	$d_a = d + 2h_a = m(z+2)$
齿形角	α	$\alpha = 20°$	齿根圆直径	d_f	$d_f = d - 2h_f = m(z - 2.5)$
齿数	z	由传动比计算求得	齿厚	s	$s = p/2 = \pi m/2$
分度圆直径	d	$d = mz$	槽宽	e	$e = p/2 = \pi m/2 = s$
齿距	p	$p = \pi m$	顶隙	c	$c = c^* m = 0.25m$
齿顶高	h_a	$h_a = h_a^* m = m$	齿宽	b	$b = (6 \sim 12)m$，通常取 $b = 10m$
齿根高	h_f	$h_f = (h_a^* + c^*)m = 1.25m$	中心距	a	$a = d_1/2 + d_2/2 = m(z_1 + z_2)/2$
齿高	h	$h = h_a + h_f = 2.25m$			

注：表中 h_a^*，c^* 分别为齿顶高系数和顶隙系数，并按标准正常齿制取值。标准规定：对于正常齿制圆柱齿轮，$h_a^* = 1$，$c^* = 0.25$，短齿制圆柱齿轮，$h_a^* = 0.8$，$c^* = 0.3$。

3. 渐开线圆柱齿轮的啮合传动

在实际生产中，有时会遇到设备中的某个齿轮损坏，需要更换，在选用更换齿轮时，除按传动比的要求选择正确的齿数外，还需要注意配对齿轮是否满足正确啮合条件。

一对渐开线直齿圆柱齿轮正确啮合的条件是：两齿轮的模数和齿形角应分别相等，即：

$$\left.\begin{array}{l} m_1 = m_2 = m \\ \alpha_1 = \alpha_2 = \alpha \end{array}\right\} \tag{5-5}$$

此外，齿轮传动过程应是连续的，即要求前一对轮齿的啮合点到达终止啮合点时，后一对轮齿提前或至少同时到达啮合起始点进入啮合，否则将出现啮合中断，导致传动不平稳而产生冲击。因此，理论上保证一对齿轮能连续传动的条件应是齿轮传动的重合度 $\varepsilon = 1$，但由于齿轮有制造和安装误差，实际中应使 $\varepsilon > 1$。一般机械中常取 $\varepsilon \geq 1.1 \sim 1.4$。$\varepsilon$ 越大，意味着一对以上轮齿同时参与啮合的时间越长，则每对轮齿承受的载荷越小，齿轮传动也就越平稳。对于标准齿轮，ε 的大小主要与齿轮的齿数有关，齿数越多，ε 越大，直齿圆柱齿轮传动的最大重合度 $\varepsilon = 1.982$。

4. 齿轮传动的失效形式

齿轮传动时，载荷直接作用在齿轮的轮齿上，由于轮齿相对于齿轮的其他部位强度薄弱，因此齿轮传动的失效主要是轮齿的失效。轮齿的失效主要有以下 5 种形式：

(1) 轮齿折断　轮齿折断主要发生在齿根处，分疲劳折断和过载折断两种情况。

轮齿根部易产生疲劳裂纹，当弯曲应力超过齿轮材料的弯曲持久极限时，随着应力循环次数的不断累积，裂纹不断扩展，最终会因疲劳强度不足而使轮齿突然折断，这种折断就是疲劳折断。在齿轮正常使用中，疲劳折断是轮齿折断的主要形式。

过载折断是由于短时的严重过载或冲击载荷过大，使轮齿因静强度不足而折断。用淬火钢或铸铁制成的齿轮，容易发生这种折断。

对齿轮材料进行热处理时，改齿轮整体淬火为只对齿轮表面淬火的热处理方法，或采取适当降低齿轮材料的硬度，提高其韧性的方法，可改善轮齿抵抗折断的能力。

(2) 齿面疲劳点蚀　齿轮传动时，一对轮齿表面的接触区域理论上为一条线，但实际上在受载变形后，其接触区域为一长方形小面积。由于此面积很小而使轮齿表层的局部应力很大，称这种应力为齿面接触应力 σ_H，如图 5-14(a) 所示。由于齿轮传动时，轮齿表面的接触区域在不停地移动，因此轮齿表面受到的是脉动循环接触交变应力的作用。当接触应力超过表层材料的接触疲劳极限时，经过一定的应力循环次数，齿面材料就会在齿根表面靠近节线处出现图 5-14(b) 所示的点状剥落，使轮齿啮合情况恶化而导致报废，称这种失效为疲劳点蚀。

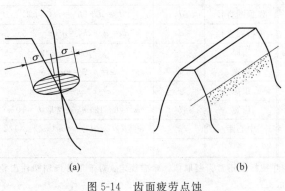

(a)　　　　　　　　(b)

图 5-14　齿面疲劳点蚀

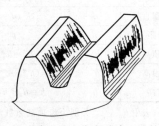

图 5-15　齿面胶合

疲劳点蚀是密闭和润滑条件良好的闭式软齿面齿轮（齿面硬度≤350HBS）传动的主要失效形式。在没有密闭和润滑条件较差的开式传动中，由于齿面磨损较快，在没有形成点蚀之前，部分齿面已被磨掉，因而一般看不到点蚀现象。适当提高齿面硬度、降低齿面粗糙度等，可提高轮齿齿面的抗点蚀能力。

（3）齿面胶合　齿轮传动在低速重载时，由于啮合齿面间压力大，不易形成润滑油膜；在高速重载时，啮合区的摩擦温升较高使润滑油黏度降低，从而使润滑油膜破裂。这些均会导致两齿面金属直接接触。当啮合区瞬时温升过高时，两齿面会出现峰点粘着现象。随着齿面间的相对滑动，粘着点被撕脱，在较软齿面上留下与滑动方向一致的粘撕沟痕（图5-15），使轮齿表面遭到破坏，这种现象称为齿面胶合。

为了增强抗胶合能力，除适当提高齿面硬度和降低齿面表面粗糙度外，对于低速传动应选用黏度较大的润滑油，对于高速传动应采用抗胶合能力强的润滑油。

（4）齿面磨损　齿面磨损通常是磨粒磨损。在开式齿轮传动中，由于齿轮暴露在外，润滑条件差，灰尘、沙粒、金属碎屑等极易进入啮合齿面起到磨粒作用，形成磨粒磨损。这是开式传动不可避免的一种主要失效形式。磨损不仅使轮齿失去正确的齿形，还会使轮齿变薄，严重时会引起轮齿折断。

把开式传动改为闭式传动是防止齿面磨损的最有效方法。此外提高齿面硬度和降低齿面的粗糙度对于防止和减轻磨损也比较有效。

（5）齿面塑性变形　在重载作用下，齿面间的正压力和摩擦力都较大，较软一侧的齿面在较硬一侧齿面的推挤作用下产生局部的塑性变形。这种失效多发生在低速、严重过载和启动频繁的软齿面齿轮传动中。

5. 其他形式的齿轮传动

直齿圆柱齿轮传动的应用不能完全满足金属切削机床传动的需要。常用的齿轮传动除直齿圆柱齿轮传动外，还有斜齿圆柱齿轮传动、直齿锥齿轮传动、齿轮齿条运动和蜗杆传动。

（1）斜齿圆柱齿轮传动

① 斜齿圆柱齿轮　斜齿圆柱齿轮是齿线为螺旋线的圆柱齿轮，简称为斜齿轮，如图 5-16 所示。国家标准规定斜齿轮分度圆螺旋线的切线与通过切点的圆柱面直母线之间所夹的锐角称为斜齿圆柱齿轮的螺旋角，用 β 表示。如图 5-17 所示为斜齿轮分度圆柱面的展开图，螺旋线展开后便成为斜线，它与轴线之间的夹角为螺旋角。

图 5-16　斜齿轮

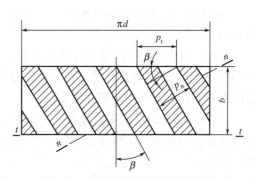

图 5-17　斜齿轮分度圆柱面展开图

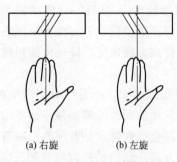

(a) 右旋　　(b) 左旋

图 5-18　用右手法则判断螺纹
旋向柱面的展开图

斜齿圆柱齿轮根据螺旋角的方向不同可分为右旋齿轮［见图 5-18(a)］和左旋齿轮［见图 5-18(b)］两种，其旋向可用如图 5-18 所示的右手法则来判断：伸出右手，掌心对着自己，四指指向齿轮的轴线方向，若齿向与拇指的方向一致为右旋；若齿向与拇指的方向不一致为左旋。

② 斜齿圆柱齿轮传动的特点　斜齿圆柱齿轮传动平稳性好，冲击小，特别是在高速重载下更为明显。一对斜齿圆柱齿轮啮合时，由于轮齿在圆柱面上是呈螺旋状的，所以两啮合轮齿的齿面是逐渐接触又逐步脱离的。同时进入啮合的齿数较多，提高了传动的平稳性和承载能力。

斜齿轮传动时会产生轴向力，如图 5-19 所示为斜齿轮和人字齿轮的轴向力，从图 5-19 (a) 可看出轴向力 F_x 的大小与螺旋角 β 有关，螺旋角越大，轴向力也越大，致使用于支承的轴承结构增大并影响传动效率。为了不使轴向力过大，一般取螺旋角 $\beta = 8° \sim 15°$。若采用人字齿轮传动，能抵消轴向力的影响，如图 5-19(b) 所示。在重型机械的传动中常用到人字齿轮传动。

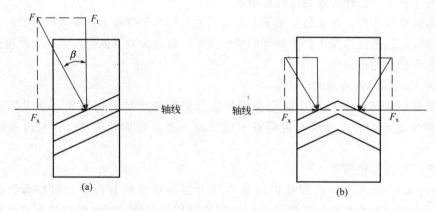

图 5-19　斜齿轮和人字齿轮的轴向力

斜齿轮不能用做变速滑移齿轮。斜齿圆柱齿轮传动适用于两平行轴之间以及传动平稳性要求较高的高速重载传动，其传动比 $i_{12} = \dfrac{n_1}{n_2} = \dfrac{z_2}{z_1}$。

③ 斜齿圆柱齿轮的参数规定　由于螺旋角 β 的存在，使斜齿轮的法平面（垂直于齿向的截面，如图 5-17 所示的 $n-n$ 截面）与端平面（垂直于轴线的截面，如图 5-17 所示的 $t-t$ 截面）不重合。斜齿轮在这两个平面上的参数各不相同，国家标准将斜齿轮的法面参数（法向齿形角、法向模数、法向齿顶高系数和法向顶隙系数）规定为标准参数。斜齿圆柱齿轮端面参数的计算可查阅有关手册。

④ 斜齿圆柱齿轮的啮合条件　一对外啮合标准斜齿圆柱齿轮的正确啮合条件是：主、从动齿轮法向模数 m_n 相等，法向齿形角 α_n 相等，两齿轮螺旋角 β 的大小相等而旋向相反，即：

$$m_{n1} = m_{n2} = m_n$$

$$\alpha_{n1} = \alpha_{n2} = \alpha_n$$
$$\beta_1 = -\beta_2$$

（2）直齿锥齿轮传动　锥齿轮是分度曲面为圆锥面的齿轮，当其齿向线是分度圆锥面的直母线时，称为直齿锥齿轮，直齿锥齿轮传动用于空间两相交轴的传动，如图5-20所示，一般用于两轴相交成 90° 的场合，主动齿轮 1 沿 n_1 方向转动，推动从动齿轮 2 沿 n_2 方向转动，从而完成运动和动力的传递。

直齿锥齿轮的轮齿是从大端到小端逐渐收缩的。国家标准规定锥齿轮基本参数的标准值在齿轮的大端，以大端尺寸作为计算尺寸，计算时可查阅有关手册。

由于直齿锥齿轮模数和齿形角的标准值均在大端，所以直齿锥齿轮的啮合条件是：

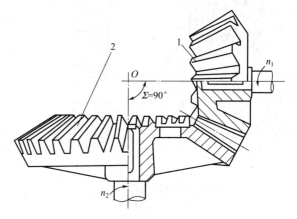

图 5-20　直齿锥齿轮传动
1—主动齿轮；2—从动齿轮

$$m_1 = m_2 = m$$
$$\alpha_1 = \alpha_2 = \alpha$$

式中　m_1，m_2——主、从动齿轮大端的模数；

α_1，α_2——主、从动齿轮大端的齿形角。

锥齿轮的啮合运动也是齿与齿的连续啮合，所以其传动比为 $i_{12} = \dfrac{n_1}{n_2} = \dfrac{z_2}{z_1}$。

（3）齿轮齿条传动　齿条可视为齿数 z 趋于无穷大的圆柱齿轮。一个平板或直杆，当其具有一系列等距离分布的齿时，就称为齿条。

由直齿条（或斜齿条）与直齿（或斜齿）圆柱齿轮组成的运动副称为齿条副，如图5-21所示。齿轮齿条传动的目的是将齿轮的回转运动变为齿条的往复直线运动，或将齿条的直线往复运动变为齿轮的回转运动。

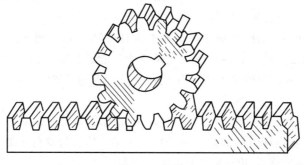

图 5-21　齿条副

（4）蜗杆传动　当一个齿轮具有一个或几个螺旋齿，并且与蜗轮（类似于斜齿轮）啮合而组成交错轴传动时，这种传动称为蜗杆传动，如图 5-22 所示。蜗杆传动广泛用于机床、汽车、起重设备等传动系统中。

在蜗杆传动中，通常情况下蜗杆是主动件，蜗轮是从动件。蜗杆与蜗轮的轴线在空间交错成 $90°$。

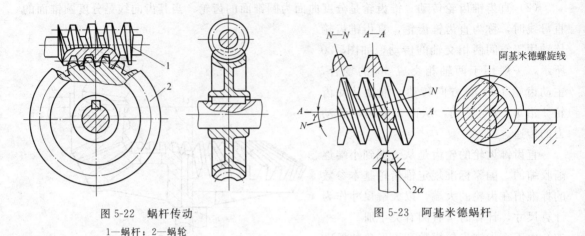

图 5-22 蜗杆传动
1—蜗杆；2—蜗轮

图 5-23 阿基米德蜗杆

常用的蜗杆为普通圆柱蜗杆，又称阿基米德蜗杆，如图 5-23 所示，其端面齿廓是阿基米德螺旋线，而轴向齿廓为直线。

只有一条螺旋线的蜗杆称为单头蜗杆，相当于齿数为 1，有两条以上螺旋线的蜗杆称为多头蜗杆。一般蜗杆的头数 $z_1=1\sim4$，单头蜗杆可获得较大的传动比，但传动效率低；4 头蜗杆加工困难，因此，常用蜗杆的头数 $z_1=2\sim3$。当蜗杆头数为 z_1，蜗轮的齿数为 z_2，用 n_1 和 n_2 分别表示蜗杆和蜗轮的转速，则蜗杆传动的传动比为：

$$i_{12}=\frac{n_1}{n_2}=\frac{z_2}{z_1} \tag{5-6}$$

蜗杆和蜗轮也有右旋和左旋之分，其旋向的判别方法和斜齿轮相同。

蜗杆传动的特点：

① 传动比大。由于蜗杆的头数（齿数）很少，所以蜗杆传动的传动比可以很大，在动力传动中，一般 i_{12} 可达 500 以上。

② 传动平稳，噪声小。蜗杆的齿为连续不断的螺旋面，传动时与蜗轮间的啮合是逐渐进入和退出的，蜗轮的齿基本上是沿螺旋面滑动的，而且同时啮合的齿数较多，因此，蜗杆传动比齿轮传动平稳，没有冲击，噪声小。

③ 容易实现自锁。在蜗杆传动中，只能由蜗杆带动蜗轮，而不能由蜗轮带动蜗杆的特性叫蜗杆传动的自锁性。这一特性用于起重设备中，能起到安全保险的作用。

④ 承载能力大。蜗杆与蜗轮的啮合呈线接触，同时进入啮合的齿数较多，因而承载能力大。

⑤ 传动效率低。蜗杆传动时，啮合区相对滑动速度很大，摩擦损失较大，易发热，因此传动效率较低。一般蜗杆传动的效率 $\eta=0.7\sim0.8$，具有自锁性的蜗杆传动，其效率 $\eta<0.5$。为减小摩擦，蜗轮常采用青铜制造，因而成本较高。

⑥ 互换性差。蜗轮用蜗轮滚刀加工，与蜗轮相啮合的蜗杆必须具有与蜗轮滚刀完全相同的参数才能正确啮合，因此互换性差。

蜗杆传动的基本参数如图 5-24 所示，其定义及计算公式见表 5-10。普通圆柱蜗杆传动的几何尺寸计算见表 5-11。

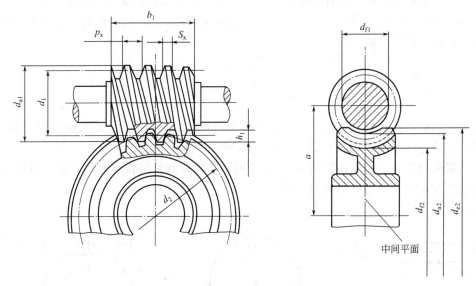

图 5-24　蜗杆传动的基本参数

表 5-10　蜗杆传动基本参数的定义及计算公式

名称	代号	定义	公式
蜗杆轴向模数	m_x	蜗杆的轴向齿距 p_x 除以圆周率 π 的商	$m_x = p_x/\pi = m$
蜗轮端面模数	m_t	蜗轮分度圆齿距 p_t 除以圆周率 π 的商	$m_t = p_t/\pi = m$
齿形角	α	指蜗杆的轴向齿形角 α_x 和蜗轮的端面齿形角 α_t	$\alpha_x = \alpha_t = \alpha = 20°$
蜗杆直径系数	q	蜗杆分度圆直径除以轴向模数的商	$q = d_1/m$
蜗杆分度圆柱面导程角	γ	圆柱蜗杆的分度圆柱螺旋线上任一点的切线与端平面间所夹的锐角	$\tan\gamma = mz_1/d_1 = z_1/q$
蜗轮分度圆柱面螺旋角	β	与斜齿圆柱齿轮的螺旋角相似	
蜗杆头数	z_1	GB10085—1988规定的蜗杆头数有1,2,4,6	
蜗轮的齿数	z_2	对于动力传动,一般取 $z_2 = 29 \sim 80$	

表 5-11　普通圆柱蜗杆传动的几何尺寸计算

名称	计算公式	
	蜗　杆	蜗　轮
分度圆直径	$d_1 = mq$	$d_2 = mz_2$
齿顶高	$h_a = m$	$h_a = m$
齿根高	$h_f = 1.2m$	$h_f = 1.2m$
顶圆直径	$d_{a1} = m(q+2)$	$d_{a2} = m(z_2+2)$
根圆直径	$d_{f1} = m(q-2.4)$	$d_{f2} = m(z_2-2.4)$
蜗杆轴向齿距 p_{x1} 蜗轮端面周节 p_{t2}	$p_{x1} = p_{t2} = p = \pi m$	
径向间隙	$c = 0.20m$	
中心距	$a = 0.5(d_1 + d_2) = 0.5(q + z_2)$	

蜗杆传动的啮合条件：蜗杆的轴向模数 m_{x1} 和蜗轮的端面模数 m_{t2} 相等；蜗杆的轴向齿形角 α_{x1} 和蜗轮的端面齿形角 α_{t2} 相等；蜗杆分度圆柱面导程角 γ_1 和蜗轮分度圆柱面螺旋角 β_2 相等，且旋向相同。即：

$$m_{x1}=m_{t2}=m$$
$$\alpha_{x1}=\alpha_{t2}=\alpha$$
$$\gamma_1=\beta_2$$

蜗杆传动中蜗杆、蜗轮转向间的关系取决于两者间的相对位置、蜗杆的旋向及其旋转方向。蜗轮旋转方向的判断如图 5-25 所示，其判断法则为：

左旋蜗杆用左手（右旋蜗杆用右手），弯曲四指顺着蜗杆的转动方向握拳，伸直大拇指，蜗轮的旋转方向与大拇指所指方向相反。

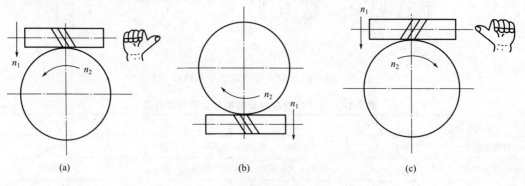

(a)　　　　　　　　　　(b)　　　　　　　　　　(c)

图 5-25　蜗轮旋转方向的判断

二、认识轮系

1. 轮系的类型及功用

由多对互相啮合的齿轮或蜗轮蜗杆所组成的传动系统称为轮系。

（1）轮系的类型　轮系按几何轴线是否固定分类，可分为定轴轮系和周转轮系两大类。

① 定轴轮系　轮系中，所有齿轮的几何轴线都相对于机架固定的轮系称为定轴轮系，如图 5-26 所示的轮系就是定轴轮系的一个实例。

② 周转轮系　轮系中，至少有一个齿轮的几何轴线不固定而绕其他齿轮的轴线转动的轮系称为周转轮系，如图 5-27 所示的轮系中，齿轮 2 的几何轴线没有固定，它随 H 杆绕着齿轮 1、3 的固定轴线在转动，这样的轮系就是周转轮系。

（2）轮系的功用

① 实现变速与换向　主动轴为一种转速与转向，通过轮系中不同的齿轮系啮合，可使从动轴获得不同的转速或转向。

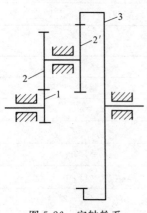

图 5-26　定轴轮系

在轮系中，当输入轴转速不变而输出轴需要几种不同的转速时，可以用调整啮合齿轮的办法获得不同的传动比，从而获得不同的转速。如图 5-28 所示为定轴轮系的变速机构，图中齿轮 3、4、5 是一个可以在轴 Ⅱ 上移动的三联滑移齿轮。

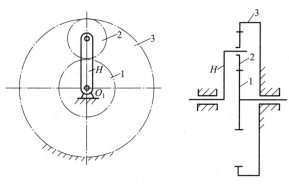

图 5-27　周转轮系

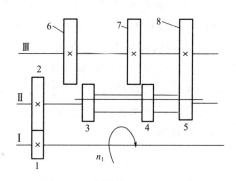

图 5-28　定轴轮系的变速机构

该轮系的传动路线为：输入轴Ⅰ（$z_1 \rightarrow z_2$）→轴Ⅱ $\begin{cases} z_3 \rightarrow z_6 \\ z_4 \rightarrow z_7 \\ z_5 \rightarrow z_8 \end{cases}$ →输出轴Ⅲ。

由于轴Ⅱ到轴Ⅲ可以变换 3 种不同的传动比，所以在轴Ⅰ转速一定的条件下，轴Ⅲ可以获得 3 种不同的转速。这种变速机构在机床中应用最广，但不能在运转中变速。

在一对齿轮传动中，当主动轮转动方向一定时，从动轮的转动方向是不可能改变的，如图 5-29 所示为齿轮传动的运动方向。

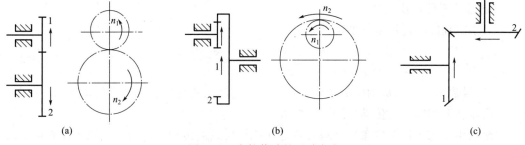

图 5-29　齿轮传动的运动方向

在定轴轮系中，若增加或减少惰轮的个数，就可以在输入轴转向不变的情况下改变轮系输出轴的转向。轮系中只改变从动轴的回转方向，而不改变轮系传动比大小的齿轮称为惰轮。如图 5-30 所示为车床上普遍采用的三星齿轮换向机构。

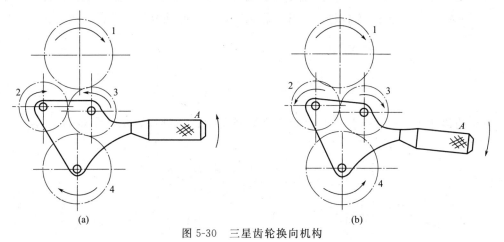

图 5-30　三星齿轮换向机构

② 实现较大的传动比 定轴轮系和周转轮系均可获得较大的传动比。在传动功率与传动比相同的情况下，一般来说，周转轮系的体积与重量远比定轴轮系小和轻。

③ 可做较远距离的传动 当两轴相距较远但传动比不大时，如果用一对齿轮传动，则这两个齿轮的尺寸就需要很大，如图 5-31 所示为两轴相距较远的定轴轮系，其中的两个大圆代表一对齿轮传动。为了不使传动零件的尺寸过大，在保持传动比不变的条件下，用 4 个齿轮组成的轮系连接 O_1 轴与 O_4 轴，则可减小装置所占的空间并节省零件的材料，同时便于齿轮的装拆。

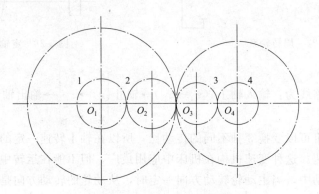

图 5-31　两轴相距较远的定轴轮系

2. 定轴轮系传动比的计算

一对平行轴圆柱齿轮传动的传动比为：

$$i_{12} = \frac{\omega_1}{\omega_2} = \frac{n_1}{n_2} = \pm \frac{z_2}{z_1}$$

"±"号表示了主、从动轮的转向关系。外啮合时两轮转向相反，其传动比用"−"；内啮合时两轮转向相同，其传动比用"＋"表示。

在轮系中，首末两轮的角速度或转速之比称为轮系的传动比。若以 1 和 k 代表首、末两轮的标号，则轮系的传动比的大小为：

$$i_{1k} = \frac{\omega_1}{\omega_k} = \frac{n_1}{n_k}$$

对于图 5-32 所示的一平行轴定轴轮系，轴 1 为第一主动轴，轴 5 为最末从动轴，z_1、z_2'、z_2'、z_3、z_3'、z_4、z_5 为各轮的齿数。轮系中各对相互啮合齿轮的传动比为：

$$i_{12} = \frac{\omega_1}{\omega_2} = -\frac{z_2}{z_1}, \quad i_{2'3} = \frac{\omega_{2'}}{\omega_3} = \frac{z_3}{z_{2'}}$$

$$i_{3'4} = \frac{\omega_{3'}}{\omega_4} = -\frac{z_4}{z_{3'}}, \quad i_{45} = \frac{\omega_4}{\omega_5} = -\frac{z_5}{z_4}$$

轮系的传动比是轮系中各对互相啮合齿轮传动比的连乘积，且注意到 $\omega_2 = \omega_{2'}$，$\omega_3 = \omega_{3'}$，就有：

$$i_{15} = i_{12} i_{2'3} i_{3'4} i_{45} = \frac{\omega_1}{\omega_2} \frac{\omega_{2'}}{\omega_3} \frac{\omega_{3'}}{\omega_4} \frac{\omega_4}{\omega_5} = \frac{\omega_1}{\omega_5} = \frac{n_1}{n_5}$$

$$\left(-\frac{z_2}{z_1}\right)\left(\frac{z_3}{z_{2'}}\right)\left(-\frac{z_4}{z_{3'}}\right)\left(-\frac{z_5}{z_4}\right) = (-1)^3 \frac{z_2 z_3 z_4 z_5}{z_1 z_{2'} z_{3'} z_4}$$

即
$$i_{15} = \frac{\omega_1}{\omega_5} = \frac{n_1}{n_5} = (-1)^3 \frac{z_2 z_3 z_4 z_5}{z_1 z_{2'} z_{3'} z_4} = (-1)^3 \frac{z_2 z_3 z_5}{z_1 z_{2'} z_{3'}}$$

注意，在图 5-32 所示的轮系中，齿轮 4 同时与齿轮 3′ 和齿轮 5 啮合，它既是前一对齿轮的从动轮又是后一对齿轮的主动轮，在计算式中分子、分母同时出现故而被约去。所以齿轮 4 的齿数不影响轮系传动比的大小，但改变了齿轮外啮合的次数，从而改变了传动比的正、负号。这种齿轮称为惰轮或过桥齿轮。

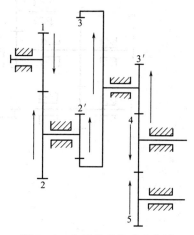

由以上分析可得定轴轮系传动比的规律及一般计算方法如下：

（1）定轴轮系的传动比等于轮系中各对啮合齿轮传动比的连乘积，也等于首末两轮的角速度或转速之比，即

$$i_{1k} = i_{12} i_{23} \cdots i_{(k-1)k} = \frac{\omega}{\omega_k} = \frac{n_1}{n_k} \qquad (5\text{-}7)$$

图 5-32　定轴轮系传动比分析

（2）定轴轮系传动比的大小，等于各对啮合齿轮中所有从动轮齿数的连乘积与所有主动轮齿数的连乘积之比，即

$$i_{1k} = \frac{\omega_1}{\omega_k} = \frac{n_1}{n_k} = \frac{\text{所有从动轮齿数的连乘积}}{\text{所有主动轮齿数的连乘积}} \qquad (5\text{-}8)$$

（3）定轴齿轮系各轮（轴）转向的判定。

平行轴定轴轮系：当有一对外啮合齿轮时，两轴的转向即改变一次，而内啮合齿轮不改变轮轴的转向，所以轮系中传动比的正、负决定于外啮合齿轮的对数 m，可用 $(-1)^m$ 来判定。即可直接由下式确定平行轴定轴轮系的传动比与首末两轮的转向。

$$i_{1k} = \frac{\omega_1}{\omega_k} = \frac{n_1}{n_k} = (-1)^m \frac{\text{所有从动轮齿数的连乘积}}{\text{所有主动轮齿数的连乘积}} \qquad (5\text{-}9)$$

也可用画箭头的方法来确定平行轴定轴齿轮系中各齿轮的转向关系。具体方法为：一对外啮合圆柱齿轮的转向相反，箭头指向亦相反；一对内啮合圆柱齿轮的转向相同，箭头指向亦相同（如图 5-32 所示）。

非平行轴定轴轮系：当轮系中出现空间轴传动时，由于角速度是矢量，不能用正、负号来表示其矢量关系，所以在非平行轴定轴轮系中，按式(5-8)计算的传动比大小，用画箭头的方法来确定各轮轴的转向（见图 5-33）。一对锥齿轮的轴线相交，箭头同时指向或同时背离节点；一对蜗杆蜗轮的轴线垂直交错，箭头指向按蜗杆传动中的旋向和转向规定标注。

例 5-1　在图 5-34 所示的轮系中，各齿轮的齿数为 $z_1 = 15$、$z_2 = 25$、$z_{2'} = 20$、$z_3 = 40$、$z_{3'} = 12$、$z_4 = 30$ 及 $z_{5'} = 20$，蜗轮齿数 $z_5 = 60$，蜗杆头数 $z_{4'} = 2$（左旋），齿条模数 $m = 4\text{mm}$。运动由齿轮 1 传入，齿条 6 传出，若齿轮 1 的转速 $n_1 = 500\text{r/min}$，转向如图中箭头所示，试确定轮系的传动比以及齿条 6 移动速度的大小和方向。

解：该轮系为一空间定轴轮系。其轮系的传动线路为：由齿轮 1 输入运动，经过一系列齿轮和蜗轮、蜗杆的啮合后，由齿轮 5′ 把运动传递给齿条 6。根据式(5-8)即可得到轮系的传动比为：

$$i_{15} = \frac{n_1}{n_5} = \frac{z_2 z_3 z_4 z_5}{z_1 z_{2'} z_{3'} z_{4'}} = \frac{25 \times 40 \times 30 \times 60}{15 \times 20 \times 12 \times 2} = 250$$

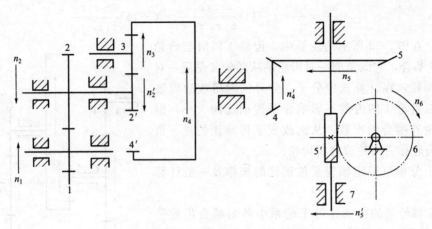

图 5-33 定轴齿轮系的转向

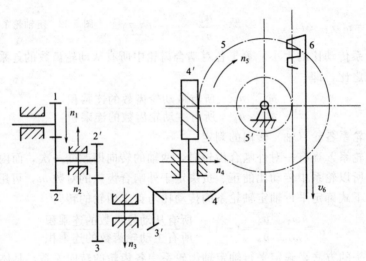

图 5-34 定轴轮系传动比计算

而蜗轮 5 与齿轮 5′ 同轴，故转速相同，有：

$$n_{5'} = n_5 = \frac{n_1}{i_{15}} = \frac{500}{250} \text{r/min} = 2 \text{r/min}$$

由齿轮与齿条啮合的特点可知齿轮 5′ 上与齿条 6 啮合点的线速度即为齿条移动的速度，即：

$$v_{5'} = v_6 = 2\pi r_{5'} n_{5'} = 2\pi \times \frac{m z_{5'}}{2} \times n_{5'} = 2\pi \times \frac{4 \times 20}{2} \times 2 \text{mm/min} = 502.6 \text{mm/min} = 0.506 \text{m/s}$$

齿条移动的方向如图中箭头所示。

3. CA6140A 型车床主轴转速的分析计算

例 5-2 如图 5-35 所示为多刀半自动车床主轴箱的传动系统。已知带轮直径 $D_1 = D_2 = 180 \text{mm}$，$z_1 = 45$，$z_2 = 72$，$z_3 = 36$，$z_4 = 81$，$z_5 = 59$，$z_6 = 54$，$z_7 = 25$，$z_8 = 88$，试求当电动机转速为 $n = 1443 \text{r/min}$ 时主轴Ⅲ的各级转速。

解： 由于 $D_1 = D_2 = 180 \text{mm}$，齿轮 1 和构成的双联滑移齿轮使轴Ⅱ有两种转速；齿轮 5 和 7 构成的双联滑移齿轮使轴Ⅲ获得 $2 \times 2 = 4$ 种转速。

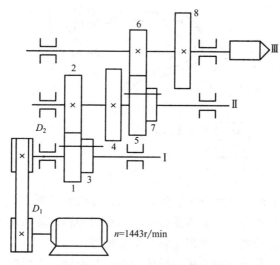

图 5-35　多刀半自动车床主轴箱的传动系统

齿轮 1 与 2 啮合，齿轮 5 与 6 啮合时：

$$n_{\text{III}} = n_{\text{I}} \times \frac{D_1 z_1 z_5}{D_2 z_2 z_6} = 1443 \times \frac{180 \times 45 \times 59}{180 \times 72 \times 54} = 985.4 \ (\text{r/min})$$

齿轮 3 与 4 啮合，齿轮 5 与 6 啮合时：

$$n_{\text{III}} = n_{\text{I}} \times \frac{D_1 z_3 z_5}{D_2 z_4 z_6} = 1443 \times \frac{180 \times 36 \times 59}{180 \times 81 \times 54} = 700.7 \ (\text{r/min})$$

齿轮 1 与 2 啮合，齿轮 7 与 8 啮合时：

$$n_{\text{III}} = n_{\text{I}} \times \frac{D_1 z_1 z_7}{D_2 z_2 z_8} = 1443 \times \frac{180 \times 45 \times 25}{180 \times 72 \times 88} = 256.2 \ (\text{r/min})$$

齿轮 3 与 4 啮合，齿轮 7 与 8 啮合时：

$$n_{\text{III}} = n_{\text{I}} \times \frac{D_1 z_3 z_7}{D_2 z_4 z_8} = 1443 \times \frac{180 \times 36 \times 25}{180 \times 81 \times 88} = 182.2 \ (\text{r/min})$$

三、CA6140A 型车床主轴的结构

1. 轴的类型及功用

按几何轴线形状，轴可分为直轴（图 5-36）、曲轴（图 5-37）和挠性轴（图 5-38）。曲轴常用于往复式机械（如内燃机、空压机等）中，实现运动形式的变换。挠性轴的挠性好，其轴线可按使用要求随意变化，可把运动灵活地传递到指定位置，常用于混凝土振动器、医疗器械等传动中。直轴在一般机械中应用广泛。

图 5-36　直轴

图 5-37　曲轴

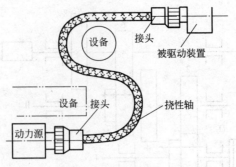

图 5-38　挠性轴

根据轴的承载性质不同可将轴分为转轴、心轴、传动轴三类。

（1）转轴　工作时既承受弯矩又承受转矩的轴称为转轴。转轴是机器中最常见的轴。一般机械运动的轴都属于这种轴。例如齿轮轴、带轮轴等。

（2）心轴　工作时只承受弯矩不传递转矩的轴称为心轴。心轴按其是否转动可分为转动心轴和固定心轴，如图 5-39 所示为铁路机车的转动心轴，如图 5-40 所示为自行车前轮的固定心轴。

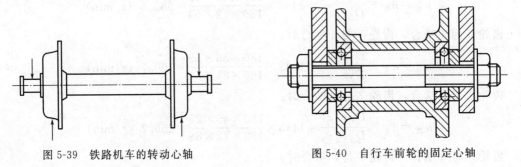

图 5-39　铁路机车的转动心轴　　　　　　图 5-40　自行车前轮的固定心轴

（3）传动轴　工作时主要传递转矩而不承受弯矩或弯矩很小的轴称为传动轴。如汽车中连接前桥和后桥的传动轴（图 5-41）。

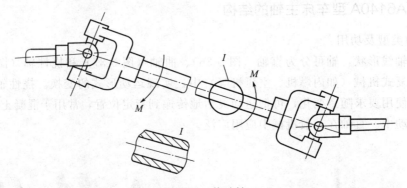

图 5-41　传动轴

按结构形状，直轴可分为：光轴、阶梯轴、实心轴和空心轴等。

2. 轴的结构及组成

在考虑轴的结构时，应满足三个方面的要求，即：安装在轴上的零件，要牢固而可靠地相对固定；轴的结构应便于加工和尽量减少应力集中；轴上的零件要便于安装和拆卸。

轴一般由轴头、轴身、轴颈三部分组成，如图 5-42 所示。轴上与传动零件或联轴器、离合器相配合的部分称为轴头。与轴承相配合的部分称为轴颈。连接轴头和轴颈的轴段称为轴身。此外，阶梯轴上截面变化之处称为轴肩和轴环。

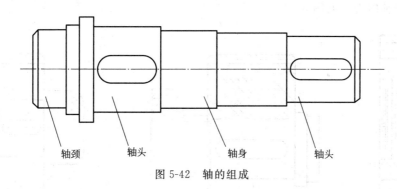

图 5-42　轴的组成

3. 轴的结构工艺性

(1) 轴的形状力求简单，以便于加工和检验，轴上的台阶数不宜过多。

(2) 轴肩处的过渡圆角半径 r 应小于零件孔的圆角半径 R 或倒角 C。

(3) 需经磨削加工的表面，在轴肩处应设置砂轮越程槽。

(4) 轴上若要车螺纹，在螺纹尾部留有退刀槽。

(5) 轴端应有倒角，必要时为轴的两端应设中心孔。

(6) 为了加工方便，对于在同一轴上轴径相差不大轴段的键槽，应尽可能采用同一规格的键槽尺寸，并且要安排在同一加工直线。

4. 轴上零件的定位及固定

(1) 轴上零件的轴向定位和固定　零件轴向定位的方式常取决于轴向力的大小，常用方法有以下几种：

① 轴肩或轴环　阶梯轴上截面尺寸变化的部位就叫轴肩，轴环是单独的环形零件，可以套装到轴上，具有和轴肩一样的功能。

特点：结构简单，定位可靠和能够承受较大轴向力。常用于齿轮、带轮、联轴器、轴承等的轴向定位。如图 5-43 所示，要求轴段的圆角半径 r 应小于零件内孔的半径 R 或倒角 C。

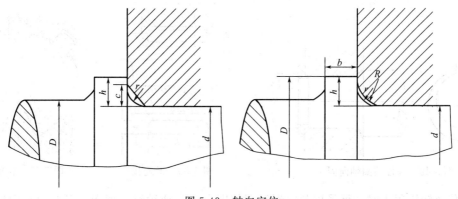

图 5-43　轴向定位

② 轴端挡圈、轴套和圆螺母　轴端挡圈：只适用于轴端零件的固定。为了防止轴端挡圈松动，应采用带有锁紧装置的固定形式，见图 5-44。

轴套（也称套筒）：一般用在两个零件的间距较小的场合，见图 5-45。

圆螺母：一般在无法采用轴套，或嫌轴套太长而选用的。圆螺母装拆方便，固定可靠，能承受较大的轴向力，见图 5-46。

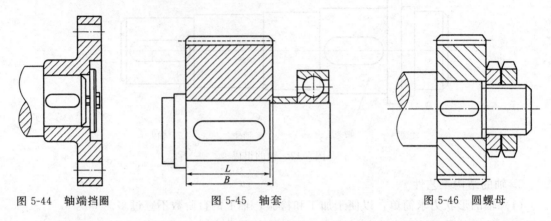

图 5-44　轴端挡圈　　　　图 5-45　轴套　　　　图 5-46　圆螺母

③ 其他一些轴向固定形式　对受轴向力不大的或是为了防止零件偶然沿轴向窜动的场合，可用圆锥销固定（如图 5-47）、紧定螺钉固定（如图 5-48）和弹性挡圈固定（如图 5-49）等形式。

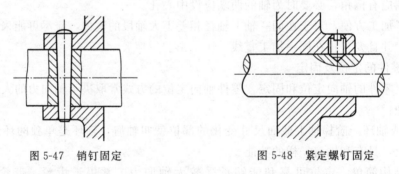

图 5-47　销钉固定　　　　　　图 5-48　紧定螺钉固定

（2）轴上零件的周向固定　轴上零件的周向固定的目的是为了传递转矩，防止零件与轴产生相对转动。常用的固定方法有键连接（如图 5-50）、花键连接（如图 5-51）和过盈配合等。

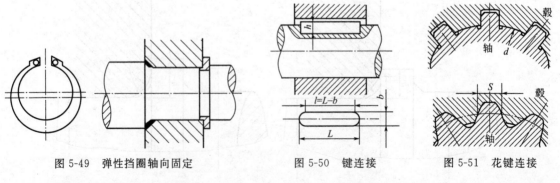

图 5-49　弹性挡圈轴向固定　　　图 5-50　键连接　　　图 5-51　花键连接

当传递转矩很小时，可采用紧定螺钉（如图 5-48）或销钉（如图 5-47），以实现轴向和周向固定。

5. 轴的加工及装配工艺性

轴的形状要力求简单，阶梯轴的级数应尽可能少，轴上各段的键槽、圆角半径、倒角、中心孔等尺寸尽可能统一，以利于加工和检验。轴上需磨削的轴段应设计出砂轮越程槽，需车制螺纹的轴段应有退刀槽，如图 5-52 所示。

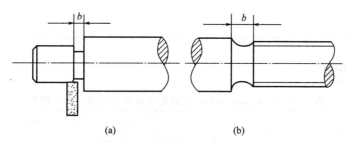

(a)　　　　　　(b)

图 5-52　砂轮越程槽及螺纹退刀槽

当轴上有多处键槽时，应使各键槽的中心线位于轴的同一母线上，且尺寸尽量统一，如图 5-53 所示。为使轴便于装配，轴端应有倒角，如图 5-54 所示。对于阶梯轴常设计成两端小中间大的形状，以便于零件从两端装拆。轴的结构设计应使各零件在装配时尽量不接触其他零件的配合表面，轴肩高度不能妨碍零件的拆卸，装配段不宜过长。

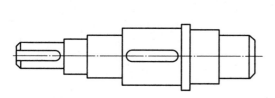

图 5-53　键槽位置在同一方位母线上

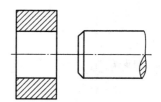

图 5-54　轴端加工倒角

 **计划决策**

表 5-12　CA6140A 型车床主轴箱传动系统分析计划决策表

情　境	学习情境五　CA6140A 型车床传动系统的分析				
学习任务	任务二　CA6140A 型车床主轴箱传动系统分析			完成时间	
任务完成人	学习小组		组长		成员
学习的知识和技能					
小组任务分配（以四人为一小组单位）	小组任务	任务准备	管理学习	管理出勤、纪律	监督检查
	个人职责	制定小组学习计划，确定学习目标	组织小组成员进行分析讨论，进行计划决策	记录考勤并管理小组成员纪律	检查并督促小组成员按时完成学习任务
	小组成员				
完成工作任务所需的知识点					

续表

完成工作任务的计划	
完成工作任务的初步方案	

 任务实施

表 5-13　CA6140A 型车床主轴箱传动系统分析任务实施表

情　境	学习情境五　CA6140A 型车床传动系统的分析		
学习任务	任务二　CA6140A 型车床主轴箱传动系统分析	完成时间	
任务完成人	学习小组	组长	成员
解决思路			
解决方法与步骤			

分析评价

表 5-14　CA6140A 型车床主轴箱传动系统分析学习评价表

情　境	学习情境五　CA6140A 型车床传动系统的分析			
学习任务	任务二　CA6140A 型车床主轴箱传动系统分析		完成时间	
任务完成人	学习小组	组长	成员	
评价项目	评价内容	评价标准		得分
专业能力 （55%）	知识的理解和掌握能力	对知识的理解、掌握及接受新知识的能力 □优(12)□良(9)□中(6)□差(4)		
	知识的综合应用能力	根据工作任务,应用相关知识进行分析解决问题 □优(13)□良(10)□中(7)□差(5)		
	方案制定与实施能力	在教师的指导下,能够制定工作方案并能够进行优化实施,完成计划决策表、实施表、检查表的填写 □优(15)□良(12)□中(9)□差(7)		
	实践动手操作能力	根据任务要求完成任务载体 □优(15)□良(12)□中(9)□差(7)		

续表

评价项目	评价内容	评 价 标 准	得分
方法能力 （25%）	独立学习能力	在教师的指导下,借助学习资料,能够独立学习新知识和新技能,完成工作任务 □优(8)□良(7)□中(5)□差(3)	
	分析解决问题的能力	在教师的指导下,独立解决工作中出现的各种问题,顺利完成工作任务 □优(7)□良(5)□中(3)□差(2)	
	获取信息能力	通过教材、网络、期刊、专业书籍、技术手册等获取信息,整理资料,获取所需知识 □优(5)□良(3)□中(2)□差(1)	
	整体工作能力	根据工作任务,制定、实施工作计划 □优(5)□良(3)□中(2)□差(1)	
社会能力 （20%）	团队协作和沟通能力	工作过程中,团队成员之间相互沟通、交流、协作、互帮互学,具备良好的群体意识 □优(5)□良(3)□中(2)□差(1)	
	工作任务的组织管理能力	具有批评、自我管理和工作任务的组织管理能力 □优(5)□良(3)□中(2)□差(1)	
	工作责任心与职业道德	具有良好的工作责任心、社会责任心、团队责任心(学习、纪律、出勤、卫生)、职业道德和吃苦能力 □优(10)□良(8)□中(6)□差(4)	
总　　分			

任务三　CA6140A 型车床螺旋传动结构分析

情境导入

　　如图 5-55 所示为螺纹应用的实物图，自行车上的前后轴如何连接，平口钳靠什么来夹紧工件？车床上的滑板如何实现进给？仔细观察，它们都使用了哪些共同的零部件？

(a) 自行车前轴　　　　　　　　(b) 平口钳　　　　　　　　(c) 车床的中滑板

图 5-55　螺纹应用实例

　　通过观察会发现，在以上连接和传动装置中都使用了螺杆和螺母，如图 5-56 所示。分析 CA6140A 型车床的螺旋传动机构。

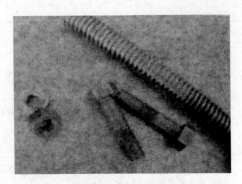

图 5-56　螺杆和螺母

（1）观察 CA6140A 型车床的传动部分，最少指出两处螺旋传动。

（2）试说出各个螺旋传动的应用形式。

（3）中滑板刻度盘分为 100 格，其传动螺纹为单线梯形螺纹，螺距 5mm，试计算刻度盘每旋转一格时刀架的横向进给量。

任务描述

学习目标	学习内容
1. 了解螺纹及其应用 2. 识读常用螺纹的标记及各部分的名称 3. 掌握常见的螺旋传动类型及应用 4. 能正确使用和维护金属切削机床中的螺旋传动装置	1. 螺纹的种类及特征 2. 常用螺纹的参数计算及应用 3. 螺旋传动的应用形式及实例分析

知识链接

一、螺纹的种类

在螺杆和螺母的圆柱或圆锥内、外表面上，沿着螺旋线所形成的具有固定牙型的凸起称为螺纹。在圆柱表面上所形成的螺纹称圆柱螺纹；在圆锥表面上形成的螺纹称为圆锥螺纹。

螺纹的种类较多，常见的分类方法有以下几种。

1. 按螺纹所在位置不同分

（1）外螺纹　是指在圆柱或圆锥外表面上形成的螺纹（见图 5-57）。

（2）内螺纹　是指在圆柱或圆锥内表面上形成的螺纹（见图 5-58）。

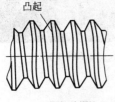
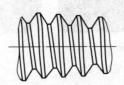
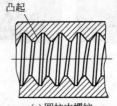
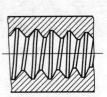

(a) 圆柱外螺纹　　(b) 圆锥外螺纹　　　　　(a) 圆柱内螺纹　　(b) 圆锥内螺纹

图 5-57　外螺纹　　　　　　　　　　　　　图 5-58　内螺纹

2. 按螺纹的旋向不同分

（1）右旋螺纹是指顺时针旋转时旋入的螺纹。

（2）左旋螺纹是指逆时针旋转时旋入的螺纹。

螺纹旋向的判定法则：伸出右手，掌心对着自己，四指并拢与螺杆的轴线平行，并指向旋入方向，若螺旋的旋向与拇指的指向一致称为右旋螺纹；若螺旋的旋向与拇指的指向不一致称为左旋螺纹。

3. 按螺旋线的数目不同分

（1）单线螺纹，是指沿一条螺旋线所形成的螺纹。

（2）多线螺纹，是指沿两条或两条以上的螺旋线所形成的螺纹。

4. 按螺纹牙型不同分

在通过螺纹轴线上的截面上，螺纹的轮廓形状称为螺纹牙型。各种螺纹的牙型如图 5-59 所示。按牙型不同可分为三角形螺纹、矩形螺纹、梯形螺纹和锯齿螺纹。

二、常用螺纹的基本参数及应用

螺纹在机械中的应用都是采用内、外螺纹相互旋合的形式（即螺纹副）。根据用途不同常见的螺纹可分为紧固连接用螺纹（简称紧固螺纹）、传动用螺纹（简称传动螺纹）、管用螺纹（简称管螺纹）和专门用途螺纹（简称专用螺纹）4 类。

1. 紧固螺纹

紧固连接用螺纹有普通螺纹、小螺纹、过度配合螺纹和过盈配合螺纹，其中普通螺纹应用最广泛。

普通螺纹是一种三角螺纹，牙型角为 60°，同一直径的螺

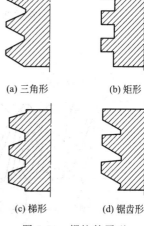

(a) 三角形　　(b) 矩形

(c) 梯形　　(d) 锯齿形

图 5-59　螺纹的牙型

纹按螺距大小可分为粗牙和细牙两类，如图 5-60 所示，一般连接用粗牙普通螺纹。

图 5-60　普通螺纹

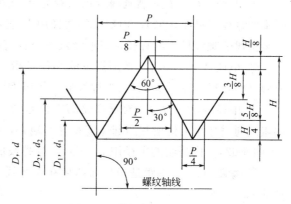

图 5-61　普通螺纹的基本牙型

细牙普通螺纹用于薄壁零件或若使用粗牙普通螺纹将对强度有较大影响的零件，也常用于受冲击、振动或载荷交变的连接和微调机构。细牙普通螺纹比粗牙螺纹的自锁性好，螺纹对零件的强度削弱较少，但容易滑扣。

（1）普通螺纹的主要参数　普通螺纹的基本牙型如图 5-61 所示。普通螺纹的主要参数有大径、小径、中径、螺距、导程、牙型角及牙侧角螺纹升角等。普通螺纹的大径、小径和

中径如图 5-62 所示，螺距与导程如图 5-63 所示。

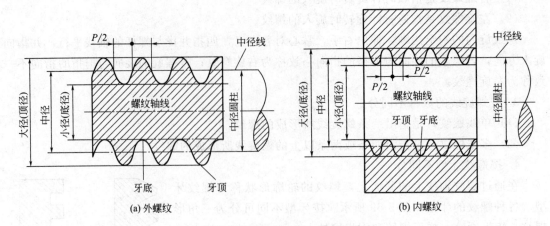

图 5-62　普通螺纹的大径、小径和中径

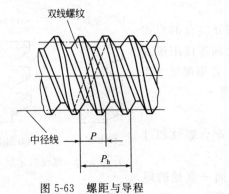

图 5-63　螺距与导程

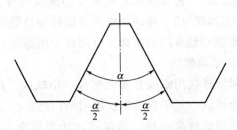

图 5-64　普通螺纹的牙型角

① 大径（D，d）　普通螺纹的大径是指与外螺纹牙顶或内螺纹牙底相切的假想圆柱或圆锥的直径（见图 5-62）。内螺纹的大径用 D 表示，外螺纹的大径用 d 表示。螺纹的公称直径是指代表螺纹尺寸的直径，普通螺纹的公称直径是指螺纹大径的基本尺寸。

② 小径（D_1，d_1）　普通螺纹的小径是指与外螺纹牙底或内螺纹牙顶相切的假想圆柱或圆锥的直径（见图 5-62）。内螺纹的小径用 D_1 表示，外螺纹的小径用 d_1 表示。

③ 中径（D_2，d_2）　普通螺纹的中径是指一个假想圆柱或圆锥的直径，该圆柱或圆锥的素线通过牙型上沟槽和凸起宽度相等的地方，该假想圆柱或圆锥称为中径圆柱或中径圆锥（见图 5-62）。内螺纹的中径用 D_2 表示，外螺纹的中径用 d_2 表示。

④ 螺距（P）　螺距是指相邻两牙在中径线上对应两点间的轴向距离（见图 5-63），用 P 表示

⑤ 导程（P_h）　导程是指同一条螺旋线上相邻两牙在中径线上对应两点的轴向距离（见图 5-63），用 P_h 表示。单线螺纹的导程就等于螺距，多线螺纹的导程等于螺纹线数与螺距的乘积。

⑥ 牙型角（α）及牙侧角　牙型角是指在螺纹牙型上，两相邻牙侧间的夹角（见图 5-64），用 α 表示。普通螺纹的牙型角 $\alpha = 60°$，牙型半角是牙型角的一半，用 $\alpha/2$ 表示。

牙侧角，见图 5-65，是指在螺纹牙型上，螺纹牙侧与螺纹轴线的垂线间的夹角。螺纹

的两牙侧角分别用 α_1 和 α_2 表示。对于普通螺纹，两牙侧角相等，$\alpha_1 = \alpha_2 = \alpha/2$。

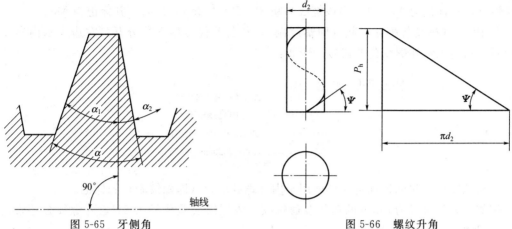

图 5-65　牙侧角　　　　　　　　　图 5-66　螺纹升角

⑦ 螺纹升角（ψ）　普通螺纹的螺纹升角是指中径圆柱或中径圆锥上，螺纹线的切线与垂直于螺纹轴线的平面的夹角（见图 5-66），用 ψ 表示。

（2）普通螺纹的标记

① 根据 GB/T197—2003 的规定，普通螺纹的完整标记形式为：

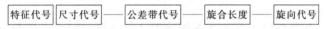

普通螺纹标记示例：

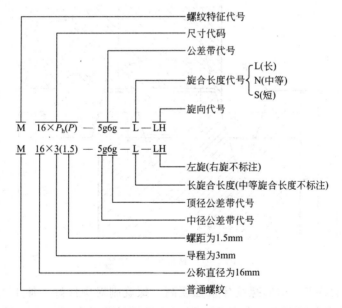

上述示例是普通螺纹的完整标记，当遇到以下情况时，其标记可以简化：

单线螺纹的尺寸代号为"公称直径×螺距"，此时不必注写"P_h"和"P"字样；当为粗牙普通螺纹时不标注螺距。

中径与顶径公差带代号相同时，只注写一个公差带代号。

最常用的中等公差精度螺纹（公称直径小于或等于 1.4mm 的 5H 和 6h 以及公称直径大

于或等于 1.6mm 的 6H 和 6g）不标注公差代号。

例如，公称直径为 8mm，细牙，螺距为 1mm，中径和顶径公差带均为 6H 的单线右旋普通螺纹，其标记为 M8×1；当该螺纹为粗牙（$P=1.25mm$）时，其标记为 M8。

② 内、外螺纹装配在一起（即螺纹副），其公差代号用斜线分开，左边表示内螺纹公差代号，右边表示外螺纹公差代号。例如：

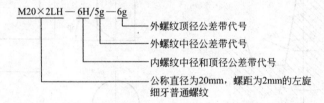

普通螺纹的简化标记规定同样适用于内外螺纹配合（即螺纹副）的标记。

例如：公称直径为 8mm 的粗牙普通螺纹，内螺纹公差代号为 6H，外螺纹公差带代号为 6g，则螺纹副标记为 M8。

在机械传动中有许多螺旋传动，那么用于螺旋传动的传动螺纹具有何种牙型？它们各部分的尺寸怎样计算，又怎样进行标记呢？

2. 传动螺纹

用于螺旋传动的传动螺纹有梯形螺纹、锯齿形螺纹和矩形螺纹。其中以梯形螺纹应用最为广泛。

（1）梯形螺纹　梯形螺纹的牙型为等腰梯形：牙型角 $\alpha=30°$（见图 5-67）。

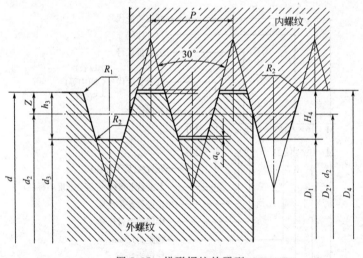

图 5-67　梯形螺纹的牙型

① 梯形螺纹的特点　梯形螺纹牙根强度高，螺旋副对中性好，加工工艺性好，广泛用于传递动力或运动的螺旋机构（如各类金属切削机床的传动装置）中。但与矩形螺纹相比，其效率略低。

② 梯形螺纹的标记形式

| 特征代号 | 尺寸代号 | —— | 公差带代号 | —— | 旋合长度 | —— | 旋向代号 |

梯形螺纹标记示例：

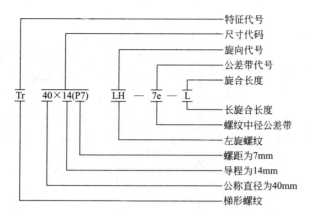

梯形螺纹的公差带代号只标注中径公差带（由表示公差等级的数字及公差带位置的字母组成）。

旋合长度分别为 N 和 L 两组。当为中等旋合长度时，不标注组别代号 N；当为长旋合长度时，应将组别代号 L 写在公差带代号后面，并用"—"隔开。特殊需要时可用具体旋合长度数值代替组别代号。

梯形螺旋副的公差带要分别注出内、外螺纹的公差带代号。前面是内螺纹公差带代号，后面是外螺纹公差带代号，中间用斜线分开。

标记示例：

右旋内螺纹：Tr40×7—7H

左旋外螺纹：Tr40×7Ld—7e

螺旋副：Tr40×7—7H/7e

长旋合长度的多线外螺纹：Tr40×14（P7）—8e—L

旋合长度为特殊需要的外螺纹：Tr40×7—7e—140

（2）矩形螺纹

① 矩形螺纹的特点　矩形螺纹的牙型如图 5-68 所示，为正方形，螺纹牙厚等于螺距的 1/2。传动效率高，但对中精度低，牙根强度弱。矩形螺纹精确制造较为困难，螺旋副磨损后的间隙难以补偿或修复，主要用于传力机构中，如台虎钳中的螺旋副。

② 矩形螺纹的标记　矩形螺纹又称为方牙螺纹，是一种非标准螺纹，其标记形式为：

| 矩形 | 公称直径 | × | 螺距 |

例如：矩形 40×6。

（3）锯齿形螺纹

① 锯齿形螺纹的特点　锯齿形螺纹如图 5-69 所示，承载牙侧的牙侧角为 3°，非承载牙侧的牙侧角为 30°。

锯齿形螺纹综合了矩形螺纹传动效率高和梯形螺纹牙根强度高的特点。其外螺纹的牙根

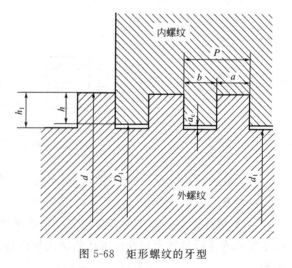

图 5-68　矩形螺纹的牙型

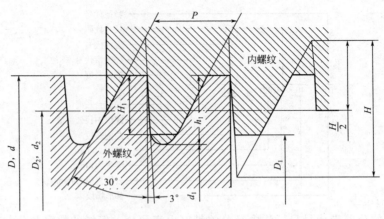

图 5-69　锯齿形螺纹

D—内螺纹大径；d—外螺纹大径；D_2—内螺纹中径；d_2—外螺纹中径；D_1—内螺纹小径；

d_1—外螺纹小径；P—螺距；H—原始三角形高度；H_1—内螺纹牙高；h_1—外螺纹牙高

有相当大的圆角，可以减小应力集中，螺旋副的大径处无间隙，便于对中。锯齿形螺纹广泛用于单向受力的传动机构，如起重和压力机械设备中的螺旋副。

② 锯齿形螺纹的标记示例　锯齿形螺纹的特征代号用"B"表示，其标记方式与梯形螺纹相似。

例如：B40×14（P7）LH—8CL

标记锯齿形螺纹副时，用斜线将内、外螺纹的公差代号分开。

例如：B40×7—7A/7c

3. 管用螺纹

用于管路连接的螺纹称为管用螺纹，简称管螺纹。常用管螺纹的牙型角为55°。如图5-70为圆柱与圆锥管螺纹。

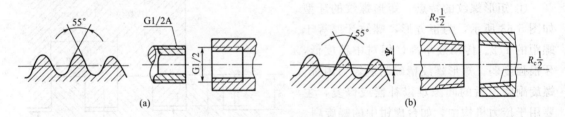

图 5-70　圆柱与圆锥管螺纹

（1）管螺纹的分类　55°非密封管螺纹、55°密封管螺纹、60°密封螺纹和米制螺纹4种，在此主要介绍前两种。

① 非螺纹密封的螺纹副　其内螺纹和外螺纹都是圆柱螺纹，连接本身不具备密封性能，若是要求连接后具有密封性，可压紧被连接件螺纹副外的密封面，也可以在密封面间添加密封物。

② 用螺纹密封的螺纹副　主要有两种连接形式：用圆锥内螺纹与圆锥外螺纹连接；用圆柱内螺纹与圆锥外螺纹连接。这两种连接方式本身都具有一定的密封能力，必要时也可以在螺纹副内添加密封物，以保证连接的密封性。

（2）管螺纹的标记

① 55°密封管螺纹的标记

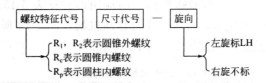

R_1—表示与圆柱内螺纹配合的圆锥外螺纹

R_2—表示与圆锥内螺纹相配合的圆锥外螺纹

例如，$R_1 3/4$——表示尺寸代号 3/4 的与圆柱内螺纹配合的右旋圆锥外螺纹。

　　　$R_2 3/4$——表示尺寸代号 3/4 的与圆锥内螺纹配合的右旋圆锥外螺纹。

　　　$R_c 1\frac{1}{2}$——表示尺寸代号 $1\frac{1}{2}$ 的右旋圆锥内管螺纹。

　　　$R_p 1\frac{1}{2}$—LH——表示代号尺寸 $1\frac{1}{2}$ 的左旋圆柱内管螺纹

内、外螺纹均只有一种公差带，故省略不注。表示螺纹副时，尺寸代号只注写一次。

例如：$R_c/R_2 3/4$ 表示尺寸代号为 3/4 的圆锥内螺纹与圆锥外螺纹组成的管螺纹副。

$R_p/R_1 3/4$ 表示尺寸代号为 3/4 的圆柱内螺纹与圆锥外螺纹组成的管螺纹副。

② 55°非密封管螺纹的标记

$G1\frac{1}{2}$——表示尺寸代号 $1\frac{1}{2}$ 的右旋内管螺纹。

$G1\frac{1}{2}A$——表示代号尺寸 $1\frac{1}{2}$ 的 A 级右旋外管螺纹

$G1\frac{1}{2}B$—LH——表示代号尺寸 $1\frac{1}{2}$ 的 B 级左旋外管螺纹

表示螺纹副时，仅需标注外螺纹的标记。

4. 专门用途螺纹

专门用途螺纹简称专用螺纹。例如：常用的自攻螺钉螺纹，木螺钉螺纹，气瓶专用螺纹等。

三、螺旋传动的应用

螺旋传动是利用内、外螺纹相互旋合（螺旋副）来传递运动和（或）动力的一种机械传动，可以方便地就把主动件的回转运动变为从动件的直线运动。

螺旋传动具有结构简单，工作连续、平稳，承载能力大，传动精度高等优点，因此广泛应用于各种机械和仪器中。它的缺点是摩擦损失大，传动效率低。但滚珠螺旋传动的应用已使螺旋传动摩擦大、易磨损和效率低的缺点得到了很大程度改善。

常用的螺旋传动有普通螺旋传动、差动螺旋传动和滚珠螺旋传动等。

1. 普通螺旋传动

普通螺旋传动是由螺杆和螺母组成的简单螺旋副的传动装置。

（1）螺旋传动的应用形式　普通螺旋传动的应用形式见表 5-15，其中台虎钳如图 5-71 所示，螺旋千斤顶如图 5-72 所示，机床工作台移动机构如图 5-73 所示，观察镜螺旋调整装置如图 5-74 所示，普通螺旋传动简图如图 5-75 所示。

表 5-15　普通螺旋传动的应用形式

传动的应用形式	实　例	应用场合
螺母固定不动、螺杆回转并作直线运动[见图 5-75(a)]	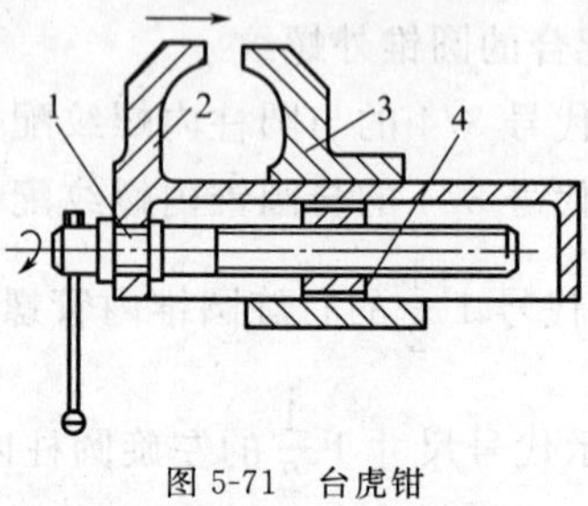 图 5-71　台虎钳 1—螺杆；2—活动钳口；3—固定钳口；4—螺母	常用于台虎钳、螺旋压力机、千分尺等
螺杆固定不动、螺母回转并作直线运动[见图 5-75(b)]	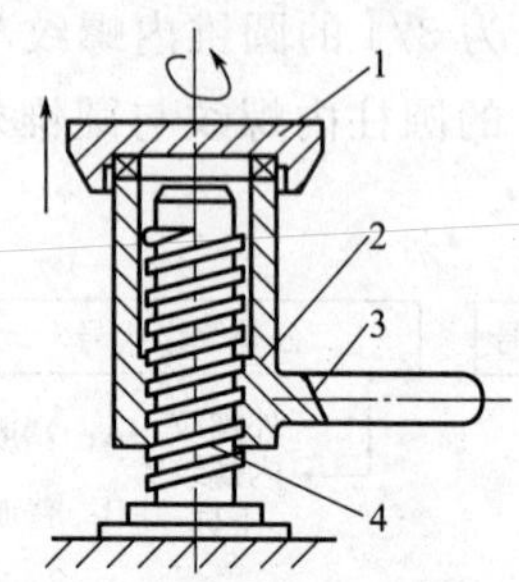 图 5-72　螺旋千斤顶 1—托盘；2—螺母；3—手柄；4—螺杆	常用于螺旋千斤顶、插齿机刀架传动等
螺杆回转、螺母作直线运动[见图 5-75(c)]	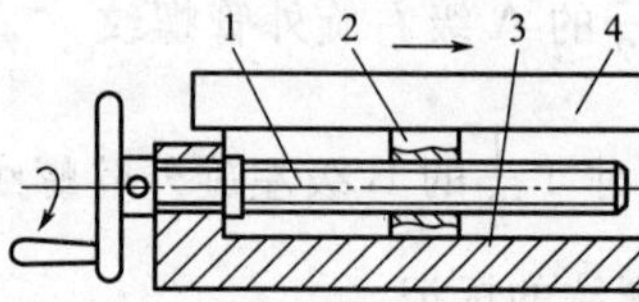 图 5-73　机床工作台移动机构 1—螺杆；2—螺母；3—机架；4—工作台	其应用较为广泛
螺母回转、螺杆作直线运动[见图 5-75(d)]	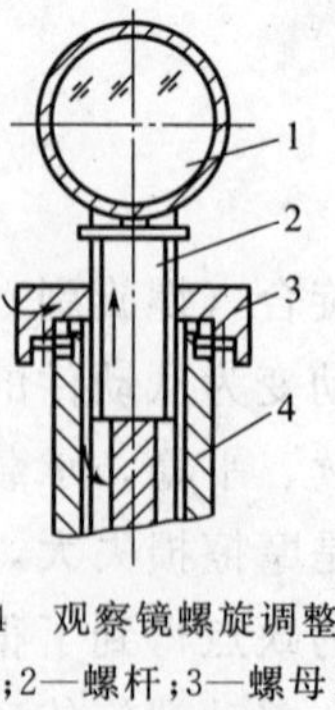 图 5-74　观察镜螺旋调整装置 1—观察镜；2—螺杆；3—螺母；4—机架	其应用较少

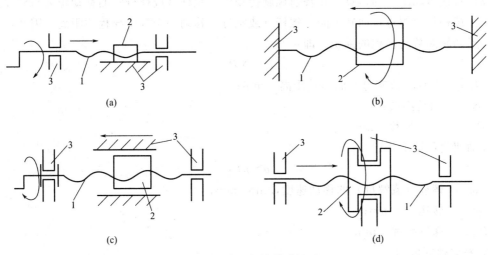

图 5-75　普通螺旋传动简图

1—螺杆；2—螺母；3—机架

（2）直线运动方向的判定　普通螺旋传动时，从动件作直线运动方向（移动方向）不仅与螺纹的回转方向有关，还与螺纹的旋向有关。螺杆或者螺母移动方向的判定方法如图5-76所示。

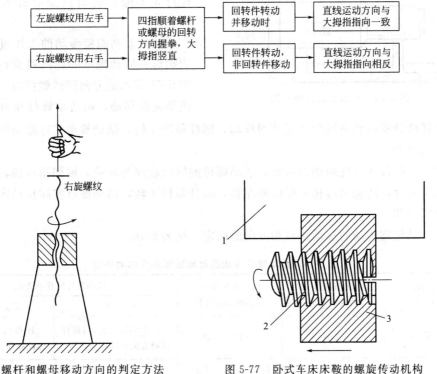

图 5-76　螺杆和螺母移动方向的判定方法

图 5-77　卧式车床床鞍的螺旋传动机构

1—床鞍；2—丝杠；3—开合螺母

例如，如图 5-77 所示为卧式车床床鞍的螺旋传动机构。丝杠为右旋螺杆，当丝杠如图所示方向回转时，开合螺母带动床鞍向左移动。

（3）直线运动距离的运算　在普通螺旋传动中，螺杆（或螺母）的移动距离与螺纹的导程有关。螺杆相对螺母每回转一圈，螺杆（或螺母）移动一个等于导程的距离。因此，移动距离等于回转圈数与导程的乘积，即：

$$L = NP_h$$

式中　L——螺杆（或螺母）的移动距离，mm；

　　　N——回转圈数；

　　　P_h——螺纹导程，mm。

移动速度可按下式计算：

$$v = nP_h$$

式中　v——螺杆（或螺母）的移动速度，mm/min；

　　　n——转速，r/min；

　　　P_h——螺纹导程，mm。

2. 差动螺旋传动

由两个螺旋副组成的使活动的螺母与螺杆产生差动（即不一致）的螺旋传动称为差动螺旋传动。

（1）差动螺旋传动的结构　如图 5-78 所示为差动螺旋传动机构。螺杆 1 分别与固定螺母 2（机架）和活动螺母 3 组成两个螺旋副，固定螺母 2（机架）不能移动，活动螺母 3 不能回转而只能沿机架的导向槽移动。

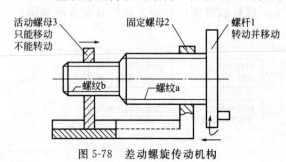

图 5-78　差动螺旋传动机构

（2）差动螺旋传动的工作过程　设固定螺母和活动螺母的旋向同为右旋，当按图 5-78 所示的方向回转螺杆时，螺杆相对机架向左移动，而活动螺母相对螺杆向右移动，这样活动螺母相对机架实现差动移动，螺杆每转 1 转，活动螺母实际移动距离为两段螺纹的导程之差。

如果固定螺母螺纹旋向仍为右旋，活动螺母的螺纹旋向为左旋，则如图示回转螺杆时螺杆相对机架左移，活动螺母相对螺杆亦左移，螺杆每转 1 转，活动螺母实际移动距离为两段螺纹的导程之和。

（3）差动螺旋传动的移动距离和方向的确定　见表 5-16。

表 5-16　差动螺旋传动的移动距离和方向的确定

螺杆上两段 螺纹的旋向	活动螺母 的移动距离	活动螺母实际 移动距离的计算	活动螺母的移动方向	
			$P_{h1} > P_{h2}$	$P_{h1} < P_{h2}$
相同	减小	$L = N(P_{h1} - P_{h2})$	计算结果为正，与螺杆 移动方向相同	计算结果为负，与 螺杆移动方向相反
相反	增大	$L = N(P_{h1} + P_{h2})$	与螺杆移动方向相同	

注：L—活动螺母的实际移动距离，mm；N—螺杆的回转圈数；P_{h1}—机架上固定螺母的导程，mm；P_{h2}—活动螺母的导程，mm。

例 5-3　在图 5-78 中，固定螺母的导程 $P_{h1} = 1.5$mm，活动螺母的导程 $P_{h2} = 2$mm，螺

纹均为左旋。问当螺杆回转 0.5r 时，活动螺母的移动距离是多少？移动方向如何？

解： ① 首先判断螺杆的移动方向，螺纹 a 为左旋，用左手判定螺杆向右移动。

② 因为两螺纹旋向相同，活动螺母移动距离为：

$$L = N(P_{h1} - P_{h2}) = 0.5 \times (1.5 - 2) = -0.25 \ (\text{mm})$$

③ 计算结果为负值，活动螺母移动方向与螺杆移动方向相反，即向左移动了 0.25mm。

（4）差动螺旋传动的应用实例　差动螺旋传动机构可以产生极小的位移，而其螺纹的导程并不需要很小，加工较容易。所以差动螺旋传动机构在诸多精密切削机床及仪器的微调装置中得到了广泛应用。

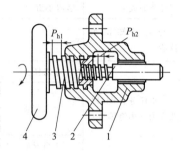

图 5-79　差动螺旋微调机构
1—机架；2—移动螺杆；
3—螺杆；4—手轮

如图 5-79 所示为差动螺旋微调机构。手轮 4 与螺杆 3 固定连接，螺杆与机架 1 的内螺纹组成一螺旋副，导程为 P_{h1}，螺杆以内螺纹与移动螺杆 2 组成另一螺旋副，导程为 P_{h2}，移动螺杆在机架内只能沿导向键左右移动而不能转动。设两螺旋副均为右旋，且只 $P_{h1} > P_{h2}$，则如图示方向回转手轮时，移动螺杆的实际位移量的计算公式为：

$$L = N(P_{h1} - P_{h2}) \qquad （右移）$$

手轮回转角度 φ（rad）时的移动螺杆的实际位移可按下式计算：

$$L = \frac{\varphi}{2\pi}(P_{h1} - P_{h2})$$

3. 滚珠螺旋传动

在普通螺旋传动中，由于螺杆与螺母的牙侧表面之间的相对运动摩擦是滑动摩擦，因此，传动阻力大，摩擦损失严重，效率低。为了改善螺旋传动的功能，经常采用滚珠螺旋传动（见图 5-80），用滚动摩擦来代替滑动摩擦。

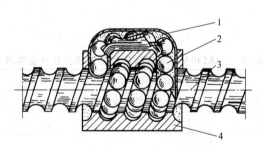

图 5-80　滚珠螺旋传动
1—滚珠循环装置；2—滚珠；3—螺杆；4—螺母

滚珠螺旋传动主要由滚珠 2、螺杆 3、螺母 4 及滚珠循环装置 1 组成。其工作原理是在螺杆和螺母的螺纹滚道中装有一定数量的滚珠（钢球），当螺杆与螺母作相对螺旋运动时，滚珠在螺纹滚道内滚动，并通过滚珠循环装置的通道构成封闭循环，从而实现螺杆与螺母间的滚动摩擦。

滚珠螺旋传动具有滚动摩擦阻力小、摩擦损失小、传动效率高、传动时运动平稳、动作灵敏等优点。但其结构复杂，外形尺寸较大，制造技术要求高，因此成本也较高。目前主要应用精密传动的数控机床（滚珠丝杠传动）以及自动控制装置、升降机构和精密测量仪器等。

 计划决策

表 5-17　CA6140A 型车床螺旋传动结构分析计划决策表

情　境	学习情境五　CA6140A 型车床传动系统的分析				
学习任务	任务三　CA6140A 型车床螺旋传动结构分析			完成时间	
任务完成人	学习小组		组长		成员	
学习的知识和技能					
小组任务分配（以四人为一小组单位）	小组任务	任务准备	管理学习	管理出勤、纪律	监督检查
	个人职责	制定小组学习计划,确定学习目标	组织小组成员进行分析讨论,进行计划决策	记录考勤并管理小组成员纪律	检查并督促小组成员按时完成学习任务
	小组成员				
完成工作任务所需的知识点					
完成工作任务的计划					
完成工作任务的初步方案					

 任务实施

表 5-18　CA6140A 型车床螺旋传动结构分析任务实施表

情　境	学习情境五·CA6140A 型车床传动系统的分析			
学习任务	任务三　CA6140A 型车床螺旋传动结构分析		完成时间	
任务完成人	学习小组	组长		成员	
解决思路				
解决方法与步骤				

 **分析评价**

表 5-19 CA6140A 型车床螺旋传动结构分析学习评价表

情 境	学习情境五 CA6140A 型车床传动系统的分析				
学习任务	任务三 CA6140A 型车床螺旋传动结构分析		完成时间		
任务完成人	学习小组	组长		成员	

评价项目	评价内容	评价标准	得分
专业能力 （55%）	知识的理解和掌握能力	对知识的理解、掌握及接受新知识的能力 □优(12)□良(9)□中(6)□差(4)	
	知识的综合应用能力	根据工作任务,应用相关知识进行分析解决问题 □优(13)□良(10)□中(7)□差(5)	
	方案制定与实施能力	在教师的指导下,能够制定工作方案并能够进行优化实施,完成计划决策表、实施表、检查表的填写 □优(15)□良(12)□中(9)□差(7)	
	实践动手操作能力	根据任务要求完成任务载体 □优(15)□良(12)□中(9)□差(7)	
方法能力 （25%）	独立学习能力	在教师的指导下,借助学习资料,能够独立学习新知识和新技能,完成工作任务 □优(8)□良(7)□中(5)□差(3)	
	分析解决问题的能力	在教师的指导下,独立解决工作中出现的各种问题,顺利完成工作任务 □优(7)□良(5)□中(3)□差(2)	
	获取信息能力	通过教材、网络、期刊、专业书籍、技术手册等获取信息,整理资料,获取所需知识 □优(5)□良(3)□中(2)□差(1)	
	整体工作能力	根据工作任务,制定、实施工作计划 □优(5)□良(3)□中(2)□差(1)	
社会能力 （20%）	团队协作和沟通能力	工作过程中,团队成员之间相互沟通、交流、协作、互帮互学,具备良好的群体意识 □优(5)□良(3)□中(2)□差(1)	
	工作任务的组织管理能力	具有批评、自我管理和工作任务的组织管理能力 □优(5)□良(3)□中(2)□差(1)	
	工作责任心与职业道德	具有良好的工作责任心、社会责任心、团队责任心(学习、纪律、出勤、卫生)、职业道德和吃苦能力 □优(10)□良(8)□中(6)□差(4)	
总　分			

课后习题

5-1 填空题

(1) 带传动的主要失效形式为_____和_____。

(2) 带传动可分为_____传动和_____传动两大类。

(3) 带传动的张紧装置通常采用_____和_____两种方式。

(4) 包角是指带与带轮接触弧所对的_____。对于 V 带传动，一般要求包角 $\alpha \geqslant$_____；平带传动的包角 $\alpha \geqslant$_____。

(5) V 带的横截面由_____、_____、_____、_____ 4 层组成。

(6) 根据两传动轴相对位置的不同，齿轮传动可分成_____和_____。

(7) 齿数相同的齿轮，模数越大，齿轮的几何尺寸越____，齿厚也越____。

(8) 对于渐开线齿轮，通常所说的齿形角是指_____的齿形角，规定齿形角的标准值 $\alpha =$_____。

(9) 一对相互啮合的标准直齿圆柱齿轮的_____和_____都应相同。

(10) 齿轮轮齿的常见失效形式有_____、_____、_____、_____和_____ 5 种。

(11) 由一系列相互啮合的齿轮组成的传动系统称为_____。它通常可分为_____和_____两大类。

(12) 凡是在轮系运转时，各轮的轴线在空间的位置都_____的轮系称为定轴轮系。

(13) 平行轴传动的定轴轮系中，若外啮合的齿轮副数量为偶数，轮系第一个齿轮与最末一个齿轮的回转方向_____；为奇数时，第一个齿轮与最末一个齿轮的回转方向_____。

(14) 轮系中的惰轮只改变从动齿轮的_____，而不改变主动齿轮与从动齿轮_____的大小。

(15) 定轴轮系的传动比等于组成该轮系的所有_____齿轮齿数的连乘积与所有_____齿轮齿数的连乘积之比。

(16) 螺纹按照其用途不同，一般可分为_____、_____、_____和专门用途螺纹

(17) 按照螺纹牙型不同，常用的螺纹分为_____螺纹、_____螺纹、_____螺纹和锯齿形螺纹。

(18) 普通螺纹的主要参数有____、____、____、____、____、____和____ 7 个。

(19) 普通螺纹按螺距大小可分为_____和_____两种形式。

(20) 按螺纹密封方式划分为管螺纹，分_____和_____两大类。

(21) 螺旋传动是利用_____来传递_____和（或）_____的一种机械传动，它可以方便地把主动件的_____运动转变为从动件的_____运动。

(22) 普通螺纹传动是由_____和_____组成的_____副的传动装置。

5-2 判断题

(1) V 带传动属于摩擦传动。（   ）

(2) V 带传动在安装时一次张紧后再不需要调整。（   ）

(3) V 带传动会出现"打滑"现象，因而传动比不准确。（   ）

(4) 同步带传动为啮合传动，高速、高精度，适于高精度仪器装置中，带比较薄、轻。

（　　）

（5）一组 V 带某根出现疲劳裂纹而损坏，要及时全部更换所有 V 带。（　　）

（6）不同齿数和模数的标准渐开线齿轮，其分度圆上的齿形角也不同。（　　）

（7）模数 m 越大，轮齿的承载能力越大。（　　）

（8）当两齿轮互相啮合传动时，大齿轮转速高，小齿轮转速低。（　　）

（9）齿面点蚀是开式齿轮传动的主要失效形式。（　　）

（10）蜗杆传动具有传动比大，承载能力大，传动效率高的特点。（　　）

（11）在蜗杆传动中，主动件一定是蜗杆，从动件一定是蜗轮。（　　）

（12）齿轮传动平稳并能保证瞬时传动比的恒定。（　　）

（13）平行轴传动的定轴轮系传动比计算公式中（－1）的指数 m 表示轮系中相啮合的圈柱齿轮的对数。（　　）

（14）采用轮系可以实现无级变速。（　　）

（15）轮系传动既可用于相距较远的两轴间传动，又可获得较大的传动比。（　　）

（16）对轮系的传动比大小没有影响而只改变传动方向的中间轮叫惰轮。（　　）

（17）齿轮的轴线位置均不固定，但啮合齿轮副的数量需要限制的轮系称为定轴轮系。（　　）

（18）普通螺纹的牙型角是 60°。（　　）

（19）螺纹标记 $R_1 1\frac{1}{2}$ 表示用螺纹密封的圆锥外管螺纹。（　　）

（20）螺纹的牙型半角就是螺纹的牙侧角。（　　）

（21）公称直径相同的粗牙普通螺纹的强度高于细牙普通螺纹。（　　）

（22）滚珠螺旋传动的传动效率高，传动时运动平稳、动作灵敏。（　　）

（23）差动螺旋传动可以产生极小的位移，因此，可方便地实现微量调节。（　　）

（24）普通螺旋传动中，从动件的直线运动（移动）方向与螺纹的旋向无关。（　　）

（25）梯形螺纹的牙根强度高，但螺旋副的对中性精度低。（　　）

（26）细牙普通螺纹 M20×2 与 M20×15 相比，前者中径小，后者中径大。（　　）

（27）在传动螺纹中，矩形螺纹的传动效率最高，但牙根强度最低。（　　）

5-3　选择题

（1）对于模数相同的齿轮，如果齿数增加，齿轮的几何尺寸_____。

A. 增大　　　　　　　　　　B. 减小　　　　　　　　　　C. 不变

（2）形成齿轮渐开线的圆是_____。

A. 分度圆　　　　　　　　　B. 基圆　　　　　　　　　　C. 齿顶圆

（3）斜齿圆柱齿轮_____。

A. 能用做变速滑移齿轮　　　B. 传动中产生轴向力　　　　C. 传动平稳性差

（4）普通螺纹的公称直径是指_____。

A. 螺纹小径　　　　　　　　B. 螺纹中径　　　　　　　　C. 螺纹大径

（5）单向受力的螺旋传动机构广泛采用_____。

A. 梯形螺纹　　　　　　　　B. 锯齿型螺纹　　　　　　　C. 矩形螺纹

（6）下列标记中，表示细牙普通螺纹的是_____。

A. M24　　　　　　　　　　B. M20×1.5　　　　　　　　C. Tr40×7

(7) 螺纹特征代号 R_c 表示_____。

A. 圆锥外螺纹   B. 圆锥内螺纹   C. 圆柱内螺纹

(8) 下列标记中，表示非螺纹密封内管螺纹的是_____。

A. $G1\frac{1}{2}$ B. $G1\frac{1}{2}A$ C. $G1\frac{1}{2}B-LH$

(9) 螺旋传动机构_____。

A. 结构复杂   B. 传动效率高   C. 传动精度高

附录

常用型钢规格表

普通工字钢

符号：h—高度；
　　　b—宽度；
　　　t_w—腹板厚度；
　　　t—翼缘平均厚度；
　　　I—惯性矩；
　　　W—截面模量

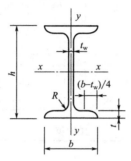

i—回转半径；
S_x—半截面的面积矩；
长度：
　　型号10～18，长5～19m；
　　型号20～63，长6～19m。

型号		尺寸/mm					截面面积 /cm²	理论质量 /(kg/m)	x—x 轴				y—y 轴		
		h/mm	b/mm	t_w /mm	t/mm	R/mm			I_x /cm⁴	W_x /cm³	i_x /cm	I_x/S_x /cm	I_y /cm⁴	W_y /cm³	I_y /cm
10		100	68	4.5	7.6	6.5	14.3	11.2	245	49	4.14	8.69	33	9.6	1.51
12.6		126	74	5	8.4	7	18.1	14.2	488	77	5.19	11	47	12.7	1.61
14		140	80	5.5	9.1	7.5	21.5	16.9	712	102	5.75	12.2	64	16.1	1.73
16		160	88	6	9.9	8	26.1	20.5	1127	141	6.57	13.9	93	21.1	1.89
18		180	94	6.5	10.7	8.5	30.7	24.1	1699	185	7.37	15.4	123	26.2	2.00
20	a	200	100	7	11.4	9	35.5	27.9	2369	237	8.16	17.4	158	31.6	2.11
	b		102	9			39.5	31.1	2502	250	7.95	17.1	169	33.1	2.07
22	a	220	110	7.5	12.3	9.5	42.1	33	3406	310	8.99	19.2	226	41.1	2.32
	b		112	9.5			46.5	36.5	3583	326	8.78	18.9	240	42.9	2.27
25	a	250	116	8	13	10	48.5	38.1	5017	401	10.2	21.7	280	48.4	2.4
	b		118	10			53.5	42	5278	422	9.93	21.4	297	50.4	2.36
28	a	280	122	8.5	13.7	10.5	55.4	43.5	7115	508	11.3	24.3	344	56.4	2.49
	b		124	10.5			61	47.9	7481	534	11.1	24	364	58.7	2.44
32	a	320	130	9.5	15	11.5	67.1	52.7	11080	692	12.8	27.7	459	70.6	2.62
	b		132	11.5			73.5	57.7	11626	727	12.6	27.3	484	73.3	2.57
	c		134	13.5			79.9	62.7	12173	761	12.3	26.9	510	76.1	2.53
36	a	360	136	10	15.8	12	76.4	60	15796	878	14.4	31	555	81.6	2.69
	b		138	12			83.6	65.6	16574	921	14.1	30.6	584	84.6	2.64
	c		140	14			90.8	71.3	17351	964	13.8	30.2	614	87.7	2.6

续表

型号		尺寸/mm					截面面积 /cm²	理论质量 /(kg/m)	x—x 轴				y—y 轴		
		h/mm	b/mm	t_w/mm	t/mm	R/mm			I_x/cm⁴	W_x/cm³	i_x/cm	I_x/S_x/cm	I_y/cm⁴	W_y/cm³	i_y/cm
40	a	400	142	10.5	16.5	12.5	86.1	67.6	21714	1086	15.9	34.4	660	92.9	2.77
	b		144	12.5			94.1	73.8	22781	1139	15.6	33.9	693	96.2	2.71
	c		146	14.5			102	80.1	23847	1192	15.3	33.5	727	99.7	2.67
45	a	450	150	11.5	18	13.5	102	80.4	32241	1433	17.7	38.5	855	114	2.89
	b		152	13.5			111	87.4	33759	1500	17.4	38.1	895	118	2.84
	c		154	15.5			120	94.5	35278	1568	17.1	37.6	938	122	2.79
50	a	500	158	12	20	14	119	93.6	46472	1859	19.7	42.9	1122	142	3.07
	b		160	14			129	101	48556	1942	19.4	42.3	1171	146	3.01
	c		162	16			139	109	50639	2026	19.1	41.9	1224	151	2.96
56	a	560	166	12.5	21	14.5	135	106	65576	2342	22	47.9	1366	165	3.18
	b		168	14.5			147	115	68503	2447	21.6	47.3	1424	170	3.12
	c		170	16.5			158	124	71430	2551	21.3	46.8	1485	175	3.07
63	a	630	176	13	22	15	155	122	94004	2984	24.7	53.8	1702	194	3.32
	b		178	15			167	131	98171	3117	24.2	53.2	1771	199	3.25
	c		780	17			180	141	102339	3249	23.9	52.6	1842	205	3.2

H 型钢

符号：h—高度；
　　　b—宽度；
　　　t_1—腹板厚度；
　　　t_2—翼缘厚度；
　　　I—惯性矩；
　　　W—截面模量

i—回转半径；
S_x—半截面的面积矩。

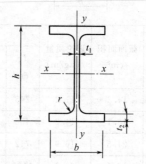

类别	H 型钢规格 ($h×b×t_1×t_2$)	截面积 A /cm²	质量 q /(kg/m)	x—x 轴			y—y 轴		
				I_x/cm⁴	W_x/cm³	i_x/cm	I_y/cm⁴	W_y/cm³	i_y/cm
HW	100×100×6×8	21.9	17.2 2	383	76.576.5	4.18	134	26.7	2.47
	125×125×6.5×9	30.31	23.8	847	136	5.29	294	47	3.11
	150×150×7×10	40.55	31.9	1660	221	6.39	564	75.1	3.73
	175×175×7.5×11	51.43	40.3	2900	331	7.5	984	112	4.37
	200×200×8×12	64.28	50.5	4770	477	8.61	1600	160	4.99
	♯200×204×12×12	72.28	56.7	5030	503	8.35	1700	167	4.85
	250×250×9×14	92.18	72.4	10800	867	10.8	3650	292	6.29
	♯250×255×14×14	104.7	82.2	11500	919	10.5	3880	304	6.09
	♯294×302×12×12	108.3	85	17000	1160	12.5	5520	365	7.14
	300×300×10×15	120.4	94.5	20500	1370	13.1	6760	450	7.49
	300×305×15×15	135.4	106	21600	1440	12.6	7100	466	7.24

续表

类别	H 型钢规格 ($h \times b \times t_1 \times t_2$)	截面积 A /cm²	质量 q /(kg/m)	$x—x$ 轴			$y—y$ 轴		
				I_x /cm⁴	W_x /cm³	i_x /cm	I_y /cm⁴	W_y /cm³	I_y /cm
HW	♯344×348×10×16	146	115	33300	1940	15.1	11200	646	8.78
	350×350×12×19	173.9	137	40300	2300	15.2	13600	776	8.84
	♯388×402×15×15	179.2	141	49200	2540	16.6	16300	809	9.52
	♯394×398×11×18	187.6	147	56400	2860	17.3	18900	951	10
	400×400×13×21	219.5	172	66900	3340	17.5	22400	1120	10.1
	♯400×408×21×21	251.5	197	71100	3560	16.8	23800	1170	9.73
	♯414×405×18×28	296.2	233	93000	4490	17.7	31000	1530	10.2
	♯428×407×20×35	361.4	284	119000	5580	18.2	39400	1930	10.4
HM	148×100×6×9	27.25	21.4	1040	140	6.17	151	30.2	2.35
	194×150×6×9	39.76	31.2	2740	283	8.3	508	67.7	3.57
	244×175×7×11	56.24	44.1	6120	502	10.4	985	113	4.18
	294×200×8×12	73.03	57.3	11400	779	12.5	1600	160	4.69
	340×250×9×14	101.5	79.7	21700	1280	14.6	3650	292	6
	390×300×10×16	136.7	107	38900	2000	16.9	7210	481	7.26
	440×300×11×18	157.4	124	56100	2550	18.9	8110	541	7.18
	482×300×11×15	146.4	115	60800	2520	20.4	6770	451	6.8
	488×300×11×18	164.4	129	71400	2930	20.8	8120	541	7.03
	582×300×12×17	174.5	137	103000	3530	24.3	7670	511	6.63
	588×300×12×20	192.5	151	118000	4020	24.8	9020	601	6.85
	♯594×302×14×23	222.4	175	137000	4620	24.9	10600	701	6.9
HN	100×50×5×7	12.16	9.54	192	38.5	3.98	14.9	5.96	1.11
	125×60×6×8	17.01	13.3	417	66.8	4.95	29.3	9.75	1.31
	150×75×5×7	18.16	14.3	679	90.6	6.12	49.6	13.2	1.65
	175×90×5×8	23.21	18.2	1220	140	7.26	97.6	21.7	2.05
	198×99×4.5×7	23.59	18.5	1610	163	8.27	114	23	2.2
	200×100×5.5×8	27.57	21.7	1880	188	8.25	134	26.8	2.21
	248×124×5×8	32.89	25.8	3560	287	10.4	255	41.1	2.78
	250×125×6×9	37.87	29.7	4080	326	10.4	294	47	2.79
	298×149×5.5×8	41.55	32.6	6460	433	12.4	443	59.4	3.26
	300×150×6.5×9	47.53	37.3	7350	490	12.4	508	67.7	3.27
	346×174×6×9	53.19	41.8	11200	649	14.5	792	91	3.86
	350×175×7×11	63.66	50	13700	782	14.7	985	113	3.93
	♯400×150×8×13	71.12	55.8	18800	942	16.3	734	97.9	3.21
	396×199×7×11	72.16	56.7	20000	1010	16.7	1450	145	4.48
	400×200×8×13	84.12	66	23700	1190	16.8	1740	174	4.54
	♯450×150×9×14	83.41	65.5	27100	1200	18	793	106	3.08
	446×199×8×12	84.95	66.7	29000	1300	18.5	1580	159	4.31
	450×200×9×14	97.41	76.5	33700	1500	18.6	1870	187	4.38
	♯500×150×10×16	98.23	77.1	38500	1540	19.8	907	121	3.04

续表

类别	H 型钢规格 ($h \times b \times t_1 \times t_2$)	截面积 A /cm²	质量 q /(kg/m)	$x-x$ 轴			$y-y$ 轴		
				I_x /cm⁴	W_x /cm³	i_x /cm	I_y /cm⁴	W_y /cm³	I_y /cm
HN	496×199×9×14	101.3	79.5	41900	1690	20.3	1840	185	4.27
	500×200×10×16	114.2	89.6	47800	1910	20.5	2140	214	4.33
	♯506×201×11×19	131.3	103	56500	2230	20.8	2580	257	4.43
	596×199×10×15	121.2	95.1	69300	2330	23.9	1980	199	4.04
	600×200×11×17	135.2	106	78200	2610	24.1	2280	228	4.11
	♯606×201×12×20	153.3	120	91000	3000	24.4	2720	271	4.21
	♯692×300×13×20	211.5	166	172000	4980	28.6	9020	602	6.53
	700×300×13×24	235.5	185	201000	5760	29.3	10800	722	6.78

注:"♯"表示的规格为非常用规格。

普通槽钢

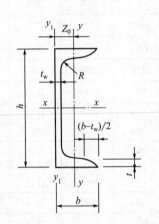

符号:
同普通工字钢
但 W_y 为对应翼缘肢尖

长度:
型号 5~8,长 5~12m;
型号 10~18,长 5~19m;
型号 20~20,长 6~19m。

型号		尺寸/mm					截面面积 /cm²	理论质量 /(kg/m)	$x-x$ 轴			$y-y$ 轴			$y-y_1$ 轴	Z_0 /cm
		h	b	t_w	t	R			I_x /cm⁴	W_x /cm³	i_x /cm	I_y /cm⁴	W_y /cm³	i_y /cm	I_{y1} /cm⁴	
5		50	37	4.5	7	7	6.92	5.44	26	10.4	1.94	8.3	3.5	1.1	20.9	1.35
6.3		63	40	4.8	7.5	7.5	8.45	6.63	51	16.3	2.46	11.9	4.6	1.19	28.3	1.39
8		80	43	5	8	8	10.24	8.04	101	25.3	3.14	16.6	5.8	1.27	37.4	1.42
10		100	48	5.3	8.5	8.5	12.74	10	198	39.7	3.94	25.6	7.8	1.42	54.9	1.52
12.6		126	53	5.5	9	9	15.69	12.31	389	61.7	4.98	38	10.3	1.56	77.8	1.59
14	a	140	58	6	9.5	9.5	18.51	14.53	564	80.5	5.52	53.2	13	1.7	107.2	1.71
	b		60	8	9.5	9.5	21.31	16.73	609	87.1	5.35	61.2	14.1	1.69	120.6	1.67
16	a	160	63	6.5	10	10	21.95	17.23	866	108.3	6.28	73.4	16.3	1.83	144.1	1.79
	b		65	8.5	10	10	25.15	19.75	935	116.8	6.1	83.4	17.6	1.82	160.8	1.75
18	a	180	68	7	10.5	10.5	25.69	20.17	1273	141.4	7.04	98.6	20	1.96	189.7	1.88
	b		70	9	10.5	10.5	29.29	22.99	1370	152.2	6.84	111	21.5	1.95	210.1	1.84
20	a	200	73	7	11	11	28.83	22.63	1780	178	7.86	128	24.2	2.11	244	2.01
	b		75	9	11	11	32.83	25.77	1914	191.4	7.64	143.6	25.9	2.09	268.4	1.95
22	a	220	77	7	11.5	11.5	31.84	24.99	2394	217.6	8.67	157.8	28.2	2.23	298.2	2.1
	b		79	9	11.5	11.5	36.24	28.45	2571	233.8	8.42	176.5	30.1	2.21	326.3	2.03

续表

型号		尺寸/mm					截面面积 /cm²	理论质量 /(kg/m)	x—x 轴			y—y 轴		y—y₁ 轴	Z₀ /cm
		h	b	t_w	t	R			I_x /cm⁴	W_x /cm³	i_x /cm	I_y /cm⁴	W_y /cm³	i_y /cm	I_{y1} /cm⁴	
25	a	250	78	7	12	12	34.91	27.4	3359	268.7	9.81	175.9	30.7	2.24	324.8	2.07
	b		80	9	12	12	39.91	31.33	3619	289.6	9.52	196.4	32.7	2.22	355.1	1.99
	c		82	11	12	12	44.91	35.25	3880	310.4	9.3	215.9	34.6	2.19	388.6	1.96
28	a	280	82	7.5	12.5	12.5	40.02	31.42	4753	339.5	10.9	217.9	35.7	2.33	393.3	2.09
	b		84	9.5	12.5	12.5	45.62	35.81	5118	365.6	10.59	241.5	37.9	2.3	428.5	2.02
	c		86	11.5	12.5	12.5	51.22	40.21	5484	391.7	10.35	264.1	40	2.27	467.3	1.99
32	a	320	88	8	14	14	48.5	38.07	7511	469.4	12.44	304.7	46.4	2.51	547.5	2.24
	b		90	10	14	14	54.9	43.1	8057	503.5	12.11	335.6	49.1	2.47	592.9	2.16
	c		92	12	14	14	61.3	48.12	8603	537.7	11.85	365	51.6	2.44	642.7	2.13
36	a	360	96	9	16	16	60.89	47.8	11874	659.7	13.96	455	63.6	2.73	818.5	2.44
	b		98	11	16	16	68.09	53.45	12652	702.9	13.63	496.7	66.9	2.7	880.5	2.37
	c		100	13	16	16	75.29	59.1	13429	746.1	13.36	536.6	70	2.67	948	2.34
40	a	400	100	10.5	18	18	75.04	58.91	17578	878.9	15.3	592	78.8	2.81	1057.9	2.49
	b		102	12.5	18	18	83.04	65.19	18644	932.2	14.98	640.6	82.6	2.78	1135.8	2.44
	c		104	14.5	18	18	91.04	71.47	19711	985.6	14.71	687.8	86.2	2.75	1220.3	2.42

等边角钢

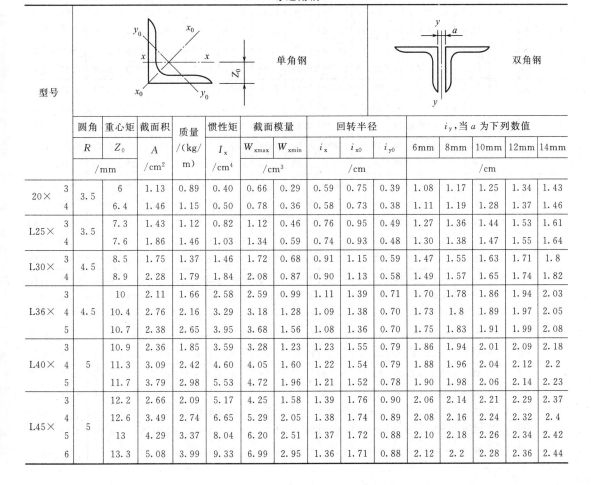

单角钢　　　双角钢

型号		圆角	重心矩	截面积	质量	惯性矩	截面模量		回转半径			i_y，当 a 为下列数值				
		R	Z_0	A	/(kg/m)	I_x	W_{xmax}	W_{xmin}	i_x	i_{x0}	i_{y0}	6mm	8mm	10mm	12mm	14mm
		/mm		/cm²		/cm⁴	/cm³		/cm			/cm				
20×	3	3.5	6	1.13	0.89	0.40	0.66	0.29	0.59	0.75	0.39	1.08	1.17	1.25	1.34	1.43
	4		6.4	1.46	1.15	0.50	0.78	0.36	0.58	0.73	0.38	1.11	1.19	1.28	1.37	1.46
L25×	3	3.5	7.3	1.43	1.12	0.82	1.12	0.46	0.76	0.95	0.49	1.27	1.36	1.44	1.53	1.61
	4		7.6	1.86	1.46	1.03	1.34	0.59	0.74	0.93	0.48	1.30	1.38	1.47	1.55	1.64
L30×	3	4.5	8.5	1.75	1.37	1.46	1.72	0.68	0.91	1.15	0.59	1.47	1.55	1.63	1.71	1.8
	4		8.9	2.28	1.79	1.84	2.08	0.87	0.90	1.13	0.58	1.49	1.57	1.65	1.74	1.82
L36×	3	4.5	10	2.11	1.66	2.58	2.59	0.99	1.11	1.39	0.71	1.70	1.78	1.86	1.94	2.03
	4		10.4	2.76	2.16	3.29	3.18	1.28	1.09	1.38	0.70	1.73	1.8	1.89	1.97	2.05
	5		10.7	2.38	2.65	3.95	3.68	1.56	1.08	1.36	0.70	1.75	1.83	1.91	1.99	2.08
L40×	3	5	10.9	2.36	1.85	3.59	3.28	1.23	1.23	1.55	0.79	1.86	1.94	2.01	2.09	2.18
	4		11.3	3.09	2.42	4.60	4.05	1.60	1.22	1.54	0.79	1.88	1.96	2.04	2.12	2.2
	5		11.7	3.79	2.98	5.53	4.72	1.96	1.21	1.52	0.78	1.90	1.98	2.06	2.14	2.23
L45×	3	5	12.2	2.66	2.09	5.17	4.25	1.58	1.39	1.76	0.90	2.06	2.14	2.21	2.29	2.37
	4		12.6	3.49	2.74	6.65	5.29	2.05	1.38	1.74	0.89	2.08	2.16	2.24	2.32	2.4
	5		13	4.29	3.37	8.04	6.20	2.51	1.37	1.72	0.88	2.10	2.18	2.26	2.34	2.42
	6		13.3	5.08	3.99	9.33	6.99	2.95	1.36	1.71	0.88	2.12	2.2	2.28	2.36	2.44

续表

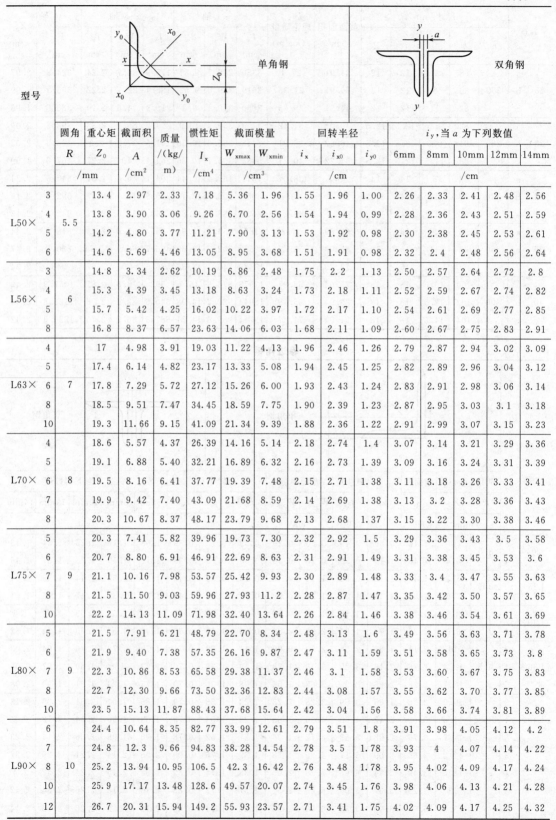

单角钢　　　双角钢

型号		圆角 R	重心矩 Z_0	截面积 A	质量 /(kg/m)	惯性矩 I_x	截面模量 W_{xmax}	W_{xmin}	回转半径 i_x	i_{x0}	i_{y0}	i_y,当a为下列数值 6mm	8mm	10mm	12mm	14mm
		/mm		/cm²		/cm⁴	/cm³		/cm			/cm				
L50×	3	5.5	13.4	2.97	2.33	7.18	5.36	1.96	1.55	1.96	1.00	2.26	2.33	2.41	2.48	2.56
	4		13.8	3.90	3.06	9.26	6.70	2.56	1.54	1.94	0.99	2.28	2.36	2.43	2.51	2.59
	5		14.2	4.80	3.77	11.21	7.90	3.13	1.53	1.92	0.98	2.30	2.38	2.45	2.53	2.61
	6		14.6	5.69	4.46	13.05	8.95	3.68	1.51	1.91	0.98	2.32	2.4	2.48	2.56	2.64
L56×	3	6	14.8	3.34	2.62	10.19	6.86	2.48	1.75	2.2	1.13	2.50	2.57	2.64	2.72	2.8
	4		15.3	4.39	3.45	13.18	8.63	3.24	1.73	2.18	1.11	2.52	2.59	2.67	2.74	2.82
	5		15.7	5.42	4.25	16.02	10.22	3.97	1.72	2.17	1.10	2.54	2.61	2.69	2.77	2.85
	8		16.8	8.37	6.57	23.63	14.06	6.03	1.68	2.11	1.09	2.60	2.67	2.75	2.83	2.91
L63×	4	7	17	4.98	3.91	19.03	11.22	4.13	1.96	2.46	1.26	2.79	2.87	2.94	3.02	3.09
	5		17.4	6.14	4.82	23.17	13.33	5.08	1.94	2.45	1.25	2.82	2.89	2.96	3.04	3.12
	6		17.8	7.29	5.72	27.12	15.26	6.00	1.93	2.43	1.24	2.83	2.91	2.98	3.06	3.14
	8		18.5	9.51	7.47	34.45	18.59	7.75	1.90	2.39	1.23	2.87	2.95	3.03	3.1	3.18
	10		19.3	11.66	9.15	41.09	21.34	9.39	1.88	2.36	1.22	2.91	2.99	3.07	3.15	3.23
L70×	4	8	18.6	5.57	4.37	26.39	14.16	5.14	2.18	2.74	1.4	3.07	3.14	3.21	3.29	3.36
	5		19.1	6.88	5.40	32.21	16.89	6.32	2.16	2.73	1.39	3.09	3.16	3.24	3.31	3.39
	6		19.5	8.16	6.41	37.77	19.39	7.48	2.15	2.71	1.38	3.11	3.18	3.26	3.33	3.41
	7		19.9	9.42	7.40	43.09	21.68	8.59	2.14	2.69	1.38	3.13	3.2	3.28	3.36	3.43
	8		20.3	10.67	8.37	48.17	23.79	9.68	2.13	2.68	1.37	3.15	3.22	3.30	3.38	3.46
L75×	5	9	20.3	7.41	5.82	39.96	19.73	7.30	2.32	2.92	1.5	3.29	3.36	3.43	3.5	3.58
	6		20.7	8.80	6.91	46.91	22.69	8.63	2.31	2.91	1.49	3.31	3.38	3.45	3.53	3.6
	7		21.1	10.16	7.98	53.57	25.42	9.93	2.30	2.89	1.48	3.33	3.4	3.47	3.55	3.63
	8		21.5	11.50	9.03	59.96	27.93	11.2	2.28	2.87	1.47	3.35	3.42	3.50	3.57	3.65
	10		22.2	14.13	11.09	71.98	32.40	13.64	2.26	2.84	1.46	3.38	3.46	3.54	3.61	3.69
L80×	5	9	21.5	7.91	6.21	48.79	22.70	8.34	2.48	3.13	1.6	3.49	3.56	3.63	3.71	3.78
	6		21.9	9.40	7.38	57.35	26.16	9.87	2.47	3.11	1.59	3.51	3.58	3.65	3.73	3.8
	7		22.3	10.86	8.53	65.58	29.38	11.37	2.46	3.1	1.58	3.53	3.60	3.67	3.75	3.83
	8		22.7	12.30	9.66	73.50	32.36	12.83	2.44	3.08	1.57	3.55	3.62	3.70	3.77	3.85
	10		23.5	15.13	11.87	88.43	37.68	15.64	2.42	3.04	1.56	3.58	3.66	3.74	3.81	3.89
L90×	6	10	24.4	10.64	8.35	82.77	33.99	12.61	2.79	3.51	1.8	3.91	3.98	4.05	4.12	4.2
	7		24.8	12.3	9.66	94.83	38.28	14.54	2.78	3.5	1.78	3.93	4	4.07	4.14	4.22
	8		25.2	13.94	10.95	106.5	42.3	16.42	2.76	3.48	1.78	3.95	4.02	4.09	4.17	4.24
	10		25.9	17.17	13.48	128.6	49.57	20.07	2.74	3.45	1.76	3.98	4.06	4.13	4.21	4.28
	12		26.7	20.31	15.94	149.2	55.93	23.57	2.71	3.41	1.75	4.02	4.09	4.17	4.25	4.32

续表

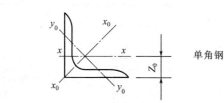 单角钢

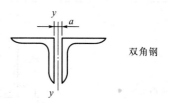 双角钢

型号		圆角 R /mm	重心矩 Z_0 /mm	截面积 A /cm²	质量 /(kg/m)	惯性矩 I_x /cm⁴	截面模量		回转半径			i_y,当 a 为下列数值				
							W_{xmax}	W_{xmin}	i_x	i_{x0}	i_{y0}	6mm	8mm	10mm	12mm	14mm
							/cm³		/cm			/cm				
L100×	6	12	26.7	11.93	9.37	115	43.04	15.68	3.1	3.91	2	4.3	4.37	4.44	4.51	4.58
	7		27.1	13.8	10.83	131	48.57	18.1	3.09	3.89	1.99	4.32	4.39	4.46	4.53	4.61
	8		27.6	15.64	12.28	148.2	53.78	20.47	3.08	3.88	1.98	4.34	4.41	4.48	4.55	4.63
	10		28.4	19.26	15.12	179.5	63.29	25.06	3.05	3.84	1.96	4.38	4.45	4.52	4.6	4.67
	12		29.1	22.8	17.9	208.9	71.72	29.47	3.03	3.81	1.95	4.41	4.49	4.56	4.64	4.71
	14		29.9	26.26	20.61	236.5	79.19	33.73	3	3.77	1.94	4.45	4.53	4.6	4.68	4.75
	16		30.6	29.63	23.26	262.5	85.81	37.82	2.98	3.74	1.93	4.49	4.56	4.64	4.72	4.8
L110×	7	12	29.6	15.2	11.93	177.2	59.78	22.05	3.41	4.3	2.2	4.72	4.79	4.86	4.94	5.01
	8		30.1	17.24	13.53	199.5	66.36	24.95	3.4	4.28	2.19	4.74	4.81	4.88	4.96	5.03
	10		30.9	21.26	16.69	242.2	78.48	30.6	3.38	4.25	2.17	4.78	4.85	4.92	5	5.07
	12		31.6	25.2	19.78	282.6	89.34	36.05	3.35	4.22	2.15	4.82	4.89	4.96	5.04	5.11
	14		32.4	29.06	22.81	320.7	99.07	41.31	3.32	4.18	2.14	4.85	4.93	5	5.08	5.15
L125×	8	14	33.7	19.75	15.5	297	88.2	32.52	3.88	4.88	2.5	5.34	5.41	5.48	5.55	5.62
	10		34.5	24.37	19.13	361.7	104.8	39.97	3.85	4.85	2.48	5.38	5.45	5.52	5.59	5.66
	12		35.3	28.91	22.7	423.2	119.9	47.17	3.83	4.82	2.46	5.41	5.48	5.56	5.63	5.7
	14		36.1	33.37	26.19	481.7	133.6	54.16	3.8	4.78	2.45	5.45	5.52	5.59	5.67	5.74
L140×	10	14	38.2	27.37	21.49	514.7	134.6	50.58	4.34	5.46	2.78	5.98	6.05	6.12	6.2	6.27
	12		39	32.51	25.52	603.7	154.6	59.8	4.31	5.43	2.77	6.02	6.09	6.16	6.23	6.31
	14		39.8	37.57	29.49	688.8	173	68.75	4.28	5.4	2.75	6.06	6.13	6.2	6.27	6.34
	16		40.6	42.54	33.39	770.2	189.9	77.46	4.26	5.36	2.74	6.09	6.16	6.23	6.31	6.38
L160×	10	16	43.1	31.5	24.73	779.5	180.8	66.7	4.97	6.27	3.2	6.78	6.85	6.92	6.99	7.06
	12		43.9	37.44	29.39	916.6	208.6	78.98	4.95	6.24	3.18	6.82	6.89	6.96	7.03	7.1
	14		44.7	43.3	33.99	1048	234.4	90.95	4.92	6.2	3.16	6.86	6.93	7	7.07	7.14
	16		45.5	49.07	38.52	1175	258.3	102.6	4.89	6.17	3.14	6.89	6.96	7.03	7.1	7.18
L180×	12	16	48.9	42.24	33.16	1321	270	100.8	5.59	7.05	3.58	7.63	7.7	7.77	7.84	7.91
	14		49.7	48.9	38.38	1514	304.6	116.3	5.57	7.02	3.57	7.67	7.74	7.81	7.88	7.95
	16		50.5	55.47	43.54	1701	336.9	131.4	5.54	6.98	3.55	7.7	7.77	7.84	7.91	7.98
	18		51.3	61.95	48.63	1881	367.1	146.1	5.51	6.94	3.53	7.73	7.8	7.87	7.95	8.02
L200×	14	18	54.6	54.64	42.89	2104	385.1	144.7	6.2	7.82	3.98	8.47	8.54	8.61	8.67	8.75
	16		55.4	62.01	48.68	2366	427	163.7	6.18	7.79	3.96	8.5	8.57	8.64	8.71	8.78
	18		56.2	69.3	54.4	2621	466.5	182.2	6.15	7.75	3.94	8.53	8.6	8.67	8.75	8.82
	20		56.9	76.5	60.06	2867	503.6	200.4	6.12	7.72	3.93	8.57	8.64	8.71	8.78	8.85
	24		58.4	90.66	71.17	3338	571.5	235.8	6.07	7.64	3.9	8.63	8.71	8.78	8.85	8.92

不等边角钢

角钢型号 B×b×t	t	圆角 R	重心矩 Z_x	重心矩 Z_y	截面积 A /cm²	质量 /(kg/m)	i_x /cm	i_y /cm	i_{y0} /cm	i_y 当a为 6mm	8mm	10mm	12mm	i_y 当a为 6mm	8mm	10mm	12mm
L25×16×	3	3.5	4.2	8.6	1.16	0.91	0.44	0.78	0.34	0.84	0.93	1.02	1.11	1.4	1.48	1.57	1.65
	4		4.6	9.0	1.50	1.18	0.43	0.77	0.34	0.87	0.96	1.05	1.14	1.42	1.51	1.6	1.68
L32×20×	3	3.5	4.9	10.8	1.49	1.17	0.55	1.01	0.43	0.97	1.05	1.14	1.23	1.71	1.79	1.88	1.96
	4		5.3	11.2	1.94	1.52	0.54	1	0.43	0.99	1.08	1.16	1.25	1.74	1.82	1.9	1.99
L40×25×	3	4	5.9	13.2	1.89	1.48	0.7	1.28	0.54	1.13	1.21	1.3	1.38	2.07	2.14	2.23	2.31
	4		6.3	13.7	2.47	1.94	0.69	1.26	0.54	1.16	1.24	1.32	1.41	2.09	2.17	2.25	2.34
L45×28×	3	5	6.4	14.7	2.15	1.69	0.79	1.44	0.61	1.23	1.31	1.39	1.47	2.28	2.36	2.44	2.52
	4		6.8	15.1	2.81	2.2	0.78	1.43	0.6	1.25	1.33	1.41	1.5	2.31	2.39	2.47	2.55
L50×32×	3	5.5	7.3	16	2.43	1.91	0.91	1.6	0.7	1.38	1.45	1.53	1.61	2.49	2.56	2.64	2.72
	4		7.7	16.5	3.18	2.49	0.9	1.59	0.69	1.4	1.47	1.55	1.64	2.51	2.59	2.67	2.75
L56×36×	3	6	8.0	17.8	2.74	2.15	1.03	1.8	0.79	1.51	1.59	1.66	1.74	2.75	2.82	2.9	2.98
	4		8.5	18.2	3.59	2.82	1.02	1.79	0.78	1.53	1.61	1.69	1.77	2.77	2.85	2.93	3.01
	5		8.8	18.7	4.42	3.47	1.01	1.77	0.78	1.56	1.63	1.71	1.79	2.8	2.88	2.96	3.04
L63×40×	4	7	9.2	20.4	4.06	3.19	1.14	2.02	0.88	1.66	1.74	1.81	1.89	3.09	3.16	3.24	3.32
	5		9.5	20.8	4.99	3.92	1.12	2	0.87	1.68	1.76	1.84	1.92	3.11	3.19	3.27	3.35
	6		9.9	21.2	5.91	4.64	1.11	1.99	0.86	1.71	1.78	1.86	1.94	3.13	3.21	3.29	3.37
	7		10.3	21.6	6.8	5.34	1.1	1.96	0.86	1.73	1.8	1.88	1.97	3.15	3.23	3.3	3.39
L70×45×	4	7.5	10.2	22.3	4.55	3.57	1.29	2.25	0.99	1.84	1.91	1.99	2.07	3.39	3.46	3.54	3.62
	5		10.6	22.8	5.61	4.4	1.28	2.23	0.98	1.86	1.94	2.01	2.09	3.41	3.49	3.57	3.64
	6		11.0	23.2	6.64	5.22	1.26	2.22	0.97	1.88	1.96	2.04	2.11	3.44	3.51	3.59	3.67
	7		11.3	23.6	7.66	6.01	1.25	2.2	0.97	1.9	1.98	2.06	2.14	3.46	3.54	3.61	3.69
L75×50×	5	8	11.7	24.0	6.13	4.81	1.43	2.39	1.09	2.06	2.13	2.2	2.28	3.6	3.68	3.76	3.83
	6		12.1	24.4	7.26	5.7	1.42	2.38	1.08	2.08	2.15	2.23	2.3	3.63	3.7	3.78	3.86
	8		12.9	25.2	9.47	7.43	1.4	2.35	1.07	2.12	2.19	2.27	2.35	3.67	3.75	3.83	3.91
	10		13.6	26.0	11.6	9.1	1.38	2.33	1.06	2.16	2.24	2.31	2.4	3.71	3.79	3.87	3.96
L80×50×	5	8	11.4	26.0	6.38	5	1.42	2.57	1.1	2.02	2.09	2.17	2.24	3.88	3.95	4.03	4.1
	6		11.8	26.5	7.56	5.93	1.41	2.55	1.09	2.04	2.11	2.19	2.27	3.9	3.98	4.05	4.13
	7		12.1	26.9	8.72	6.85	1.39	2.54	1.08	2.06	2.13	2.21	2.29	3.92	4	4.08	4.16
	8		12.5	27.3	9.87	7.75	1.38	2.52	1.07	2.08	2.15	2.23	2.31	3.94	4.02	4.1	4.18
L90×56×	5	9	12.5	29.1	7.21	5.66	1.59	2.9	1.23	2.22	2.29	2.36	2.44	4.32	4.39	4.47	4.55
	6		12.9	29.5	8.56	6.72	1.58	2.88	1.22	2.24	2.31	2.39	2.46	4.34	4.42	4.5	4.57
	7		13.3	30.0	9.88	7.76	1.57	2.87	1.22	2.26	2.33	2.41	2.49	4.37	4.44	4.52	4.6
	8		13.6	30.4	11.2	8.78	1.56	2.85	1.21	2.28	2.35	2.43	2.51	4.39	4.47	4.54	4.62

续表

角钢型号 B×b×t		圆角 R/mm	重心矩 Z_x/cm²	重心矩 Z_y/(kg/m)	截面积 A/cm	质量 /cm	回转半径 i_x/cm	回转半径 i_y/mm	回转半径 i_y0/cm²	i_y,当a为下列数值 6mm/(kg/m)	8mm/cm	10mm/cm	12mm/cm	i_y,当a为下列数值 6mm/mm	8mm/cm²	10mm/(kg/m)	12mm/cm
L100×63×	6	10	14.3	32.4	9.62	7.55	1.79	3.21	1.38	2.49	2.56	2.63	2.71	4.77	4.85	4.92	5
	7		14.7	32.8	11.1	8.72	1.78	3.2	1.37	2.51	2.58	2.65	2.73	4.8	4.87	4.95	5.03
	8		15	33.2	12.6	9.88	1.77	3.18	1.37	2.53	2.6	2.67	2.75	4.82	4.9	4.97	5.05
	10		15.8	34	15.5	12.1	1.75	3.15	1.35	2.57	2.64	2.72	2.79	4.86	4.94	5.02	5.1
L100×80×	6	10	19.7	29.5	10.6	8.35	2.4	3.17	1.73	3.31	3.38	3.45	3.52	4.54	4.62	4.69	4.76
	7		20.1	30	12.3	9.66	2.39	3.16	1.71	3.32	3.39	3.47	3.54	4.57	4.64	4.71	4.79
	8		20.5	30.4	13.9	10.9	2.37	3.15	1.71	3.34	3.41	3.49	3.56	4.59	4.66	4.73	4.81
	10		21.3	31.2	17.2	13.5	2.35	3.12	1.69	3.38	3.45	3.53	3.6	4.63	4.7	4.78	4.85
L110×70×	6	10	15.7	35.3	10.6	8.35	2.01	3.54	1.54	2.74	2.81	2.88	2.96	5.21	5.29	5.36	5.44
	7		16.1	35.7	12.3	9.66	2	3.53	1.53	2.76	2.83	2.9	2.98	5.24	5.31	5.39	5.46
	8		16.5	36.2	13.9	10.9	1.98	3.51	1.53	2.78	2.85	2.92	3	5.26	5.34	5.41	5.49
	10		17.2	37	17.2	13.5	1.96	3.48	1.51	2.82	2.89	2.96	3.04	5.3	5.38	5.46	5.53
L125×80×	7	11	18	40.1	14.1	11.1	2.3	4.02	1.76	3.11	3.18	3.25	3.33	5.9	5.97	6.04	6.12
	8		18.4	40.6	16	12.6	2.29	4.01	1.75	3.13	3.2	3.27	3.35	5.92	5.99	6.07	6.14
	10		19.2	41.4	19.7	15.5	2.26	3.98	1.74	3.17	3.24	3.31	3.39	5.96	6.04	6.11	6.19
	12		20	42.2	23.4	18.3	2.24	3.95	1.72	3.21	3.28	3.35	3.43	6	6.08	6.16	6.23
L140×90×	8	12	20.4	45	18	14.2	2.59	4.5	1.98	3.49	3.56	3.63	3.7	6.58	6.65	6.73	6.8
	10		21.2	45.8	22.3	17.5	2.56	4.47	1.96	3.52	3.59	3.66	3.73	6.62	6.7	6.77	6.85
	12		21.9	46.6	26.4	20.7	2.54	4.44	1.95	3.56	3.63	3.7	3.77	6.66	6.73	6.81	6.89
	14		22.7	47.4	30.5	23.9	2.51	4.42	1.94	3.59	3.66	3.74	3.81	6.7	6.78	6.86	6.93
L160×100×	10	13	22.8	52.4	25.3	19.9	2.85	5.14	2.19	3.84	3.91	3.98	4.05	7.55	7.63	7.7	7.78
	12		23.6	53.2	30.1	23.6	2.82	5.11	2.18	3.87	3.94	4.01	4.09	7.6	7.67	7.75	7.82
	14		24.3	54	34.7	27.2	2.8	5.08	2.16	3.91	3.98	4.05	4.12	7.64	7.71	7.79	7.86
	16		25.1	54.8	39.3	30.8	2.77	5.05	2.15	3.94	4.02	4.09	4.16	7.68	7.75	7.83	7.9
L180×110×	10	14	24.4	58.9	28.4	22.3	3.13	8.56	5.78	2.42	4.16	4.23	4.3	4.36	8.49	8.72	8.71
	12		25.2	59.8	33.7	26.5	3.1	8.6	5.75	2.4	4.19	4.33	4.33	4.4	8.53	8.76	8.75
	14		25.9	60.6	39	30.6	3.08	8.64	5.72	2.39	4.23	4.26	4.37	4.44	8.57	8.63	8.79
	16		26.7	61.4	44.1	34.6	3.05	8.68	5.81	2.37	4.26	4.3	4.4	4.47	8.61	8.68	8.84
L200×125×	12	14	28.3	65.4	37.9	29.8	3.57	6.44	2.75	4.75	4.82	4.88	4.95	9.39	9.47	9.54	9.62
	14		29.1	66.2	43.9	34.4	3.54	6.41	2.73	4.78	4.85	4.92	4.99	9.43	9.51	9.58	9.66
	16		29.9	67.8	49.7	39	3.52	6.38	2.71	4.81	4.88	4.95	5.02	9.47	9.55	9.62	9.7
	18		30.6	67	55.5	43.6	3.49	6.35	2.7	4.85	4.92	4.99	5.06	9.51	9.59	9.66	9.74

注：一个角钢的惯性矩 $I_x=Ai_x^2$，$I_y=Ai_y^2$；一个角钢的截面个角钢的截面模量 $W_{xmax}=I_x/Z_x$，$W_{xmin}=I_x/(b-Z_x)$；$W_{ymax}=I_yZ_y$，$W_{xmin}=I_y(b-Z_y)$。

[1] 任树棠，覃国萍主编．机械工程力学［S］．北京：中国教育文化出版社，2006．

[2] 李莉娅主编．工程力学应用教程［S］．北京：化学工业出版社，2012．

[3] 王瑞清，海淑萍主编．机械设计基础［S］．北京：海洋出版社，2009．

[4] 林宗良主编．机械设计基础［S］．北京：人民邮电出版社，2009．

[5] 王鑫铝，闫瑞涛，王瑞清主编．机械设计基础［S］．武汉：华中科技大学出版社，2012．

[6] 王瑞清，王彩英主编．机械制造基础［S］．北京：海洋出版社，2009．